BIBLIOTHÈQUE
SCIENTIFIQUE INTERNATIONALE

PUBLIÉE SOUS LA DIRECTION

DE M. ÉM. ALGLAVE

LXXV

20699

BIBLIOTHÈQUE
SCIENTIFIQUE INTERNATIONALE
PUBLIÉE SOUS LA DIRECTION
DE M. ÉM. ALGLAVE
Volumes in-8, reliés eu toile anglaise. — Prix : 6 fr.
en demi-reliure d'amateur, 10 fr.

---

75 VOLUMES PUBLIÉS

Coulommiers. — Imp. P. BRODARD.

DARWIN

ET

SES PRÉCURSEURS FRANÇAIS

ÉTUDE SUR LE TRANSFORMISME

PAR

A. DE QUATREFAGES

Membre de l'Institut (Académie des sciences), Professeur au Muséum.

DEUXIÈME ÉDITION, REVUE ET AUGMENTÉE

PARIS

ANCIENNE LIBRAIRIE GERMER BAILLIÈRE ET Cⁱᵉ

FÉLIX ALCAN, ÉDITEUR

108, BOULEVARD SAINT-GERMAIN, 108

1892

PRÉFACE

I. — Depuis 1870, les controverses philosophiques ou dogmatiques soulevées par les écrits de Darwin ont pris un développement tel, qu'il est impossible de les passer entièrement sous silence, mais ne voulant jamais les mêler aux discussions scientifiques, je vais chercher à exposer rapidement l'impression qu'elles m'ont laissée et à motiver en peu de mots le jugement que l'on doit en porter.

Dès le début, les adversaires des églises orthodoxes et les libres penseurs voulurent confisquer à leur profit la doctrine de l'éminent théoricien anglais. Les derniers surtout en firent une arme de guerre, dont ils usèrent sans ménagement et rivalisèrent d'intolérance avec leurs contradicteurs les plus exaltés. Il est facile de le constater en lisant leurs écrits. A titre d'exemple, je citerai un des passages les plus modérés de l'*Anthropogénie* de Hæckel [1].

« Dans cette guerre intellectuelle qui agite tout ce qui pense
« dans l'humanité et qui prépare pour l'avenir une société vrai-
« ment humaine, on voit d'un côté, sous l'éclatante bannière de
« la science, l'affranchissement de l'esprit et la vérité, la raison
« et la civilisation, le développement et le progrès, dans l'autre

---

1. Préface, p. XII.

« camp se rangent, sous l'étendard de la hiérarchie, la servi-
« tude intellectuelle et l'erreur, l'illogisme et la rudesse des
« mœurs, la superstition et la décadence. »

Il est difficile que ces déclarations hautaines, faites par des
hommes dont je suis le premier à reconnaître la valeur scientifique, n'impressionnent pas certains esprits, surtout ceux de la
jeunesse. Qui donc voudrait s'avouer le soldat de l'erreur et de
la décadence? Qui n'a la prétention d'aimer la vérité, la raison,
le progrès? Il serait bien long, bien difficile de chercher jusqu'à
quel point sont fondées les assertions si hardiment avancées! On
les accepte donc de confiance et on se range sous la bannière où
brillent tant de mots séduisants.

D'autre part, des hommes religieux, trop étrangers aux choses de la science, voyant ces théories invoquées chaque jour par
leurs adversaires, s'en éloignent avec terreur. Eux aussi acceptent sur parole tout ce qu'on leur en dit : et, les regardant comme
incompatibles avec les croyances qui leur sont chères, ils les
repoussent avec horreur.

Eh bien, les uns et les autres se trompent.

Les diverses théories transformistes, le darwinisme en particulier, n'ont avec la philosophie ou les croyances religieuses,
d'autres rapports que ceux qu'on veut bien leur prêter. C'est ce
qu'il est facile de démontrer par quelques exemples.

II. — Et d'abord est-il vrai que tout libre penseur doive inévitablement accepter le transformisme, comme on l'a si souvent
affirmé ? Rien de moins exact et en voici la preuve.

Certes on ne saurait refuser le titre de libre penseur à Auguste
Comte et à ses disciples. Or, lui-même a toujours combattu les
théories de Lamarck, et Charles Robin, mon regretté confrère,
a constamment condamné celles de Darwin et de Hœckel. Au
nom de l'embryogénie et de l'histologie, il a déclaré que les
êtres vivants évoluent seulement entre la monstruosité et la
mort, mais nullement vers la transmutation de *specie in spe-
ciem* [1]. A diverses reprises, il a repoussé le transformisme, et le
darwinisme tout spécialement, comme n'étant qu'une hypothèse

---

1. *Anatomie et Physiologie cellulaires; Introduction*, p. xxv.

dépourvue de toute preuve [1]. Cela même l'a rendu injuste
envers Darwin, dont, à raison de ses propres études, il ne pouvait
apprécier bien des travaux.

III. — D'autre part, on peut être religieux à des degrés divers
et de différentes manières et adopter l'une ou l'autre des théories comprises sous la dénomination générale de transformisme.
Ici les exemples abondent.

Lamarck, dont le mérite scientifique n'est contesté par personne et que Hæckel lui-même reconnaît pour le véritable initiateur de la doctrine si bien développée par Darwin, Lamarck
était un déiste convaincu et fervent. Pas un chrétien n'a parlé
du créateur, de Dieu et de sa toute-puissance dans des termes
plus absolus que lui. Dans les trois ouvrages consacrés à faire
connaître ses doctrines philosophiques [2], il est revenu bien souvent sur ce sujet et je pourrais multiplier les citations; je me
borne aux deux suivantes : « La puissance qui a créé la nature
« n'a sans doute point de bornes, ne saurait être restreinte ou
« assujettie dans sa volonté et est indépendante de toute loi.
« Elle seule peut les anéantir [3].... » — « Dieu créa la matière,
« en fit exister les différentes formes et donna à chacune d'elles
« l'indestructibilité qui est le propre de tout objet créé. La
« matière subsistera donc, tant que son Créateur voudra le per-
« mettre [4]. »

On voit combien se sont trompés les écrivains qui ont placé
Lamarck au nombre des athées. En employant le langage de
Hæckel et de ses disciples, on peut dire que la conception de
l'ensemble des choses est foncièrement *dualistique*. Sous ce rapport, elle est l'antipode du *monisme*, que l'on représente à chaque
instant comme inséparable du *transformisme*.

A côté de Lamarck, à qui l'on doit la notion de la *transformation lente*, on peut placer Geoffroy Saint-Hilaire, le chef des
transformistes qui croient à la *transformation brusque*. Ici je n'ai

1. *Anatomie*, etc., p. xxxiv et p. 73; *Dictionnaire encyclopédique des
sciences médicales*, passim.
2. *Philosophie zoologique*, 1809; *Introduction à l'histoire des animaux
sans vertèbres*, 1815; *Système analytique des connaissances positives de
l'homme*, 1820.
3. *Introduction*, p. 322.
4. *Système analytique*, p. 13.

pas besoin de citer des textes. Tout le monde sait que Geoffroy était profondément religieux, qu'il l'était avec l'enthousiasme qu'il portait en toutes choses; et j'ai pu bien des fois en juger par moi-même.

Il en est autrement de Darwin. Nous savons par lui-même comment, parti des croyances bibliques les plus orthodoxes, il a penché à diverses reprises vers le déisme et en est arrivé à un état d'esprit voisin de l'agnosticisme. Mais il ajoute : « Dans mes « plus grands écarts, je n'ai jamais été jusqu'à l'athéisme dans « le vrai sens du mot, c'est-à-dire jusqu'à nier l'existence de « Dieu [1]. »

IV. — *Les savants* que je viens de nommer n'étaient pas des *libres penseurs*, dans l'acception que ce mot a prise aujourd'hui. Selon la juste distinction faite par un publiciste éminent, par Schérer, ils étaient des *penseurs libres*. Voici maintenant des *chrétiens* qui, eux aussi, ont adopté, ou déclaré inoffensives, les doctrines transformistes.

D'Omalius d'Halloy, l'éminent géologue belge, était un catholique convaincu et pratiquant. Il n'en était pas moins transformiste. Indépendamment des arguments invoqués d'ordinaire en faveur de la transmutation des espèces, il en puisait de nouveaux dans ses croyances religieuses mêmes. Après avoir combattu l'idée que le Tout-Puissant ait alternativement créé et détruit les êtres vivants qui se sont succédé sur le globe, il ajoute : « Il « me paraît bien plus probable et plus conforme à la sagesse « éminente du Créateur d'admettre que, de même que celui-ci a « donné aux êtres vivants la faculté de se reproduire, il les a « aussi doués de la propriété de se modifier selon les circons- « tances, phénomène dont la nature actuelle donne encore des « exemples [2]. »

Toutefois, d'Omalius était un simple laïque, et de plus il faisait en faveur de la science des réserves qui pourraient le rendre suspect à quelques esprits timorés. Aussi est-il bon d'ajouter à

1. *La vie et la correspondance de Charles Darwin*, publiée par son fils Francis Darwin, et traduite en français par M. Henri de Varigny, 1888, p. 353.

2. *Sur le transformisme* (*Bulletin de l'Académie royale de Belgique*, 1873, tiré à part, p. 5).

son témoignage celui du R. P. Bellinck, jésuite et professeur dans une des grandes écoles de son ordre, en même temps que membre de l'Académie des sciences de Belgique. Voici comment il s'exprime, après avoir fait en faveur des dogmes fondamentaux du christianisme et de l'autorité de l'Église, des réserves bien naturelles de la part d'un ecclésiastique :

« Qu'importe après cela qu'il y ait eu des *créations antérieures* « à *celle dont Moïse nous a fait le récit*; que les *périodes de la* « *genèse* de l'Univers soient des *jours* ou des *époques*; que l'ap-« *parition de l'homme* sur la terre soit *plus ou moins reculée*; « que les animaux aient conservé leurs *formes primitives* ou « qu'ils se soient *transformés insensiblement*; que *le corps même* « *de l'homme ait subi des modifications*; qu'importe, enfin, qu'en « vertu de la volonté créatrice, *la matière inorganique puisse* « *engendrer spontanément* des plantes et des animaux? Toutes « ces questions sont livrées aux disputes des hommes, et c'est à « la science à faire ici justice de l'erreur [1]. »

J'ai cru devoir souligner les passages les plus frappants de cette remarquable déclaration. Certes, on ne peut mettre en doute la compétence dogmatique du professeur à Notre-Dame de Namur. Or on voit qu'il admet, comme compatibles avec sa foi, la transformation lente, telle que la comprennent les disciples de Lamarck et de Darwin et jusqu'à des changements morphologiques chez l'homme, ce qui pourrait conduire bien près de l'*anthropopithèque*.

V. — Je n'ai cité ici que des morts. J'exposerai et discuterai ailleurs les doctrines d'Owen, de Mivart, de Naudin, de Wallace,... c'est-à-dire de savants éminents, nos contemporains, qui tous ont rattaché plus ou moins intimement des théories transformistes diverses à des croyances religieuses hautement professées. Mais ce qui précède suffira, je pense, pour mettre hors de doute que le transformisme s'allie fort bien à toutes les opinions philosophiques et religieuses.

En fait, on peut être libre penseur comme Auguste Comte et Charles Robin et rejeter toutes les théories comprises sous cette dénomination commune.

---

1. *Revue des études religieuses historiques et littéraires,* 1865.

En revanche on peut adopter celle de ces théories qui paraît préférable et rester — franchement déiste, comme Lamarck ; — à demi déiste, à demi agnostique, comme Darwin ; — religieux avec expansion, comme Geoffroy ; — catholique, tout en conservant une certaine indépendance scientifique, comme d'Omalius ; — enfin catholique, très certainement orthodoxe, comme le R. P. Bellinck.

Ainsi les doctrines transformistes n'ont en réalité rien à voir avec la philosophie ou le dogme. Elles sont essentiellement, uniquement du ressort de la science seule. Nous devons donc les discuter et les juger, sans jamais nous laisser entraîner sur le terrain des controverses.

VI. — C'est à ce point de vue, le seul légitime à mes yeux, que je m'étais placé lorsque j'écrivis, il y a près d'un quart de siècle, les articles qui firent le fond de la première édition de ce livre. Je n'en ai pas changé dans celle que je publie aujourd'hui et dont il me faut bien dire quelques mots en terminant cette *Préface*.

Quoique j'aie conservé dans cette édition la répartition des matières adoptée dans la première et jusqu'aux titres de presque tous les chapitres, elle n'en diffère pas moins beaucoup de la précédente.

Depuis 1870 d'innombrables écrits sur les questions soulevées par Darwin ont paru dans toutes les parties du monde ; des théories nouvelles ont été émises, les unes modifiant seulement celle du maître, les autres cherchant à se substituer à elle. Je n'aurais pu donner une idée, même très imparfaite, de cet ensemble de faits sans dépasser de beaucoup les limites assignées à ce livre. Il m'a paru préférable d'en faire un autre ouvrage.

J'ai donc été conduit à supprimer dans cette édition tout ce que j'avais dit dans la première au sujet des idées et des travaux relatifs au transformisme d'Owen, de Hæckel, de Gubler et de Kœlliker.

Je n'ai rien voulu changer au chapitre consacré à résumer la doctrine de Darwin, parce que l'éminent théoricien avait reconnu lui-même la fidélité de cet exposé. J'y ai seulement ajouté quelques notes. Dans le reste du livre, la très grande majorité des pages ont reçu des additions ou des modifications plus ou moins importantes. J'ai entre autres multiplié les renvois et les indications bibliographiques, beaucoup trop rares dans la première édition.

En outre j'ai développé davantage ce que j'avais dit des principaux précurseurs de Darwin. J'ai surtout insisté sur l'œuvre de Lamarck. En présence de quelques assertions émises en Angleterre, j'avais à montrer qu'il a bien été le véritable initiateur des théories transformistes modernes et qu'il n'a rien emprunté à Erasme Darwin, grand-père de Charles Darwin.

Lorsque je publiai ma première édition, Darwin n'avait pas encore fait connaître son opinion au sujet des origines de l'homme. Il l'a fait depuis cette époque et a adopté sur ce point les idées émises par Hæckel. Le dernier chapitre est entièrement consacré à discuter cette théorie, et celle de Lamarck, qui toutes deux nous attribuent un singe pour ancêtre.

Par suite de ces suppressions et des additions qui font plus que les compenser, cette édition répond mieux que la première au titre du livre. Mais elle nécessite un complément que j'espère pouvoir publier prochainement [1].

A. DE QUATREFAGES.

Paris, 1er juillet 1891.

[1]. Ce complément, que M. de Quatrefages annonce, sera publié sous peu dans la *Bibliothèque scientifique internationale*, sous le titre de *Les Emules de Darwin*. (Note de l'éditeur.)

DARWIN

ET

SES PRÉCURSEURS FRANÇAIS

INTRODUCTION

DE LA PREMIÈRE ÉDITION

Lorsque le naturaliste embrasse par la pensée le passé et le présent de notre terre, il voit se dérouler un merveilleux et étrange spectacle. Sur ce globe naguère désert et livré aux seules forces physico-chimiques, la vie se manifeste et déploie rapidement une surprenante puissance. Les flores, les faunes, apparaissent tout d'abord avec les traits généraux qui caractérisent aujourd'hui encore les règnes végétal et animal et la plupart de leurs grandes divisions. Presque tous nos types fondamentaux datent des premiers temps; mais chacun domine à son tour pour ainsi dire. En outre, véritables protées, ils se modifient sans cesse à travers les âges, selon les lieux et les époques, de façon qu'une infinité de types secondaires et de formes spécifiques se rattachent à chacun d'eux. On voit celles-ci se montrer parfois comme subitement en nombre immense, se maintenir pendant un temps, puis décliner et disparaître pour faire place à des formes nouvelles, laissant dans les couches terrestres superposées les fossiles, ces médailles des anciens jours qui nous en racontent l'histoire. Faunes et flores se transforment ainsi sans cesse, sans jamais se répéter; et, d'extinctions en extinctions, de renouvellements en renouvellements, apparaissent enfin nos animaux et nos plantes, tout ce vaste ensemble que le botaniste et le zoologiste étudient depuis des siècles, découvrant chaque jour quelque contraste nouveau, quelque harmonie inattendue.

Voilà les faits. A eux seuls ils témoignent de la grandeur des intelligences qui ont su les mettre hors de doute. Mais de nos jours moins que jamais l'esprit de l'homme se contente de connaître ce qui est. Il veut en outre l'expliquer; et la profondeur, l'immensité même des problèmes est pour lui un attrait de plus. Or, il ne peut guère en rencontrer de plus ardus qu'en s'attaquant aux manifestations de la vie, à celles surtout qui se rattachent au plan général et touchent aux faits, pour ainsi dire cosmogoniques. D'où viennent ces myriades de formes animées qui ont peuplé, qui peuplent encore la terre, les airs et les eaux? Comment se sont-elles succédé dans le temps? Par quoi en été réglée la juxtaposition dans l'espace? A quelle cause faut-il attribuer les ressemblances radicales qui relient tous les êtres organisés et les différences profondes ou légères qui les partagent en règnes, en classes, en ordres, en familles, en genres? Qu'est-ce au fond que l'*espèce*, ce point de départ obligé de toutes les sciences naturelles, cette unité organique à laquelle reviennent sans cesse ceux-là mêmes qui en nient la réalité? Est-elle un fait d'origine ou la conséquence d'un enchaînement de phénomènes? Entre des espèces voisines et se ressemblant parfois de manière à presque se confondre, y a-t-il autre chose que de simples affinités? Existerait-il entre elles une véritable parenté physiologique? Les espèces les plus éloignées elles-mêmes ont-elles paru isolément; ou bien remontent-elles à des ancêtres communs, et faut-il chercher jusque dans les temps géologiques, à travers de simples transformations, les premiers parents des plantes, des animaux nos contemporains?

Telles sont quelques-unes des questions que l'homme s'est posées à peu près partout et de tout temps, sous des formules variables selon le savoir de l'époque. Aujourd'hui notre science ne fait que les mieux préciser, et c'est à elles qu'a voulu répondre le livre dont l'examen fait le fond de ce travail.

Le nom de Charles Darwin, le mot de *darwinisme*, qui désigne l'ensemble de ses idées, sont aujourd'hui universellement connus. L'ouvrage où le savant anglais a montré comment il *envisage* l'ensemble des problèmes que je viens d'indiquer, a été traduit ou commenté dans toutes les langues [1]. Les penseurs, les philosophes, ont suivi les naturalistes sur ce terrain, et les publications périodiques les plus accréditées ont ouvert leurs colonnes à la discussion de ce nouvel ordre d'idées [2]. A mon tour, j'ai essayé d'aborder les difficiles questions soulevées par le savant anglais. Mais peut-être m'est-il permis de dire que je me suis placé à un point de vue un peu différent de celui de la plupart de mes devanciers.

La doctrine de Darwin a été acclamée par les uns au nom de la philosophie et du progrès, anathématisée par d'autres au nom des idées religieuses ; toute une littérature spéciale reproduit et répète ces deux appréciations opposées. Or, au milieu de ces tempêtes, on a méconnu trop souvent, tantôt dans un sens, tantôt dans l'autre, la signification et la portée réelle des idées de l'auteur. Amis et adversaires les ont parfois défigurées ou en ont fait découler des conséquences inexactes. C'est contre cette double tendance que j'ai cherché à réagir. Naturaliste et physiologiste, c'est au nom seul des sciences naturelles que j'ai voulu parler. Montrer au juste ce qu'est cette doctrine, faire ressortir ce qu'elle renferme de vrai, mais aussi ce qu'elle a d'inacceptable, examiner quelques-unes des déductions qu'on a cru pouvoir en tirer, et faire à chacune leur part, tel est le but de ce travail.

La doctrine de Darwin se résume en une notion simple et claire qu'on peut formuler ainsi : Toutes les espèces animales ou végétales, passées et actuelles, descendent par voie de transformations successives de trois ou quatre types originels et probablement d'un archétype primitif unique.

Réduit à ces termes, le darwinisme n'a rien de bien nouveau. Si la majorité des partisans de cette doctrine partage plus ou moins la croyance qui en fait une conception toute de notre temps, la faute n'en est certes pas à l'auteur anglais. Avec cette loyauté parfaite qu'il est impossible de ne pas reconnaître dans ses écrits, Darwin a dressé lui-même et publié en tête de son

---

1. En France, l'ouvrage de Darwin sur l'origine des espèces a été traduit d'abord par Mlle Royer, puis par M. Moulinié.

2. Voyez entre autres, dans la *Revue des Deux Mondes,* livraison du 1er avril 1860, l'article intitulé *Une nouvelle théorie d'histoire naturelle,* par M. Auguste Laugel ; et, dans celle du 1er décembre 1863, *Une théorie anglaise sur les causes finales,* par M. P. Janet.

livre une liste comprenant les noms de vingt-six naturalistes
anglais, allemands, belges, français, qui tous, à des degrés
divers et d'une manière plus ou moins explicite, ont soutenu
avant lui des idées analogues [1].

Malheureusement, dans cette espèce de revue, le savant anglais
se borne à de très courtes indications, et les quelques lignes
qu'il consacre à ses prédécesseurs ne permettent ni d'apprécier
la marche des idées, ni surtout de juger jusqu'à quel point se
rapprochent ou restent séparés en réalité des écrivains qu'on
pourrait croire unis par une doctrine commune. Un intérêt
scientifique très réel s'attache pourtant à cette étude. Bien
qu'elles se ressemblent à certains égards, les théories émises sur
la formation des espèces par voie de modification sont souvent
fort différentes. Parfois elles s'excluent réciproquement; et de
leur antagonisme même résultent pour nous de précieux enseignements. La discussion du darwinisme doit donc être précédée
au moins d'un exposé sommaire des doctrines auxquelles il se
rattache de près ou de loin.

Je ne passerai cependant pas en revue tous les ouvrages cités
par Darwin. Il en est, je dois l'avouer, qui me sont inconnus; il
en est d'autres qui reposent sur des données trop différentes de
celles qui doivent nous guider dans ce travail. Par exemple,
quelle que soit la juste illustration du nom d'Oken, je ne crois
pas devoir aborder l'examen d'une conception fondée avant tout
sur des *a priori*, et qui procède directement de la philosophie
de Schelling. L'étude des auteurs français suffira du reste pour

1. Voici la liste et les dates données par Darwin dans sa troisième édition (traduction de Mlle Royer) :
Lamarck (1801-1815); Étienne Geoffroy Saint-Hilaire (1795); révérend
W. Herbert (1822); Grant (1826); Patrick Matthew (1831); Rafinesque (1836);
Haldeman (1843-1844); l'auteur anonyme des *Vestiges de la création* (1844);
d'Omalius d'Halloy (1831-1846); Owen (1849); Isidore Geoffroy Saint-Hilaire
(1850); Freke (1851); Herbert Spencer (1852-1858); Naudin (1852); Keyser-
ling (1853); Schaafhausen (1853); Baden Powell (1855).
Aux noms de ces auteurs, sur lesquels il insiste plus particulièrement,
Darwin ajoute sans aucun commentaire ceux de Unger, d'Alton, Oken,
Bory de Saint-Vincent, Burdach, Poiret, Fries. Il nomme aussi son grand-
père, et rapproche ses idées de celles de Lamarck, rapprochement que
j'aurai occasion d'examiner plus tard. Enfin, en rappelant la date de sa
première communication publique sur l'origine des espèces (juillet 1858),
Darwin a soin de faire remarquer que M. Wallace lut, le même jour, un
mémoire sur le même sujet et reposant sur le même fonds d'idées.

nous faire envisager, à peu près à tous les points de vue, le problème dont il s'agit. Sans sortir de chez nous, on rencontre à ce sujet les conceptions les plus diverses et dont les auteurs invoquent tantôt de pures rêveries décorées du nom de philosophie, tantôt l'observation et l'expérience, de manière à rester sur le terrain scientifique. Pour compléter cette revue, nous aurons seulement à remonter un peu plus haut que ne l'a fait Darwin. Celui-ci s'arrête à Lamarck et à la *Philosophie zoologique*. Il pouvait agir ainsi sans commettre d'injustice réelle. Pourtant il vaut mieux aller jusqu'au temps de Buffon et à Buffon lui-même. Il y a de sérieux enseignements à tirer de quelques écrits de cette époque, ne fût-ce que pour réduire à leur juste valeur certains rapprochements imaginés d'abord pour jeter de la défaveur sur les idées de Lamarck, et qu'on répète aujourd'hui pour combattre Darwin.

Remonter plus haut serait inutile. Sans doute l'idée générale de faire dériver les formes animales et végétales actuelles de formes plus anciennes et qui n'existent plus se retrouverait bien loin dans le passé. On la rencontrerait aisément, énoncée d'une manière plus ou moins explicite dans les écrits de maint philosophe grec, de maint alchimiste du moyen âge. Mais aux uns comme aux autres le problème de la formation des espèces ne pouvait se présenter avec la signification qu'il a pour nous. Avant Ray[1] et Tournefort[2], les naturalistes ne s'étaient pas demandé ce qu'il fallait entendre par le mot *espèce*, que pourtant ils employaient constamment. Or, il est évident qu'il fallait avoir répondu à cette question avant de songer à rechercher comment avaient pu se former et se caractériser ces groupes fondamentaux, point de départ obligé de quiconque étudie les êtres organisés. Ce n'est donc pas même au commencement du xviiᵉ siècle que le problème de l'origine des espèces pouvait être posé avec le sens que nous lui donnons aujourd'hui, et il faut en réalité arriver jusqu'à de Maillet[3] pour le voir traité

---

1. *Historia plantarum*, 1686.
2. *Institutiones rei herbariæ*, 1700.
3. Benoist de MAILLET, chevalier, seigneur de Mézeray, naquit à Saint-Mihiel le 12 avril 1656. Il fut nommé consul général en Égypte en 1692, en remplacement de M. de Marlot, et s'acquitta de ses fonctions de telle sorte qu'au bout de seize ans on lui donna le consulat général de Livourne,

de manière à nous intéresser. Mais à partir de cette époque, le nombre des solutions proposées se multiplie rapidement. De là autant de doctrines dont un grand nombre restent en dehors du cadre de ce travail.

Celles dont il sera question ici reposent presque toutes sur une donnée générale commune qui, depuis la seconde moitié du dernier siècle jusqu'à nos jours, est allée se développant, se complétant, se modifiant au fur et à mesure que la science apportait de nouveaux horizons à l'hypothèse. Quels que soient leur point d'origine et leurs conséquences dernières, ces théories s'accordent pour regarder une partie ou la totalité des espèces actuelles comme descendant d'espèces qui les avaient précédées; par conséquent, pour voir dans l'empire organique, tel que nous le connaissons, le développement, la transformation d'un état de choses antérieur. Elles rentrent à divers titres dans ce qu'on a nommé depuis peu, en Angleterre, les théories de l'*évolution* ou de la *dérivation*; dans ce que divers écrivains du continent ont appelé la doctrine du *transformisme*. Cette dernière expression me semble préférable, et je dirai rapidement pourquoi.

On a généralement désigné jusqu'à présent par le terme d'*évolutionnistes*, les naturalistes qui admettaient la formation des êtres vivants par suite de l'*évolution* de germes préexistants. Ces mots ont pris en Angleterre un sens nouveau, précisé par Huxley dans les termes suivants : « Ceux qui croient à la doc-« trine de l'évolution (et je suis de ce nombre) pensent qu'il « existe de sérieux motifs pour croire que le monde, avec tout « ce qui est en lui et sur lui, n'a apparu ni avec les conditions « qu'il nous montre aujourd'hui, ni avec quoi que ce soit « approchant de ces conditions. Ils croient, au contraire, que

---

alors regardé comme le plus important. Six ans après, il était nommé inspecteur des établissements français dans le Levant et sur les côtes barbaresques. Après avoir rempli cette mission, il renonça aux fonctions publiques, et reçut du roi, à titre de récompense, une pension considérable. Il mourut à Marseille le 30 janvier 1738. (*Vie de M. de Maillet*, placée en tête de la seconde édition de *Telliamed*, par l'abbé Lemascrier, son secrétaire. — A. de Caix de Saint-Aymour, *Histoire des relations de la France avec l'Abyssinie chrétienne*, 1886.) — De Maillet avait étudié à fond la langue arabe, et a publié sur l'Égypte un ouvrage fort estimé avant l'époque des découvertes modernes. Une partie de ses manuscrits sont conservés à la Bibliothèque Nationale et aux Archives des Affaires étrangères.

« la conformation et la composition actuelle de la croûte ter-
« restre, la distribution de la terre et des eaux, les formes
« variées à l'infini des animaux et des plantes qui constituent
« leur population actuelle, ne sont que les derniers termes
« d'immenses séries de changements accomplis dans le cours de
« périodes incalculables par l'action de causes plus ou moins
« semblables à celles qui sont encore à l'œuvre aujourd'hui [1]. »

De son côté, Owen, en résumant ses idées personnelles sur
ces graves questions, a défini de la manière suivante le sens
attaché par lui au terme de *dérivation* : « Je pense qu'une ten-
« dance innée à dévier du type parent, agissant à des intervalles
« de temps équivalents, est la nature la plus probable ou le
« procédé de la loi secondaire qui a fait dériver les espèces les
« unes des autres [2]. »

Il y a quelque inconvénient, ce me semble, à changer brusquement et sans raison suffisante la signification d'un mot consacrée par un long usage. L'idée de simple *évolution*, parfaitement d'accord avec la manière dont Réaumur, Bonnet et leurs
contemporains comprenaient le développement de germes préexistants, me semble d'ailleurs cadrer fort peu avec des changements assez considérables pour métamorphoser les rayonnés ou
les mollusques en vertébrés, les infusoires en oiseaux ou en
mammifères. Dans l'ordre d'idées qui nous occupe, ce sont ces
changements qui constituent le phénomène à la fois le plus
apparent et le plus fondamental ; c'est par lui que s'accuse la
dérivation. Le nom de *transformisme*, employé depuis quelques années par MM. l'abbé Bourgeois, Vogt [3], Dally [4],... etc.,
adopté par un grand nombre d'autres écrivains, me semble

---

1. *On the Animals which are most nearly intermediate between Birds and Reptiles.* Huxley admet, du reste, qu'on peut être évolutionniste, tout en hésitant à reconnaître en entier et dans toutes leurs conséquences les théories diverses auxquelles cette conception générale a donné lieu en astronomie, en géologie, en biologie, etc. Il cite le *Système de philosophie* de M. Herbert Spencer comme étant le seul ouvrage qui renferme l'ex-posé complet et systématique de cette doctrine.

2. *Derivative Hypothesis of Life and Species* (1868). Cet écrit forme le qua-rantième chapitre de l'*Anatomie des Vertébrés*, et renferme les conclusions générales de l'auteur.

3. *Congrès international d'anthropologie et d'archéologie*, session de Paris, 1867.

4. *L'ordre des Primates et le transformisme*, 1868.

rendre bien mieux que les autres appellations proposées, la notion commune à toutes les théories que j'ai l'intention d'examiner. En outre, il a l'avantage de ne prêter à aucune équivoque. C'est donc lui que j'adopterai.

Qu'il me soit permis d'ajouter quelques mots et d'indiquer l'esprit général de ce livre.

Je vais discuter des théories que je ne puis adopter. Je vais par conséquent entrer en lutte avec des esprits éminents, avec des confrères dont j'estime très haut le caractère et le savoir. Je ne l'aurais pas fait, si je n'avais eu à défendre mes propres convictions, chaque jour attaquées en leur nom et dans des termes souvent fort durs pour ceux qui croient à ce que je regarde comme la vérité.

Dans cette discussion je ne sortirai jamais du domaine appartenant aux sciences naturelles positives. Je laisse à d'autres les généralisations souvent aussi propres à égarer qu'à instruire. J'éviterai avec soin, comme toujours, de toucher aux controverses soutenues au nom de la théologie ou de la philosophie. Ma seule prétention est d'apporter à ces deux hautes branches du savoir humain la vérité scientifique, telle qu'elle m'apparaît après de longs et consciencieux travaux.

Surtout je m'efforcerai de remplir do mon mieux la partie de ma tâche qui consiste à faire connaître ceux mêmes que je veux combattre. J'aurai à analyser les ouvrages de mes adversaires; je le ferai avec le soin qu'aurait pu y mettre un disciple, et il ne m'en coûtera pas de leur rendre justice.

Des divergences d'opinions sur des phénomènes encore inexplicables ne me rendront jamais injuste envers des hommes éminents. J'ai dû combattre leurs doctrines; je n'en rends pas moins à leurs œuvres un sincère et cordial hommage. Pour s'être égaré un instant, Buffon n'a rien perdu, et son retour spontané au vrai le grandit encore à mes yeux. Les hypothèses aventureuses de la *Philosophie zoologique* et de l'*Introduction à l'histoire des animaux sans vertèbres* ne m'ont pas fait oublier ce qu'il y a d'éternellement vrai dans les ouvrages de Lamarck, de ce savant que ses contemporains appelaient le Linné français. Malgré ce que ses idées transformistes ont d'inacceptable, Geoffroy Saint-Hilaire est toujours pour moi un des fondateurs de la zoologie moderne, le créateur de la tératologie; et les théories de Naudin ne m'empêchent pas de voir en lui le rival souvent heureux de Kœlreuter [1].

Quant à Darwin, j'aurais aimé à faire connaître en détail sa vie entièrement vouée à l'étude, et cet ensemble de recherches incessantes, de découvertes du premier ordre venant enrichir tour à tour chacune des grandes divisions de l'histoire naturelle [2]. J'aurais été heureux de montrer tout ce qu'il y a de science variée et sûre dans ces livres mêmes, dont j'avais à discuter l'idée mère, mais qui m'ont tant appris [3]. Malheureusement le but de ce travail m'interdisait tout développement, toute excursion de cette nature. Du moins ai-je tâché de faire ressortir comme elle le mérite la bonne foi quasi chevaleresque de ce penseur qui, au milieu des plus vifs entraînements de l'intelligence, conserve assez de calme pour voir dans ses propres travaux les raisons et les faits militant en faveur de ses adversaires, assez de sincérité pour les leur signaler. Il y a un véritable charme à suivre un pareil esprit jusque dans ses écarts, et l'on sort de cette étude avec un redoublement de haute estime pour le savant, d'affectueuse sympathie pour l'homme.

---

1. Kœlreuter consacra vingt-sept années consécutives à l'étude de l'hybridation, dont il reconnut presque toutes les lois fondamentales. Ses travaux ont été publiés de 1761 à 1774.

2. Tous les géologues connaissent les observations de Darwin sur les îles volcaniques, sur la structure et la distribution des îles madréporiques, sur la géologie de l'Amérique du Sud. Les paléontologistes, les zoologistes, les embryogénistes, ne sauraient oublier le magnifique travail sur les cirripèdes, publié aux frais de la Société de Ray; le docteur Hooker, un des juges assurément les plus autorisés, en ouvrant la trente-huitième session de l'Association Britannique, mettait au nombre des plus importantes découvertes faites en botanique celles que Darwin a publiées dans ses mémoires sur le polymorphisme de plusieurs espèces, sur les phénomènes que présente le croisement des formes diverses d'une même espèce, sur la constitution et les mouvements des plantes grimpantes, etc.

3. De l'origine des espèces et De la variation des animaux et des plantes sous l'action de la domestication. — A ces deux ouvrages fondamentaux il faut ajouter aujourd'hui le livre sur la Descendance de l'homme et la Sélection sexuelle, qui a paru depuis et qui complète l'exposé des idées générales de l'auteur.

PREMIÈRE PARTIE

EXPOSITION DES DOCTRINES TRANSFORMISTES

CHAPITRE PREMIER

LES PRÉCURSEURS FRANÇAIS DE DARWIN

———

BENOIST DE MAILLET

Je viens d'écrire un nom qui a le privilège désagréable de provoquer à peu près toujours et partout un sourire dédaigneux ou railleur. Cependant si je l'inscris parmi ceux des précurseurs des idées que je vais discuter, ce n'est point avec l'intention de comparer et de confondre l'auteur de *Telliamed* avec les savants éminents que j'ai toujours acceptés comme des maîtres. C'est surtout parce que ce nom revient à chaque instant dans les controverses soulevées par l'ordre de conceptions qui nous occupe; c'est aussi parce qu'il m'a toujours paru qu'on a été injuste envers cet auteur. Sans vouloir le réhabiliter au delà de ses mérites, je crois utile de montrer pourquoi il a été si vivement attaqué, non seulement par ceux dont il était en quelque sorte l'adversaire naturel, mais encore par ceux qui semblaient devoir l'accueillir en allié.

« De Maillet, a dit d'Archiac, était un homme de beaucoup « d'esprit, de bon sens sur plusieurs points, fort instruit pour « son temps [1]. » Mais il était *philosophe*, comme on disait alors;

———

1. *Cours de paléontologie stratigraphique*, t. I. J'avais depuis longtemps, dans mes cours, cherché à montrer B. de Maillet sous son vrai jour. On com-

libre penseur, dirait-on aujourd'hui. Doué d'une imagination évidemment fort aventureuse, il avait inventé sur la constitution de l'univers, sur le passé et l'avenir de notre globe, sur l'origine des êtres animés, un système fort peu d'accord avec les dogmes généralement admis [1]. A ce titre, il devait être et fut vivement attaqué par les défenseurs de ces dogmes.

D'autre part, et précisément dans ce que son livre a de très sérieux et de vrai, de Maillet apportait des faits précis, faciles à invoquer à l'appui de certains passages des livres saints. Sa théorie mise de côté, quiconque soutenait la réalité du déluge mosaïque pouvait en appeler à ce témoignage, d'autant plus important qu'il venait d'un esprit plus indépendant. Or Voltaire ne voulait pas du déluge universel; il comprit le danger, et fit pleuvoir ses railleries sur le philosophe dont les doctrines tendaient à compromettre les siennes. On sait de quel poids pesaient alors, et pèsent encore aujourd'hui sur l'opinion, les plaisanteries de Voltaire. Voilà comment B. de Maillet a été repoussé par les deux camps, comment il a été honni en certains cas par ceux-là mêmes qui semblent avoir copié ses dires.

B. de Maillet, quoi qu'on en ait dit, n'est nullement un athée. Son philosophe indien proclame hautement l'existence d'un Dieu, esprit éternel et infini, qui a donné l'existence à tout ce qui est. Il cherche même à montrer que son système cosmogonique s'accorde avec la Bible, à la condition d'interpréter certains passages autrement qu'on ne le fait d'ordinaire [2]. Mais il réclame pour le philosophe le droit de chercher dans la science l'interprétation des faits naturels. Comme savant, il est l'homme de son époque, et l'on ne peut raisonnablement lui demander davantage. Avec tous les physiologistes de son temps, il croit à des *germes préexistants*; avec la plupart de ses contemporains, il admet l'existence de *tourbillons* analogues à ceux de Descartes.

---

prend combien j'ai été heureux de me rencontrer sur un sujet de cette nature avec mon éminent et malheureux confrère.

1. *Telliamed, ou Entretiens d'un philosophe indien avec un missionanaire français sur la diminution de la mer*, 1748 et 1756. Il est presque inutile de faire remarquer que le titre du livre n'est que le nom de l'auteur écrit à rebours.

2. Une des interprétations proposées par B. de Maillet, et qui consiste à considérer les *jours* de la Genèse comme autant d'*époques* d'une durée indéterminée, est aujourd'hui acceptée par les écrivains les plus orthodoxes.

Il suppose en outre que les soleils, centres de ces tourbillons, s'épuisent par leur activité même, tout en enlevant à leurs planètes respectives une certaine quantité de matière et surtout l'eau, qui s'évapore et diminue à la surface de celles-ci. Mais, dit-il, rien ne se perd dans la nature. Ces matériaux ne sont ni anéantis, ni dispersés; ils sont seulement repoussés vers les limites du tourbillon, entraînant avec eux des nombres infinis de *semences*, germes des êtres organisés futurs. Lorsqu'un soleil est entièrement épuisé, il s'éteint et devient un globe opaque; son tourbillon s'arrête; lui-même et les planètes qu'il avait jusque-là retenues dans sa sphère d'action s'élancent au hasard dans l'espace, jusqu'au moment où ils rencontrent quelque autre soleil en pleine activité. Celui-ci les entraîne dans son tourbillon, et ils s'ajoutent aux astres qui déjà tournaient autour de lui. Or, en pénétrant dans ce monde nouveau, ils ont à traverser la zone où sont emmagasinés les eaux, les germes, les matières de toute sorte chassées de la surface des planètes qui les ont précédés. Ils s'en emparent au passage, et arrivent ainsi à leur destination nouvelle entourés d'une couche liquide qui les enveloppe en entier. A partir de ce moment, recommence pour ce soleil éteint transformé en planète, pour ces planètes momentanément épuisées et vagabondes, une nouvelle ère d'activité régulière et féconde. A leur tour, les planètes peuvent s'embraser et devenir autant de soleils. Ainsi, grâce aux lois établies par le Créateur, les mondes se renouvellent par suite de leur épuisement même. Il y a incontestablement quelque chose d'ingénieux dans cette conception qui repose d'ailleurs sur les notions scientifiques alors les plus universellement acceptées.

On voit que dans cette théorie la rénovation d'un corps planétaire commence toujours par un véritable déluge. C'est évidemment pour en arriver à cette conclusion que l'auteur a imaginé tout ce qui précède. Il s'agissait pour lui d'expliquer, en dehors de toute intervention surnaturelle, des faits qu'il avait longuement et bien positivement constatés. A une très grande distance des mers actuelles et jusqu'au sommet de hautes montagnes, il avait vu certaines roches renfermer des corps pétrifiés dont l'origine marine était à ses yeux indiscutable. Pour mettre hors de doute l'existence de ces fossiles, il accumule preuves sur preuves, détails sur détails, et toutes les observations qu'il cite le ramènent à la pensée que le globe a été sous l'eau et façonné en partie par elle. Là est la partie sérieuse du livre, celle qui a motivé les éloges de d'Archiac. Quiconque la lira avec attention reconnaîtra combien est peu fondée l'opinion des critiques qui n'ont voulu voir qu'une plaisanterie dans l'ouvrage entier [1]. Là est aussi ce que Voltaire ne voulait pas admettre, ce qu'il a maintes fois repoussé par les hypothèses les plus hasardées [2].

A peine est-il nécessaire de rappeler auquel des deux, de Telliamed ou de son contradicteur, la science moderne a donné raison [3]. Elle n'a pu, il est vrai, accepter la conséquence immédiate que B. de Maillet tirait de l'existence des coquilles pétrifiées. Elle n'admet pas avec lui que la terre doive son relief actuel presque uniquement à la mer, et que l'apparition des continents soit due à l'évaporation; mais qu'on se reporte à un siècle et demi en arrière, qu'on se rappelle qu'à cette époque la géologie n'était pas même née, et cette erreur paraîtra bien excusable.

Il reste à peupler cette mer d'abord presque universelle, ainsi que les terres qu'elle a laissées à découvert en se retirant peu à peu. Ici encore B. de Maillet ne s'écarte pas trop d'abord des idées qui ont été ou qui sont même encore admises dans la science sérieuse. La doctrine de l'emboîtement ou tout au moins de la préexistence des germes a longtemps régné presque sans partage. Réaumur n'en professait pas d'autre, et, dans un de ses

1. Floureus, *Examen du livre de M. Darwin sur l'origine des espèces*, 1864.

2. On sait que Voltaire expliquait la présence des coquilles fossiles par le voisinage de quelque étang, par le passage des pèlerins se rendant à Rome et qui les auraient perdues en chemin, par le grand nombre d'escargots qu'on rencontre dans la campagne. (*Dictionnaire philosophique*, article Coquilles.) Ailleurs, pour rendre compte de l'existence de poissons fossiles signalés dans la Hesse et dans les Alpes, il suppose que ces poissons, « apportés par un voyageur, s'étant gâtés, furent jetés et se pétri- « flèrent dans la suite des temps ». (*Dissertation sur les changements arrivés dans notre globe*.) Ces idées préconçues, et qu'il soutenait au nom de la philosophie, le conduisirent à ne pas voir des fossiles même dans les faluns de la Touraine, où ils sont si abondants.

3. Il est d'ailleurs bien entendu que je n'attribue pas à l'auteur de *Telliamed* l'honneur d'avoir le premier compris la nature et l'origine des fossiles marins. Sans remonter jusqu'aux philosophes grecs ou au moyen âge, et sans sortir de notre pays, personne n'ignore que Bernard Palissy ne s'était pas mépris sur ce point, et que notre illustre *potier de terre* avait trouvé aux portes mêmes de Paris une partie de ses preuves.

derniers écrits, Cuvier déclarait que « les méditations les plus
« profondes comme les observations les plus délicates n'abou-
« tissent qu'au mystère de cette doctrine [1] ». A part l'étrange
origine qu'il leur attribue, B. de Maillet, avec ses semences, n'est
donc pas trop loin des vrais savants.

On peut suivre encore notre auteur dans la manière dont il
comprend le développement de ces germes. Ils n'éclosent pas
tout à la fois, et la provision n'est pas épuisée. Les espèces animales et végétales n'ont point paru toutes en même temps. A
mesure que les mers baisseront, à mesure que naîtront des circonstances favorables, il en surgira de nouvelles. Cette manière
de comprendre l'apparition successive des êtres organisés s'accorde assez bien avec les faits, et se rapproche à certains égards
des idées émises récemment encore par quelques-uns des hommes
les plus autorisés [2].

Malheureusement Telliamed complique bientôt sa doctrine
comme à plaisir, et entre dans l'ordre d'idées qui lui a valu sa
triste réputation. L'existence et la variété des germes une fois
admises, il ne tenait qu'à lui de trouver dans ces *semences* l'origine directe de toutes les espèces vivantes. Au lieu d'adopter
cette hypothèse simple et naturellement indiquée par la science
de son temps, il affirme que les germes primitifs n'engendrent
que des espèces *marines*, et que de celles-ci descendent *par voie
de transformation* toutes les espèces terrestres et aériennes,
l'homme compris.

Quand il s'agit des plantes, le philosophe indien semble
regarder le problème comme facile. « Aussitôt qu'il y eut des
« terrains, dit Telliamed, il y eut certainement des vents et des
« pluies qui tombèrent sur les premiers rochers. » Les premiers
ruisseaux coulèrent, et, à mesure que la mer se retirait, se
transformèrent en rivières ou en fleuves. Ceux-ci entraînèrent
jusqu'à la mer les matériaux enlevés aux continents récemment

---

1. *Règne animal*, 2ᵉ édition, *Introduction*. On sait qu'aujourd'hui la doctrine de l'épigenèse est adoptée universellement par tous les hommes
quelque peu au courant de la science.

2. Je ne puis, précisément à cause du but de ce travail, entrer dans de
plus longs détails sur ce que l'ouvrage de Maillet renferme de plus
scientifique. Je renvoie donc le lecteur au livre lui-même ou à l'excellente
analyse qu'en a donnée d'Archiac. (*Cours de paléontologie stratigraphique*,
t. I.)

émergés, et amoncelèrent sur ces plages nouvelles « un limon
plus doux » sur lequel les herbes marines vinrent perdre leur
« amertume et leur âcreté »; elles commencèrent ainsi à se *ter-
restriser* [1]. La mer continuant à baisser, elles finirent par rester
à sec, complétèrent leur métamorphose sous l'empire de ces
conditions impérieuses, et se trouvèrent changées en espèces
franchement terrestres.

L'auteur avoue, il est vrai, que « les naturalistes prétendent
« que le passage des productions de la mer en celles de la terre
« n'est pas possible; mais, ajoute-t-il, puisque toutes les mers
« produisent une infinité d'herbes différentes, même bonnes à
« manger, pourquoi *ne croirions-nous pas* que la semence de ces
« choses a donné lieu à celles que nous voyons sur la terre et
« dont nous faisons notre nourriture? » Il cite deux ou trois
exemples à l'appui de sa proposition, et conclut en disant :
« C'est ainsi, *j'en suis persuadé*, que la terre se revêtit d'abord
« d'herbes et de plantes que la mer enfermait dans ses eaux » [2].

La transformation des animaux marins en animaux fluviatiles
ne présente aucune difficulté à l'esprit de Telliamed. Aussi l'in-
dique-t-il comme en passant, et se borne-t-il à faire observer
qu'en pénétrant dans les rivières, la carpe, la perche, le brochet
de mer, ont subi seulement quelques légères modifications dans
la forme et le goût.

Quand il en arrive aux espèces aériennes, il sent la nécessité
de multiplier ses arguments. Il insiste sur l'humidité des couches
d'air placées au-dessus de l'eau, surtout dans les régions boréales;
il signale l'existence des êtres analogues qui peuplent le fond
de la mer et le sol des continents, les eaux et l'asmosphère; il
montre les oiseaux et les poissons présentant dans leurs mœurs,
dans leurs allures, et jusque dans les riches couleurs qui les
décorent, des ressemblances qu'il est naturellement entraîné
à exagérer. « La transformation d'un ver à soie ou d'une che-
« nille en un papillon, dit-il, serait mille fois plus difficile à
« croire que celle des poissons en oiseaux, si cette métamor-
« phose ne se faisait chaque jour à nos yeux... La semence de
« ces mêmes poissons, portée dans les marais, *peut* aussi avoir

1. *Telliamed*, t. I, p. 242.
2. *Id.*, p. 245.

« donné lieu à une première transmigration de l'espèce du séjour
« de la mer en celui de la terre. Que cent millions aient péri
« sans avoir pu en contracter l'habitude, il suffit que deux y
« soient parvenus pour avoir donné lieu à l'espèce [1]. »

Les poissons volants fournissent à l'auteur un exemple sur
lequel il insiste d'une manière toute spéciale : « Entraînés par
« l'ardeur de la chasse ou de la fuite, emportés par le vent, *ils*
« *ont pu*, dit-il, tomber à quelque distance du rivage dans les
« roseaux, dans des herbages, qui leur fournirent quelques ali-
« ments tout en les empêchant de reprendre leur vol vers la mer.
« Alors, sous l'influence de l'air, les nageoires se fendirent, les
« rayons qui les soutiennent se transformèrent en plumes dont
« les membranes desséchées formèrent les barbules ; la peau se
« couvrit de duvet, les nageoires ventrales devinrent des pieds ;
« le corps se modela, le cou, le bec s'allongèrent, et le poisson
« se trouva devenu un oiseau [2]. »

Rien de plus simple pour Telliamed que la transformation des
espèces marines rampantes en reptiles aériens. Ne voit-on pas
ces derniers vivre dans l'eau presque aussi facilement que sur
la terre ? Les mammifères sont plus embarrassants. Cependant
l'auteur cite rapidement les ours marins, les éléphants de mer,
puis il donne quelques détails sur les phoques. Après avoir rappelé leurs habitudes et affirmé qu'on a vu ces animaux vivre
plusieurs jours à terre, il ajoute : « Ce que l'art exerce dans ces
« *Phocas* la nature *peut* le faire d'elle-même ; et, dans certaines
« occasions, ces animaux ayant vécu plusieurs jours hors de
« l'eau, *il n'est pas impossible* qu'ils s'accoutument à y vivre tou-
« jours par la suite, par l'impossibilité même de retourner à la
« mer. C'est ainsi *sans doute* que les animaux terrestres ont
« passé du séjour des eaux à la respiration de l'air [3]. » Enfin
arrivé aux groupes humains, Telliamed les regarde comme
autant d'espèces distinctes formées de la même manière. Il
réunit toutes les prétendues histoires d'hommes marins, et en
conclut que nous aussi nous devons chercher dans la mer nos
premiers ancêtres [4].

1. *Telliamed*, t. II, p. 171.
2. *Id.*, p. 169.
3. *Id.*, p. 178.
4. *Id.*, p. 181 et suiv.

En résumé, B. de Maillet partage les êtres organisés en deux grands groupes, l'un aquatique et marin, l'autre aérien et terrestre. Partout le premier a engendré le second. La filiation est directe, chaque espèce marine donnant naissance à l'espèce terrestre correspondante. La transformation est le plus souvent analogue à la métamorphose de la chenille en papillon; elle se manifeste alors chez un être déjà tout formé. Elle peut avoir lieu aussi parfois par suite de transport des œufs qui, pondus par un animal marin, mais exposés à l'air, donnent naissance à des individus terrestres. Quelques espèces vivant presque indifféremment à l'air et dans l'eau peuvent, semble croire notre auteur, « être considérées comme des intermédiaires momentanés » entre les deux mondes; mais, dans aucun cas, l'*hérédité* n'intervient dans ces phénomènes de transmutation. La métamorphose s'accomplit dans l'individu, et celui-ci transmet en totalité à ses descendants les nouveaux caractères acquis de toutes pièces. Cette conception établit entre ce système de Telliamed et d'autres théories dont on a voulu le rapprocher une différence radicale.

Pour notre auteur, la transformation des êtres s'opère toujours sous l'empire de la *nécessité*, imposée par ce que nous appellerions aujourd'hui le *milieu*, et de l'*habitude*, qui façonne rapidement l'organisme. Elle est d'ailleurs la conséquence des changements subis par le globe lui-même. Le développement des êtres organisés marins a commencé peu après que les montagnes les plus élevées eurent été mises à sec; celui des espèces terrestres date seulement d'une époque à laquelle les continents étaient à peu près ce qu'ils sont aujourd'hui. Ce développement est successif; il dure encore, il se continuera dans l'avenir. A mesure que les mers baisseront davantage, les flores, les faunes marines et terrestres s'enrichiront de plus en plus. Nulle part, d'ailleurs, B. de Maillet ne donne à entendre que les espèces marines varient tant qu'elles restent dans leur premier élément, pas plus qu'il ne parle de changements survenus dans les espèces terrestres après la grande métamorphose qui en a changé la nature.

Tel est le système que, sur les instances de Fontenelle [1], B. de

---

1. Ce fait est affirmé par l'abbé Lemascrier (*Vie de M. de Maillet*), qui trouve avec raison que ce fut *gâter l'ouvrage*. Le secrétaire montre ici plus

Maillet joignit à ses sérieuses études de géologie et de paléonto-logie. A tout prendre et à tenir compte de la date, il n'était pas mal conçu. L'auteur partait de faits matériels bien observés et d'une interprétation de ces faits au moins plausible à une époque où la théorie des soulèvements était loin de tous les esprits; il s'appuyait sur une doctrine professée par les maîtres de la science; il n'ajoutait qu'une hypothèse, celle de la *transmutation des espèces*. A l'appui de cette hypothèse, il n'invoquait guère que des arguments difficiles à réfuter, précisément à cause de ce qu'ils avaient de vague; mais cela même dut séduire la plu-part de ces esprits faciles à contenter, qui veulent avant tout qu'on leur explique l'inexplicable.

Il en est tout autrement pour quiconque se rend quelque peu compte de sa façon de raisonner. J'en ai cité quelque exemples; j'aurais pu les multiplier, car le mode d'argumentation reste partout le même. Au fond, on n'y trouve guère que des rappro-chements hasardés, des assertions gratuites, des appels à la *possibilité*. A se contenter de raisons pareilles, on est bien cer-tain de ne jamais rester à court. Quelqu'un a-t-il jamais cons-taté la réalité de ces migrations d'un élément à l'autre, de ces brusques transformations? Non certes, et Telliamed en convient tout le premier. Mais il répond qu'elles ne s'accomplissent que dans le voisinage des pôles ou dans des lieux tout aussi déserts, dans de profondes vallées, dans des cavernes humides et fraîches qui « mettent ces races, au sortir des eaux, à l'abri d'un air « chaud encore incommode à leur poitrine » [1]. Voilà pourquoi, selon lui, elles n'ont pas encore eu de témoins. Elles n'en sont pas moins réelles, dit-il, car chaque jour on découvre en Europe, en France même, des espèces jusque-là inconnues. Or comment admettre qu'elles aient pu échapper si longtemps à l'observa-tion? — Que répondre? et comment réfuter un adversaire qui arguë de ses convictions personnelles et invoque jusqu'à l'*igno-rance* comme une preuve en sa faveur?

C'est ce que fait à chaque instant Telliamed, entraîné par l'esprit de système bien loin de son point de départ et de sa

de jugement que l'auteur. Et pourtant il faut bien avouer que si le nom de Maillet n'est pas complètement oublié, il le doit précisément à ce qu'il y a de mauvais dans le livre.

1. *Telliamed*, p. 235.

méthode première. Il avait commencé par constater et étudier
des faits vrais dont il comprit, mieux que la plupart de ses contemporains, l'importance et la signification précises; il les avait
coordonnés d'une manière assez rationnelle, et ce travail lui
assignait un rang honorable parmi les savants de son temps.
Mais, non content d'avoir compris l'enchaînement des phénomènes, il voulut remonter à leur cause première et les expliquer. Ici l'expérience et l'observation lui faisaient défaut; il les
remplaça par l'hypothèse et l'imagination. Voilà comment un
livre, « commencé avec toute la sévérité des méthodes scienti-
« fiques »[1], aboutit à des conceptions qu'on ne songe même plus
à combattre. Je n'ai donc pas à le réfuter. Mais il n'est peut-
être pas inutile d'insister sur la nature des arguments invoqués
par B. de Maillet à l'appui de ses hypothèses.

Quand il s'agit du passé et de Telliamed, personne n'accepte
de simples appels à la conviction personnelle, à la possibilité à
l'inconnu, comme autant de preuves de quelque valeur. Or, en
pareille matière, les jugements à porter, ne sauraient varier
selon le temps et les hommes. Pour avoir été employés de nos
jours et par des savants éminents, les arguments de Telliamed
n'en sont pas devenus plus valables. Je n'aurai que trop d'occasions d'appliquer cette règle dont on ne peut nier la légitimité.

ROBINET [2]

Un autre auteur dont le nom a été prononcé quelquefois dans
la discussion des idées dont il s'agit ici, et qui ne le méritait
guère, est Robinet. Cuvier le cite avec une sorte d'indignation
en répondant à Lamarck[3]. Flourens se borne à le mentionner
dans le livre qu'il a consacré à l'examen de la théorie de Darwin.

---

1. D'Archiac.
2. J.-B.-René ROBINET, né à Rennes le 23 juin 1735, mort dans la même
ville le 24 mars 1820. Les écrits qui lui ont valu une réputation passagère
parurent en Hollande, où il habita quelques années. Avant de mourir,
Robinet rétracta les opinions qu'il avait longtemps soutenues.
3. *Dictionnaire des sciences naturelles*, art. NATURE.

Ces dédains sont certainement justifiés. Pour quiconque entend rester fidèle à la véritable science, Robinet est avant tout un rêveur qui croit pouvoir résoudre tous les problèmes possibles en vertu de quelques idées *a priori* présentées comme autant de principes indiscutables. Je ne le suivrai pas dans les détails d'un système qui embrasse l'ensemble des choses, je me bornerai à indiquer la manière dont il conçoit la nature, l'origine des êtres, y compris celle de l'homme.

Robinet distingue Dieu du monde, la nature incréée de la nature créée [1]. Celle-ci est un tout continu, formé d'existences variées ne laissant place à aucune lacune, à aucune interruption. La nature ne va jamais par sauts, dit-il avec Leibniz et Bonnet; et cette loi de continuité, qu'il poursuit jusque dans ses conséquences les plus extrêmes, le conduit tout d'abord à nier la distinction entre la matière brute et la matière organisée. Pour lui, toute matière est vivante. Elle est entièrement composée de *germes* d'où proviennent toutes choses, les corps que nous appelons bruts comme les êtres organisés et vivants. La génération n'a d'autre but que de placer un certain nombre de ces germes dans des conditions favorables de développement. Quand un germe se développe, il ne fait que s'adjoindre les germes voisins, dont il compose la substance de l'être complet, et auxquels il rend la liberté quand cet être meurt. Ces germes sont capables de réaliser toutes les formes possibles, dont ils sont le raccourci; mais ils sont au fond de même nature, car, s'il en était autrement, il y aurait un de ces sauts qu'on ne saurait admettre. Par conséquent, il n'existe en réalité qu'*un seul règne*, et ce règne est le *règne animal.* Tout dans l'univers relève de l'animalité, les plantes, les minéraux et même les éléments admis par les anciens. La terre, le soleil, les astres sont autant d'animaux immenses dont la nature nous échappe à raison de leur étendue et de la forme pour laquelle l'*être* s'est ici réalisé.

Dans ce règne universel, et toujours en vertu de la loi de

---

1. *De la nature* (1766); — *Considérations philosophiques sur la gradation naturelle des formes de l'être, ou les Essais de la nature qui apprend à faire l'homme* (1768). Cuvier et Flourens ne citent que ce dernier ouvrage; mais, pour se rendre un compte exact des opinions de Robinet, il est nécessaire de connaître le premier.

continuité, il ne peut exister que des individus. L'*espèce* des naturalistes n'est qu'une illusion tenant à la faiblesse de nos organes. Incapables de saisir les différences minimes qui seules séparent l'un de l'autre les anneaux de l'immense chaîne, nous comprenons sous la dénomination d'*espèce* la collection des individus qui possèdent une somme de différences appréciable pour nous. Les idées de genres, de classes, de règnes, sont nées de la même manière, et n'ont en réalité rien de plus fondé. La preuve en est, dit l'auteur, dans les dissentiments qui ont séparé et séparent les naturalistes, dans la difficulté qu'ils éprouvent à s'entendre sur la délimitation des groupes, dans la découverte journalière d'êtres intermédiaires venant combler les lacunes apparentes. S'il en reste encore un certain nombre, la science à venir les fera disparaître. Toutes les formes sont d'ailleurs transitoires. Jamais la nature ne se répète ; et, d'un bout à l'autre du grand tout, règnent sans cesse le mouvement, la variation, le changement. « Il pourra y avoir un temps auquel il n'y ait « pas un seul être conformé comme ceux que nous voyons à « cet instant de la durée des choses. »

Pour Robinet, le monde matériel ou visible n'est en réalité qu'un ensemble de phénomènes déterminés par le monde invisible résultant de la collection des *forces naturelles*. Dans ces deux mondes, la loi de continuité veut qu'il y ait également progression. « Les forces s'engendrent à leur manière, comme les « formes matérielles. » Dans la constitution du tout, la nature n'a pu procéder que du simple au composé. Il suit de là que tous les êtres ont dû avoir pour point de départ un *prototype* formé par l'union de la force et de la forme réduites à leur état élémentaire. L'échelle universelle des êtres résulte du progrès nécessaire de cet élément premier. Or, le progrès s'accuse surtout par l'activité de plus en plus marquée, par la prédominance croissante de la force sur la matière. Des minéraux aux végétaux, aux animaux et de ceux-ci à l'homme, la progression est frappante. Elle ne s'arrête pas là. « Il peut y avoir, dit Robinet, « des formes plus subtiles, des puissances plus actives que celles « qui composent l'homme. La force pourrait bien encore se « défaire insensiblement de toute matérialité pour commencer « un nouveau monde...; mais, ajoute-t-il, nous ne devons pas « nous égarer dans les vastes régions du possible. »

Nous avons déjà vu Robinet oublier bien souvent cette sage maxime, et c'est au moment même où il vient de la tracer qu'il lui est le plus infidèle. Abandonnant le monde des forces pures, il revient sur notre globe et s'arrête à l'homme. Il voit en lui le chef-d'œuvre de la nature. Mais celle-ci, « visant au plus parfait, « ne pouvait cependant y parvenir que par une suite innombrable « d'ébauches ». A ce point de vue, « chaque variation du pro- « totype est une sorte d'étude de la forme humaine que la nature « méditait ». Ce n'est pas seulement l'orang-outang, d'ailleurs « plus semblable à l'homme qu'à aucun animal », qui doit être regardé comme une tentative faite pour réaliser ce terme final; ce n'est pas seulement le cheval et le chêne; ce sont encore les minéraux et surtout les fossiles. La preuve, selon Robinet, c'est qu'on trouve « des pierres qui représentent le cœur de l'homme, « d'autres qui imitent le cerveau, le crâne, un pied, une main... ». Le règne animal, le règne végétal, lui fournissent des faits ana- logues. A ces essais partiels succèdent des tentatives d'ensemble. Ici Robinet en arrive aux hommes marins, aux hommes à queue. Il passe ensuite en revue les principales populations humaines, et signale comme les plus belles les Italiens, les Grecs, les Turcs, les Circassiens. Là n'est pas toutefois le terme de la perfection. Jusqu'ici les sexes ont été séparés; mais les essais d'hermaphro- disme déjà tentés chez nous par la nature marquent suffisam- ment le but qu'elle veut atteindre. Un temps viendra où l'homme réunira les attributs et les beautés diverses de Vénus et d'Apol- lon. Alors peut-être aura-t-il atteint le plus haut degré de la beauté humaine.

Nous ne nous arrêterons pas à discuter ces fantaisies, elles suggèrent pourtant quelques réflexions. Sans avoir vu et étudié par lui-même comme Benoist de Maillet, Robinet n'en possédait pas moins un savoir assez étendu en histoire naturelle. Il con- naissait les écrits des naturalistes du temps; il invoque à l'appui de ses dires un certain nombre de faits bien réels. Comment s'est-il égaré au point que nous avons vu? C'est qu'il s'est laissé entraî- ner par la métaphysique, et a subordonné l'observation à la théorie. De l'animal au végétal, de celui-ci au minéral, il ne peut, affirme-t-il, y avoir la moindre lacune, le moindre saut. Les deux premiers sont organisés et vivants, donc les derniers doivent l'être également. Pour ne pas être accessible à nos

moyens de recherches, l'organisation des fossiles n'en existe pas
moins. Il est vrai que « l'analogie est au delà de nos sens ».
Qu'importe? « C'est outrager la nature que de renfermer la
« réalité de l'être dans la sphère étroite de nos sens ou de nos
« instruments. » En d'autres termes, l'intelligence doit, une
fois le principe posé, se passer de l'expérience et de l'observation. — Nous sommes, on le voit, bien loin de la méthode scientifique.

Considéré au point de vue qui nous intéresse surtout, Robinet
admet l'existence de germes se développant successivement en
procédant du simple au composé. Les êtres ainsi réalisés forment
une chaîne continue dont l'anneau inférieur est un prototype de
la plus grande simplicité possible. L'homme est pour le moment
le dernier terme de la série; mais un être plus parfait, plus
complet, peut très bien le détrôner au premier jour. Toutefois
cet être humain ne dérivera pas de l'homme actuel. C'est là une
des conceptions les plus singulières de l'auteur et qui a été généralement mal comprise.

Dans le système de Robinet, tout rapport de filiation est impossible. Pour lui, il n'existe pas d'*espèces*. Il existe seulement
des *individus* produits — d'une manière absolument indépendante — au moyen de germes pris directement dans le fonds
commun préparé par la nature. A proprement parler, il n'y a
pas de *génération*, dans le sens physiologique de ce mot. On
peut presque dire qu'il n'y a ni père ni mère. L'œuf n'est pas
le produit de la mère; le père n'est pour rien dans son développement. L'union des sexes ne fait que placer un germe
préexistant dans des conditions telles qu'il peut s'en adjoindre
d'autres et constituer un nouvel individu. Dans tous ces phénomènes, la nature seule est à l'œuvre. Seule elle a produit de tout
temps et produit sans cesse tous les intermédiaires existants du
prototype à l'homme; elle est dans toute la force du terme
l'unique *alma parens rerum*.

Évidemment cette conception est aussi opposée que possible
aux idées de B. de Maillet, qui admet des *germes d'espèces*, l'existence de celles-ci et la transformation directe, individuelle, d'un
poisson en oiseau, d'un ver marin en ver de terre, qui, à mesure
qu'ils apparaissent, peuplent les continents par voie de filiation
immédiate. On s'est donc trompé lorsqu'on a associé Robinet et

B. de Maillet. Au point de vue des systèmes, on s'est complètement mépris lorsqu'on a placé le premier au nombre des philosophes qui ont cherché l'origine des êtres actuellement vivants dans les modifications de ceux qui les ont précédés.

Enfin, mettre ces deux écrivains au même niveau c'est être vraiment injuste envers l'auteur de *Telliamed*. Celui-ci, on l'a vu, est parti de faits réels et bien observés; il s'est égaré seulement en voulant les expliquer. Robinet, au contraire, prend pour point de départ un principe, qu'il appelle *philosophique*; il en déduit rigoureusement les conséquences les plus extrêmes, voit en elles seules la vérité et, quand les *faits* condamnent sa *théorie*, c'est à celle-ci qu'il donne raison en récusant le témoignage de nos sens. « J'explique tous les phénomènes, répète-t-il souvent; donc ma « doctrine est vraie. » A coup sûr, on ne pensera pas que cet argument soit bien probant sous la plume de Robinet. Devrat-on le trouver meilleur sous celle d'hommes éminents, apportant chacun des explications différentes et qui se contredisent?

BUFFON

Dans un travail publié il y a bien des années [2], j'ai indiqué comment notre grand naturaliste, après avoir cru d'abord à l'invariabilité absolue de l'espèce, était passé presque subitement à l'extrême opposé. Pendant cette seconde phase de son évolution intellectuelle, Buffon admit non seulement la variation, mais même la mutation et la dérivation des espèces animales.

1. Georges-Louis Leclerc, comte de Buffon, né à Montbard le 7 septembre 1707, mort à Paris le 16 avril 1788. Il est presque inutile de rappeler ici que c'est là un des plus grands noms de la science moderne. On a parfois contesté la valeur de l'œuvre de Buffon; mais son livre, fruit d'un travail incessant poursuivi pendant un demi-siècle, n'en reste pas moins un des plus magnifiques et des plus sérieux monuments du génie humain. Plus la science s'étend et se complète, plus on lui rend justice. Les anthropologistes surtout ne peuvent oublier qu'il a été le véritable fondateur de l'histoire naturelle de l'homme. (*Histoire naturelle générale et particulière, avec la description du cabinet du Roi*, 1749-1789.)

2. *Unité de l'espèce humaine*, 1861. Isidore Geoffroy Saint-Hilaire avait déjà insisté sur ce point d'histoire scientifique. (*Histoire naturelle générale des règnes organiques*, t. II.)

Les groupes composés d'espèces plus ou moins voisines, et qu'il appelle *genres* ou *familles*, lui apparaissaient alors comme ayant ou une souche principale commune de laquelle « seraient « sorties des tiges différentes et d'autant plus nombreuses, que « les individus dans chaque espèce sont plus petits et plus « féconds [1] ». Il a fait l'application de cette idée aux espèces du genre cheval connues de son temps; il l'a appliquée aux grands chats du nouveau monde, le jaguar, le couguar, l'ocelot, le margai, qu'il rapproche de la panthère, du léopard, de l'once, du guépard et du serval de l'ancien continent. « On pourrait « croire, ajoute-t-il, que ces animaux ont eu une origine com- « mune [2]. » Et pour expliquer la distinction actuelle, il remonte à l'époque où les deux continents se sont séparés. Il dit encore que les deux cents espèces dont il a fait l'histoire « peuvent se « réduire à un assez petit nombre de familles ou souches prin- « cipales, desquelles il n'est pas impossible que toutes les autres « soient issues ». Enfin, de la discussion détaillée de ces souches premières faite à ce point de vue, il conclut que le nombre en peut être estimé à trente-huit [3].

Certes Buffon à cette phase de sa carrière aurait mérité de figurer dans l'historique de Darwin. Mais on sait qu'après avoir, pour ainsi dire, exploré les deux doctrines extrêmes et con- traires, ce grand esprit s'arrêta plus tard à des convictions qu'il conserva définitivement. L'espèce ne fut plus à ses yeux ni *immobile*, ni *mutable*. Il reconnut que, tout en restant inébran- lables en ce qu'ils ont d'essentiel, les types spécifiques peuvent se réaliser sous des formes parfois très différentes. En d'autres termes, il joignit à l'idée bien arrêtée de *l'espèce* l'idée non moins nette, non moins précise, de la *race*. Dans cette distinc- tion fondamentale se retrouve l'empreinte du génie revenant à la vérité, éclairé par ses erreurs mêmes.

Quoi qu'il en soit, Buffon a cru pendant quelques années [4], à la possibilité de transmutation des espèces. A ce titre, il doit prendre place parmi les transformistes. Mais on doit remarquer

---

1. *Dégénération des animaux*. (*Œuvres complètes de Buffon*, éd. Richard, t. XIV, p. 193.)
2. *Id.*, p. 217.
3. *Id.*, p. 220.
4. De 1761 à 1766, d'après la date de l'impression des volumes.

qu'il réduit pour ainsi dire le phénomène au minimum. Il admet la création directe de types qui deviennent la *souche* d'un genre ou d'une famille. Jamais il ne fait la moindre allusion à la possibilité du passage d'un type à l'autre. Rien donc ne rappelle chez lui les doctrines absolues dont nous aurons à parler.

A l'époque où il écrivait son chapitre sur la *Dégénération des animaux*, notre grand naturaliste ne distinguait pas encore la *race* de l'*espèce*. C'est à la première qu'il emprunte des arguments à l'appui de ses opinions transformistes. C'est en se basant sur l'expérience journalière qu'il trouve dans le monde extérieur seul les causes immédiates de la transformation des types et de l'apparition d'espèces distinctes pouvant être considérées comme remontant à des ancêtres communs. Il dit : « La température « du climat, la qualité de la nourriture et les maux de l'escla- « vage, voilà les trois causes de changement, d'altération et « de dégénération dans les animaux [1] ». L'énumération est incomplète, puisque Buffon ne dit rien de la réaction des organismes; mais il a eu le mérite de formuler les bases de la doctrine des actions de milieu et d'appeler l'attention sur l'influence de la domestication.

Buffon parle seulement en passant du mode d'action de ces causes de *dénaturation*. Les mots d'hérédité, de transmission des caractères acquis, ne se trouvent pas dans son livre. Il n'insiste que sur le résultat final. Mais il est aisé de voir qu'il envisageait la succession des phénomènes à peu près comme nous le faisons aujourd'hui. A ses yeux, toute modification des caractères naturels soit en bien, soit en mal, est une véritable *dégradation*; et, en parlant des espèces domestiquées, il s'exprime dans les termes suivants : « On trouvera, sur tous les animaux « esclaves, les stigmates de leur captivité et l'empreinte de leurs « fers; on verra que ces plaies sont d'autant plus grandes, d'au- « tant plus incurables, qu'elles sont plus anciennes [2] ». De ces phrases il résulte que Buffon admettait des transformations progressives, demandant plusieurs générations. Mais ce qu'il dit à propos de diverses espèces, en particulier au sujet du Serin des Canaries, montre qu'il ne songeait nullement aux modifications

1. *Dégénération des animaux*, p. 181.
2. *Id.*, p. 181.

s'accomplissant avec une lenteur excessive, telles que les ont
admises Lamarck et Darwin.

Au reste, il est facile de comprendre que Buffon n'ait pas
développé et poursuivi, jusque dans ses détails, une théorie à
laquelle il ne s'est arrêté que momentanément et qu'il semble
en outre n'avoir guère accueillie qu'à titre d'hypothèse *possible*.
Mais il reporta dans sa doctrine définitive ce qu'il y avait de
vrai jusque dans ses erreurs. Les faits invoqués par lui pour
soutenir la transmutation de l'espèce étaient incontestables.
Nous les voyons chaque jour se passer sous nos yeux. Il en avait
seulement exagéré les conséquences; ou plutôt en concluant de
la *race* à l'*espèce*, il avait commis une erreur qu'il a reconnue
plus tard, et alors, *il s'est corrigé*, selon l'expression d'Isidore
Geoffroy. Il a renoncé à l'idée de *transmutation* pour adopter
celle des *variations*, n'atteignant que les caractères secondaires
et respectant ce qui est essentiel dans chaque type animal.

Buffon a eu un autre mérite, que le même naturaliste a fait
ressortir avec juste raison. C'est de s'être fait de l'*espèce* une
idée indépendante des théories qu'il a successivement adoptées,
si bien que les trois définitions qu'il a données à des époques
différentes [1] reviennent au fond au même, reproduisant les mêmes
idées formulées en termes différents. Voici la seconde qui est à
la fois la plus simple et la plus précise. « L'espèce n'est autre
« chose qu'une succession constante d'individus semblables et
« qui se reproduisent. » Cuvier n'a fait que la développer. Buffon
a été certainement le premier à comprendre que, pour se faire
une idée juste de l'espèce, il fallait tenir compte à la fois des
deux notions que Ray et Tournefort avaient considérées isolément, savoir la notion de *forme* et la notion de *filiation*. Par là,
le naturaliste descriptif que tout le monde admire, se montre
physiologiste. C'est là un mérite dont on comprend d'autant
mieux la valeur, qu'aujourd'hui un trop grand nombre de savants, même éminents, veulent ne tenir compte que de la notion
morphologique.

1. En 1749, 1753 et 1764.

LAMARCK [1]

Lamarck fut d'abord le disciple de Buffon, le familier de sa maison; il entra à l'Académie des Sciences l'année même où parut le dernier volume de l'*Histoire naturelle* (1779). Nous n'avons pas à montrer combien étaient mérités cet accueil et cette récompense, non plus qu'à insister sur les mérites éminents du naturaliste [2]. Ses études théoriques sur l'origine et la filiation des espèces doivent seules nous occuper; et ici, je n'ai malheureusement que des critiques à lui adresser.

Sur ce sujet, Lamarck a reflété les deux premières phases de son maître; mais il s'est arrêté à la seconde. Il en avait accepté l'idée fondamentale, la transmutabilité des espèces organiques; il poursuivit cette donnée jusque dans ses conséquences les plus extrêmes à l'aide de ses conceptions propres. En outre, doué d'un esprit à la fois méthodique et spéculatif, il céda à la tentation d'expliquer les phénomènes du monde organique en les rattachant à des idées philosophiques générales [3]. Par là seulement, il se rapprocha de Telliamed et de Robinet. Toutefois il ne toucha pas aux problèmes cosmogoniques; et son système, en

1. Jean-Baptiste-Pierre-Antoine Monet, chevalier de Lamarck, né à Bazentin le 1er avril 1744, mort à Paris le 18 décembre 1829, suivit d'abord la carrière des armes et servit avec honneur sous le maréchal de Broglie. Mais il quitta b entôt l'armée pour se livrer à l'étude des sciences naturelles.

2. N'ayant ici qu'à combattre presque toujours les idées de ce grand naturaliste, je dois d'autant plus rappeler que, par ses écrits de science positive, Lamarck a mérité d'être appelé le *Linné français*. Son *Histoire naturelle des animaux sans vertèbres* (1816-1822) a eu longtemps une importance telle que, l'ouvrage ayant été épuisé, deux naturalistes éminents, Milne Edwards et Deshayes, s'associèrent pour en donner une seconde édition que, par des notes, ils mirent au courant des progrès accomplis, tout en respectant le texte primitif (1835). Ce livre est encore aujourd'hui le point de départ obligé pour bien des études, surtout lorsqu'il s'agit des Invertébrés marins.

3. Lamarck a développé ses idées à plusieurs reprises dans plusieurs publications. Il les a surtout développées dans trois ouvrages dont voici les titres : *Philosophie zoologique* (1809); *Introduction de l'Histoire naturelle des animaux sans vertèbres* (1816); *Système des connaissances positives* (1820).

ce qui nous intéresse, n'a aucun rapport avec les rêveries du
second, pas plus qu'avec les hypothèses du premier.

Après quelques généralités sur ce qu'on appellerait aujour-
d'hui la méthode naturelle, Lamarck se demande ce que sont
les *espèces*, ces groupes élémentaires des deux règnes organiques.
Il rappelle les incertitudes de la science et la difficulté qu'éprouvent souvent les naturalistes à caractériser les espèces voisines;
il insiste sur le grand nombre des « espèces douteuses », c'est-à-
dire de celles qu'on ne peut distinguer nettement des races ou
des variétés. Il revient à diverses reprises sur la gradation que
présente l'ensemble des espèces et des types. De ces faits empruntés d'abord aux animaux et aux végétaux sauvages, il conclut que l'espèce en général ne possède pas la constance absolue
qu'on lui attribue d'ordinaire [1]. Dans un chapitre spécial, il
revient sur cette conclusion, et invoque les exemples de variation si nombreux, si frappants, que présentent les espèces domestiques. Il cite en particulier nos poules et nos pigeons [2]. Il
montre les conséquences pratiques de ces faits au point de vue
de l'étude et des classifications, puis il cherche à les expliquer.

Très expressément et à diverses reprises, Lamarck, si souvent
accusé d'athéisme, proclame l'existence de Dieu; et nul chrétien
n'a parlé de la toute-puissance divine en termes plus absolus
que lui [3]. Mais il distingue le Créateur de la *nature*, et celle-ci
de l'*univers*. Ce dernier est l'ensemble inactif et sans puissance
propre de tous les êtres physiques et passifs, « c'est-à-dire de
« toutes les matières et de tous les corps qui existent ». Par
elle-même, la matière est inerte. Mais elle peut être animée par

---

1. *Philosophie zoologique*, chap. III, et *Introduction*.
2. *Philosophie zoologique*, chap. VII, et *Introduction*.
3. « On a pensé que la nature était Dieu même... Chose étrange! on a
« confondu la montre avec l'horloger, l'ouvrage avec son auteur; assu-
« rément, cette idée est inconséquente et ne fut jamais approfondie. La
« puissance, qui a créé la nature, n'a sans doute pas de bornes, ne saurait
« être restreinte ou assujettie dans sa volonté et est indépendante de toute
« loi. Elle seule peut changer la Nature et ses lois; elle seule peut les
« anéantir. » (*Histoire naturelle des animaux sans vertèbres*, Introduction,
p. 322.) — « Elle (la nature) n'est en quelque sorte qu'un intermédiaire
« entre Dieu et les parties de l'univers physique pour l'exécution de la
« volonté divine. » (*Ibid.*, p. 331.) — « La matière subsistera donc tant que
« son Créateur voudra le permettre. » (*Système analytique des connaissances
positives de l'homme*, p. 15.)

la nature. Celle-ci est une puissance active, inaltérable dans son essence, constamment agissante sur toutes les parties de l'univers, mais dépourvue d'intelligence et assujettie à des lois[1]. En d'autres termes, Lamarck admet l'existence d'une matière inerte et de forces. Ces dernières sont les véritables causes de tous les phénomènes. Parmi ces forces, il en est de dominatrices et de subordonnées qui naissent des premières supérieures. Lamarck place la vie parmi ces forces dépendantes, « instituées par la puissance générale ». Pour lui, la vie naît et s'éteint avec les corps qui ont été son domaine; elle n'est qu'un effet particulier, plus ou moins durable, des actions exercées par ce que nous appelons aujourd'hui les forces physico-chimiques, l'attraction, la chaleur, l'électricité. Celles-ci seules ont peuplé le globe primitivement désert en déterminant les *générations spontanées*[2].

Voici comment Lamarck explique le mécanisme de ces créations exclusivement dues aux forces générales.

L'attraction, agissant seule, a formé d'abord dans les eaux du vieux monde, et forme journellement dans celles du monde actuel, de très petits amas de matières gélatineuses ou mucilagineuses. Sous l'influence de la lumière, les *fluides subtils* (calorique, électricité) pénètrent ces petits corps. En vertu de l'action répulsive qu'ils exercent, ils en écartent les molécules, y creusent des cavités, en transforment la substance en un *tissu cellulaire* d'une délicatesse infinie. Dès lors ces corpuscules sont capables d'absorber et d'exhaler les liquides et les gaz ambiants. Le mouvement vital commence et, selon la composition de la petite masse primitive, donne naissance à un végétal ou à un animal élémentaire. Si elle renferme de l'azote, elle devient un infusoire; si cet élément essentiel lui fait défaut, elle se transforme seulement en byssus. Peut-être des êtres bien plus élevés prennent-ils naissance par le même procédé direct. N'est-il pas présumable, dit Lamarck, qu'il en est ainsi pour les vers intestinaux? Pourquoi les choses ne se passeraient-elles pas de même pour des mousses, pour des lichens[3]?

Voilà, selon Lamarck, ce qui s'est produit à l'origine, ce qui

---

1. *Introduction*, sixième partie, p. 319.
2. *Philosophie zoologique*, t. V, p. 406.
3. *Philosophie zoologique*, t. II, p. 82.

se répète continuellement. La nature est toujours à l'œuvre;
elle crée et développe sans cesse. Des premières ébauches réalisées elle a tiré et elle tire chaque jour des êtres de plus en plus
élevées en organisation. « Sans quoi l'ordre de choses que nous
« observons ne pourrait subsister[1]. »

Si le naturaliste, partant des êtres élémentaires directement
engendrés par la nature, considère l'ensemble des animaux ou
des végétaux, il reconnaît bien vite que d'un groupe à l'autre
l'organisation s'élève par degrés et se perfectionne en se compliquant. Toutefois — et Lamarck insiste sur ce point avec une
certaine vivacité — ce fait général n'est vrai qu'à la condition
de procéder par grandes coupes. En réalité, il n'existe rien de
semblable à l'échelle rigoureusement graduée qu'ont admise
Leibniz, Bonnet et d'autres philosophes ou naturalistes[2]. Les
animaux sont parfaitement distincts des végétaux[3], et chacun
de ces règnes, étudié isolément, ne représente pas une série
unique. Tous les deux ont, il est vrai, le même point de départ :
dans l'un et dans l'autre, l'organisation, d'abord d'une simplicité extrême, s'est complétée par des moyens analogues; mais
chez tous les deux le développement régulier, normal, a été
troublé par des circonstances accidentelles. De là proviennent
des lacunes, des irrégularités portant tantôt sur la forme extérieure, tantôt sur l'organisation interne, et qu'on a e : tort de
nier.

Toutefois, dans les familles, dans les genres et surtout dans
les espèces, la loi générale se reconnaît d'une manière évidente,
et de là même résultent les difficultés que le naturaliste rencontre à chaque pas dans la délimitation de ces groupes. Chaque
jour d'ailleurs on découvre de nouveaux *intermédiaires* entre les
types qu'on avait pu croire nettement séparés. C'est ainsi que
les monotrèmes (ornithorhynque, échidné) viennent de réunir
aux mammifères les reptiles et les oiseaux[4].

Comment expliquer un pareil état de choses? Lamarck répond

---

1. *Philosophie zoologique*, t. II, p. 77.
2. Lamarck a protesté formellement contre cette opinion qu'on lui avait
prêtée (*Introduction*, p. 139).
3. Lamarck a insisté bien des fois sur ce point. (Voir surtout *Introduction*, chap. III et suiv.)
4. La découverte de ces types de transition était en effet assez récente.

à cette question par le *pouvoir de la nature*. C'est elle qui a tout produit. Or « il est évident, dit-il, qu'elle n'a pu produire « et faire exister à la fois tous les animaux,... car elle n'opère « rien que graduellement, que peu à peu; et même ses opéra- « tions s'exécutent relativement à notre durée individuelle avec « une lenteur qui nous les rend insensibles [1] ».

Certes il y a ici une exagération évidente. L'histoire des races atteste que les modifications les plus graves se produisent parfois brusquement, si bien que le fils diffère considérablement des parents. Les moutons Ancon et Mauchamp, les bœufs sans cornes... descendent d'individus qui ont présenté d'emblée ces anomalies, quoique issus de moutons, de bœufs normaux. Dans les cas précédents, et pour employer le langage de Lamarck, la nature seule a tout fait. L'homme n'a été pour rien dans ces transformations. Quand il intervient pour obtenir des modifications progressives en s'adressant à l'hérédité, il arrive à son but bien plus vite que ne le suppose la théorie de Lamarck. Mais cette exagération était indispensable pour pouvoir répondre à quelques-unes des plus graves objections opposées à cette théorie et nous la retrouverons chez Darwin.

Les êtres élémentaires, formés de toutes pièces par l'action des forces physiques, et ayant, grâce à elles, reçu la première étincelle de vie, se sont développés et se développent encore journellement; la génération spontanée des proto-organismes date des premiers jours du globe, et est tout aussi active aujourd'hui que jamais. Ce sont ces proto-organismes qui ont donné naissance à tous les êtres que renferment les règnes animal et végétal; les espèces les plus élevées en descendent par voie de filiation, de dérivation, grâce aux perfectionnements progressifs accumulés chez les descendants de ces premières ébauches organiques.

Pour perfectionner et diversifier les animaux et les plantes, la nature dispose en maîtresse de la matière, de l'espace et du temps Mais, à son tour, elle est soumise à des lois. Les principales sont au nombre de quatre; et Lamarck les énonce en les étayant de considérations où se trouvent formulés les princi-

---

1. *Introduction*, p. 160. Lamarck insiste chaque fois que l'occasion se présente sur cette manière d'agir de la nature.

paux points de sa doctrine [1]. Nous ne saurions trop appeler
l'attention du lecteur sur les principes posés ici par le naturaliste
français.

La première de ces lois est que : « *La vie, par ses propres*
« *forces*, tend continuellement à accroître le volume de tout corps
« qui la possède et à étendre les dimensions de ses parties jus-
« qu'à un terme qu'elle amène elle-même ». Tout être organisé,
pense Lamarck, s'accroîtrait pendant le cours entier de son exis-
tense, si une cause ne mettait un terme à cet accroissement
d'abord et n'arrêtait enfin la vie elle-même. Cette cause est dans
ce qu'il appelle l'indurescence et la rigidité croissante des parties. Voilà comment il comprend que l'exercice même de la vie
amène la disparition de cette force qui, nous l'avons vu, n'est
pour lui que temporaire [2]. Mais avant que le mouvement vital
ait cessé dans le petit corps gélatineux que nous avons vu naître
par génération spontanée, celui-ci a été le siège de mouvements,
qui l'ont développé, grandi et déjà quelque peu modifié en bien.

Ce premier progrès, d'abord tout individuel, n'est que le premier pas fait dans la voie de modifications et de perfectionnements, que vont parcourir les descendants du corpuscule primitif.
C'est, pour ainsi dire, le premier appoint d'un trésor qui va se
constituer et grandir, grâce à une autre loi placée par Lamarck
au dernier rang, mais qui mérite de prendre place ici. « Tout ce
« qui a été acquis, dit-il, tracé ou changé dans l'organisation
« des individus pendant le cours de leur vie, est conservé par la
« génération et transmis aux nouveaux individus qui provien-
« nent de ceux qui ont éprouvé ces changements. »

On comprend toute l'importance de cette loi, en vertu de
laquelle les moindres modifications, accumulées de génération
en génération, finissent par produire les changements les plus
frappants. Lamarck en a signalé toutes les conséquences essentielles; il y revient à bien des reprises. Tout ce que Darwin a
écrit à ce sujet n'est que la répétition ou la paraphrase de la
doctrine exposée aussi nettement que possible par son prédécesseur.

Il est presque inutile de faire remarquer qu'ici les deux natu-

1. *Philosophie zoologique*, p. 235, et *Introduction*, p. 181 et suiv.
2. *Introduction*, p. 183.

ralistes sont entièrement dans le vrai. La loi de Lamarck n'est
que l'expression d'un fait général sur lequel reposent la plupart
des pratiques de nos éleveurs, de plantes aussi bien que d'animaux. Cette puissance de l'hérédité n'avait pas échappé à
Buffon. Mais on ne saurait refuser à Lamarck le mérite d'en avoir
fait ressortir l'influence générale et d'en avoir fait le premier
l'application à une théorie de l'origine des espèces. C'est là ce
qu'ont trop méconnu ou oublié la plupart des darwinistes et
Darwin lui-même, comme je le montrerai tout à l'heure.

Mais, pour être très réelle, pour exercer une action modificatrice des plus remarquables et parfois très grande, la puissance
de l'hérédité n'en a pas moins des bornes. C'est là ce qu'ont
oublié également les grands théoriciens dont j'ai à exposer et à
combattre les doctrines. Tous deux ont raisonné comme si, de
génération en génération, les différences de toutes sortes pouvaient s'accumuler indéfiniment dans une série animale ou végétale et transformer les êtres organisés physiologiquement aussi
bien que morphologiquement. En discutant les idées de Darwin,
je montrerai qu'il y a là une erreur fondamentale.

Quelque insensibles et gradués que soient les changements,
encore faut-il qu'ils soient déterminés par une cause et produits
par certains procédés. Une autre loi de Lamarck répond à ces
deux questions. « La production d'un nouvel organe dans un
« corps animal, dit cette loi, résulte d'un nouveau besoin qui
« continue à se faire sentir et d'un nouveau mouvement que ce
« besoin fait naître et entretient. »

Cette formule est bien moins claire que les précédentes. La
relation de cause à effet est bien vaguement indiquée. Elle prête
d'ailleurs à une objection. Lamarck semble oublier ici qu'il a
donné pour point de départ à toutes les séries animales de
simples corpuscules homogènes à peine organisés et totalement
dépourvus d'organes. Il est bien difficile de comprendre les
besoins qu'ont pu ressentir ces corpuscules et par conséquent
comment a pu apparaître le premier *organe*. Passons néanmoins
sur cette difficulté et voyons comment l'auteur comprend qu'un
animal déjà hautement organisé acquiert de nouveaux caractères et arrive à constituer une espèce nouvelle ou un type
nouveau.

Dans tout ce qu'il dit à ce sujet, Lamarck parle très souvent

de l'influence exercée par les circonstances, par le monde extérieur, c'est-à-dire par ce que nous appelons le *milieu*, et l'on
pourrait croire qu'il lui attribue le pouvoir de modifier directement la formation et l'organisation des êtres. Il se rapproche-
rait par là de Buffon; mais il prend soin de prémunir lui-même
le lecteur contre toute assimilation de ce genre. Si les conditions
d'existence agissent sur les êtres vivants, c'est seulement parce
que d'elles dépendent les *besoins* et que la nécessité ou le *désir*
de satisfaire à ces besoins entraine des *habitudes* [1]. Il a consacré
un chapitre entier de la *Philosophie zoologique* à exposer ses
idées sur ce point. Je me borne à en citer un passage. Lamarck
vient de dire : « Les circonstances influent sur la forme et
« l'organisation des animaux »; il ajoute immédiatement :
« Assurément, si on prenait ces expressions à la lettre, on
« m'attribuerait une erreur; car, quelles que puissent être les cir-
« constances, elles n'opèrent directement sur la forme et sur l'or-
« ganisation des animaux aucune modification quelconque [2] ».
  On voit combien Darwin s'est mépris lorsqu'il a cru que
Lamarck attribuait la transmutation des espèces à l'action directe
du milieu [3]. En réalité, pour lui, l'*habitude* est le procédé général
mis en œuvre par la nature pour transformer les animaux. Il
dit : « Ce ne sont pas les organes, c'est-à-dire la nature et la
« forme des parties du corps d'un animal qui ont donné lieu à
« ses habitudes et à ses facultés particulières; mais, ce sont au
« contraire ses habitudes,... qui ont, avec le temps, constitué la
« forme de son corps, le nombre et l'état de ses organes, enfin
« les facultés dont il jouit [4] ». L'habitude entraine des conséquences que Lamarck résume dans cette dernière loi : « Le déve-
« loppement et la force d'action des organes sont constamment
« en raison de l'emploi de ces organes ». Un peu plus loin, il
précise sa pensée dans les deux propositions que voici : « 1° le
« défaut d'emploi d'un organe, devenu constant par les habi-
« tudes qu'on a prises, appauvrit graduellement cet organe, et

---

[1]. *Philosophie zoologique*, chap. VII, et *Introduction*.
[2]. Influence des circonstances sur les actions des animaux (*Philosophie
zoologique*, t. I, p. 223). Lamarck fait allusion ici aux expériences de Buffon.
[3]. *Origine des espèces*, traduction Moulinié, p. 12.
[4]. *Philosophie zoologique*, t. I, p. 237.

« finit par le faire disparaître et même par l'anéantir ; 2° l'emploi
« fréquent d'un organe, devenu constant par les habitudes,
« augmente les facultés de cet organe, le développe lui-même,
« et lui fait acquérir des dimensions et une force d'action qu'il
« n'a point dans les animaux qui l'exercent moins [1] ».

Rien de plus vrai, rien de plus expérimentalement physiologique que cette loi et la manière dont Lamarck la comprend.
Nous la retrouverons aussi chez Darwin qui, sur ce point encore,
n'a fait que répéter ou paraphraser le naturaliste français.

A en juger par cet exposé général, par ces lois nettement
formulées et reposant sur des données positives, sur des faits
que personne n'a songé à nier, la doctrine de Lamarck se présente comme reposant sur les bases les plus sérieuses. On ne
peut jusqu'ici lui reprocher que quelques exagérations qui peuvent au premier abord paraître assez inoffensives. Pour en apprécier la portée, il est nécessaire de voir à quelles conséquences
elles ont conduit l'auteur, et pour. cela, je dois lui laisser la
parole. Si je ne le citais pas textuellement, on pourrait croire
que je défigure ou que je travestis sa pensée.

Voici comment Lamarck explique la formation du type des
Ophidiens. « Il entrait dans le plan d'organisation des Reptiles,
« comme des autres animaux vertébrés, d'avoir quatre pattes
« dépendantes de leur squelette. Les serpents devraient donc en
« avoir quatre, d'autant plus que.... Cependant, les serpents,
« *ayant pris l'habitude* de ramper sur la terre et de se cacher sous
« les herbes, leur corps, par suite d'efforts toujours répétés pour
« s'allonger afin de passer dans des espaces étroits, a acquis
« une longueur considérable et nullement proportionnée à sa
« grosseur. Or des pattes eussent été très inutiles à ces animaux
« et conséquemment sans emploi; car des pattes allongées
« eussent été *nuisibles à leur besoin* de ramper, et des pattes
« très courtes eussent été incapables de mouvoir leur corps.
« Ainsi le *défaut d'emploi* de ces parties, ayant été constant
« dans les *races* de ces animaux, a fait disparaître totalement
« ces mêmes parties, quoiqu'elles fussent réellement dans le
« plan d'organisation des animaux de leur classe [2]. »

1. *Introduction*, p. 100.
2. *Philosophie zoologique*, t. I, p. 244.

Voici un second exemple : « Les animaux ruminants, ne pou-
« vant employer leurs pieds qu'à les soutenir,... ne peuvent se
« battre qu'à coups de tête, en dirigeant l'un contre l'autre le
« vertex de cette partie. Dans leurs accès de colère, qui sont fré-
« quents, leur *sentiment intérieur*, par ses efforts, dirige plus
« fortement les fluides vers cette partie de leur tête, et il s'y fait
« une sécrétion de matière cornée dans les unes, de matière
« osseuse mélangée de matière cornée dans les autres. De là
« l'origine des cornes et des bois, dont la plupart de ces ani-
« maux ont la tête armée [1]. »

Voici enfin ce que Lamarck dit au sujet des tentacules des
Gastéropodes (escargots, limaces...) : « *Je conçois* qu'un de
« ces animaux éprouve en se traînant le besoin de palper les
« corps qui sont devant lui. Il fait des efforts pour toucher ces
« corps avec quelques-uns des points antérieurs de sa tête, et y
« envoie à tout moment des masses de fluide nerveux, ainsi que
« d'autres liquides. *Je conçois* qu'il doit résulter de ces affluences
« réitérées qu'elles étendront peu à peu les nerfs qui aboutissent
« à ces points. *Il doit s'ensuivre* que deux ou quatre tentacules
« naîtront et se formeront insensiblement sur les points dont il
« s'agit. C'est ce qui est arrivé sans doute à toutes les races de
« gastéropodes à qui des besoins ont fait prendre l'habitude de
« palper les corps avec des parties de leur tête ; mais, s'il se
« trouve des *races qui n'éprouvent pas de semblables besoins*, leur
« tête reste privée de tentacules, elle a même peu de saillie [2]. »
Lamarck explique par des considérations analogues l'allonge-
ment du cou et des membres antérieurs de la girafe, celui des
pattes des échassiers.... Il insiste sur les particularités que présente l'organisation du kangurou, sur les *besoins* et les *habitudes* qui ont déterminé la forme de la langue du fourmilier,
l'apparition et la disposition des ailes des chauves-souris [3].

Il est bon de se rappeler les passages que je viens de citer,
pour se tenir en garde contre ce que les idées de Lamarck peuvent sembler avoir de séduisant, lorsqu'on s'en tient à quelques
déductions générales. Voici un exemple propre à montrer ce
côté de la théorie.

1. *Philosophie zoologique*, p. 254.
2. *Introduction*, p. 157.
3. *Philosophie zoologique, loc cit.*

De la loi que j'ai mise au troisième rang, il résulte que le *besoin* et l'*habitude* peuvent donner naissance à un *organe*, lequel, en vertu de la quatrième loi, se fortifiera, se développera par l'*exercice habituel*, ou bien s'amoindrira et pourra même disparaître par suite du défaut d'usage. Par conséquent il pourra se produire des *transformations régressives* aussi bien que des *transformations progressives*. Lamarck a fait de ces données une application simple et logique à l'histoire de l'origine des mammifères et de la caractérisation de trois types principaux [1].

Tous les Mammifères, dit-il, proviennent de sauriens plus ou moins semblables à nos crocodiles. Ils ont apparu d'abord sous la forme de *mammifères amphibies* ayant quatre membres peu développés. Ceux de ces mammifères primitifs, « qui *conservèrent l'habitude* de se rendre sur les rivages, se divisèrent dans la manière de se nourrir ». Les uns s'*habituèrent* à brouter l'herbe, comme les lamentins, devinrent la souche des mammifères ongulés. En avançant dans les terres, ils éprouvèrent le *besoin* d'avoir des membres de plus en plus longs; leurs pattes s'allongèrent, mais « l'*habitude* de rester debout sur leurs quatre « pieds pendant la plus grande partie du jour a fait naître une « corne épaisse qui enveloppe l'extrémité des doigts de leurs « pieds ». Chez la plupart des ruminants les membres sont avant tout des supports capables de soutenir et de transporter les corps massifs résultant de l'habitude de consommer journellement de gros volumes d'aliments. Mais ceux de ces animaux qui se sont trouvés exposés aux attaques des carnassiers ou de l'homme, ont éprouvé le besoin de fuir, ont pris l'habitude de faire des courses rapides, et c'est ainsi que se sont formés les types de gazelle, de chevreuil, etc.

D'autres amphibies, comme le phoque, préférèrent une nourriture animale et furent la tige des mammifères onguiculés. Chez ceux-ci aussi, les membres s'allongèrent, mais la corne, au lieu d'envelopper les doigts, se modela en griffes pour répondre au besoin, à l'habitude qu'ils avaient de retenir et de déchirer leur proie. Quand ces griffes devinrent assez longues et assez arquées pour les gêner dans leur marche, ils firent des

---

1. *Philosophie zoologique*, t. II, p. 424, et t. I, p. 252 et suiv.

efforts pour les retirer en arrière; et ainsi prirent naissance les ongles rétractés des chats.

Mais certains mammifères primitifs « contractèrent l'habitude « de ne jamais sortir des eaux et seulement de venir respirer à « la surface ». Comme ils ne faisaient aucun usage de leurs membres postérieurs, ceux-ci s'atrophièrent et disparurent, ainsi que le bassin devenu inutile. Les membres antérieurs se transformèrent en de simples palettes servant de nageoires; la queue, organe habituel de la locomotion, se développa. Voilà comment les cétacés se trouvèrent constitués.

Ainsi Lamarck attribue pour progéniteurs à trois types fort différents des animaux qui n'étaient encore ni ongulés, ni onguiculés, ni cétacés. C'est ce que l'on appelle aujourd'hui la *théorie d'un ancêtre commun*. Nous la retrouverons chez Darwin complétée et rendue plus rationnelle par la *loi de caractérisation permanente*. Mais l'idée première appartient bien au naturalisme français.

Les lois formulées par Lamarck, les commentaires dont il les accompagne, les exemples qu'il cite, permettent de se faire une idée nette de ce qu'est au fond sa doctrine. Il admet la transformation, la *transmutation* des espèces organiques, il l'attribue aux *modifications* subies par les individus. Ces modifications sont toujours tellement faibles qu'elles sont *insensibles*. Mais l'*hérédité* conserve, transmet et accumule de génération en génération les moindres changements de caractères, et l'espèce primitive finit par être métamorphosée. Mais la métamorphose s'accomplit avec une lenteur telle qu'elle échappe à l'observation.

Quant à la cause du phénomène, on pourrait, à la rigueur, la chercher dans ce que Lamarck dit au sujet des *circonstances* dans lesquelles les animaux sont appelés à vivre. Mais nous avons vu qu'il a protesté formellement *contre* cette interprétation. Pour lui, les conditions d'existence n'ont d'autre effet que de faire naître des *besoins* et de provoquer le *désir* d'y satisfaire. La *volonté* intervient dans ce but. L'animal contracte l'*habitude* d'exercer sa volonté dans un sens déterminé. Ce n'est donc pas le milieu qui agit directement sur l'organisme. C'est l'animal qui se modifie lui-même en se livrant volontairement et habituellement aux actes nécessaires pour répondre au *désir* inspiré par le *besoin* qu'impose le milieu.

La conception de Lamarck mérite bien le titre de théorie, car elle présente un enchaînement logique d'actions et de réactions, de causes et d'effets aboutissant à un résultat final. Elle a d'ailleurs ses côtés séduisants. Indépendamment des arguments spéciaux qu'il a fait valoir à l'appui de ses lois et de leurs conséquences immédiates, l'auteur invoque en faveur de sa doctrine générale l'accord qu'elle présente avec bien des faits généraux et les facilités qu'elle fournit pour en rendre compte. La gradation progressive dont le règne animal présente le tableau, le *natura non facit saltum* des philosophes en est, par exemple, une conséquence obligée; et de là même résultent de nouvelles conséquences.

Puisque les animaux actuels descendent de ceux qui les ont précédés, puisqu'ils ne se sont éloignés que progressivement de leurs ancêtres, les ressemblances, que nous appelons *affinités*, indiquent en réalité une *parenté* plus ou moins étroite. Les plus semblables sont les plus proches parents. D'autre part, la nature ayant toujours marché du plus simple au plus composé, le perfectionnement accusé par la complication croissante des organismes a toujours été en progressant. Les espèces, les types les plus parfaits d'une même série sont donc les plus anciens; les plus simples sont les plus récents.

De cette manière d'interpréter les ressemblances et le degré d'élévation des animaux dans l'échelle des êtres, Lamarck a conclu qu'il était possible de dresser l'arbre généalogique des principaux types du règne animal. Il l'a fait par deux fois. Il a intitulé son premier essai : « Tableau servant à montrer l'origine « des différents animaux [1] ». Le second a pour titre : « Ordre présumé de la formation des animaux [2] ». Ces expressions et les développements que présente le texte ne peuvent laisser de

---

1. *Philosophie zoologique*, t. II, p. 424.
2. *Introduction*, p. 457. Ces tableaux présentent quelques différences. Tous deux renferment deux séries d'origine différente, l'une ayant pour point de départ les infusoires, l'autre les vers intestinaux, celle-ci n'a pu commencer que bien après la première, car, pour qu'il se produisit des vers intestinaux, il était nécessaire qu'il existât déjà des animaux. Dans sa première rédaction (1809) Lamarck admettait que les poissons provenaient des mollusques. Dans la seconde (1815), il avoua ne pouvoir encore rattacher les vertébrés aux invertébrés. On sait que les transformistes modernes en sont à peu près au même point, les uns soutenant la cause des mollus-

doute sur la pensée de Lamarck. Il a bien voulu tracer des tableaux généalogiques indiquant l'ordre d'apparition et les rapports de parenté existant entre les groupes qui y figurent. Tout ce qui a été dit ou fait dans ce sens n'est que la répétition ou l'imitation de cette première tentative.

L'existence de types très inférieurs, celle des infusoires par exemple, peut paraître étrange à qui admet des transformations progressives. Mais cette objection, bien réelle quand il s'agit de Darwin, ne saurait s'appliquer à Lamarck qui croit à une création incessante. De tout temps il s'est produit et il se produit encore sous nos yeux des êtres élémentaires qui servent de point de départ à de nouvelles séries. Il est donc très naturel que nous trouvions des plantes et des animaux présentant tous les degrés d'organisation. Cela même démontre l'inépuisable fécondité de la nature [1].

A diverses reprises, Lamarck insiste sur l'accord qui existe entre sa théorie et les faits que présente la distribution géographique des espèces animales [2], et on ne peut nier qu'il ne soit en cela très logique. Les divers points du globe présentant des *circonstances* différentes, les animaux éprouvent dans chacun

ques et d'autres celle des vers. Voici à titre de curiosité le second tableau de Lamarck.

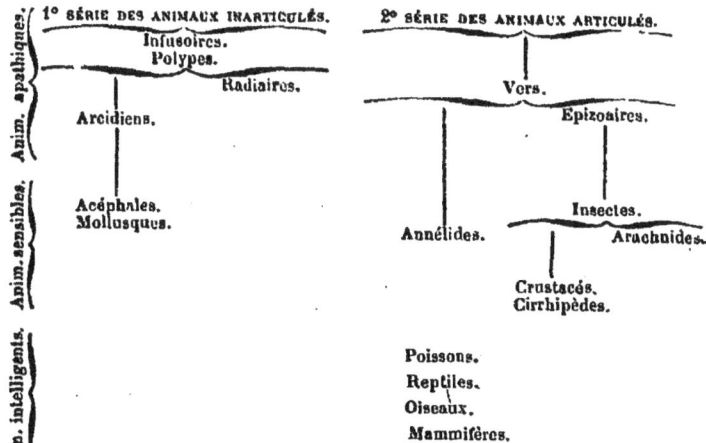

1. *Philosophie zoologique*, t. II, chap. VI, et *passim*.
2. Entre autres dans le chapitre VII de la *Philosophie zoologique*.

d'eux des *besoins* spéciaux, contractent des *habitudes* diverses et
ne peuvent par conséquent pas se ressembler. De là résultent les
faunes variées dont nous constatons l'existence. Les climats passent d'ailleurs de l'un à l'autre par nuances et ce fait explique
comment il y a des passages gradués d'une faune à l'autre [1].
Enfin des besoins identiques, se produisant chez des animaux
de types différents, peuvent provoquer les mêmes habitudes et
amener l'apparition de ressemblances partielles, et voilà comment s'établissent ce qu'on appelle aujourd'hui les *analogues*,
les *termes correspondants*, dans des séries animales d'ailleurs
bien distinctes.

Lamarck n'a guère appliqué sa théorie qu'aux espèces
actuelles. Au moment où il écrivait, la géologie, la paléontologie
surtout, naissaient à peine [2]. On ne saurait donc sans injustice être
bien sévère pour quelques-unes de ses opinions à ce sujet,
quelque singulières qu'elles puissent paraître aujourd'hui. On
ne peut d'ailleurs lui reprocher d'avoir ici manqué de logique.

Quand il s'agit des animaux supérieurs et des mammifères en
particulier, l'éminent théoricien ne peut croire que leurs espèces
se soient perdues. Tout au plus admet-il que l'homme ait pu en
détruire quelques-unes, et il cite comme exemple le mastodonte,
le paléothérium, etc. Toutefois sur ce point il fait appel à l'inconnu et semble espérer que des recherches dans les régions
encore inexplorées feront retrouver vivantes bien des espèces
regardées comme éteintes.

Mais les mollusques, et surtout les mollusques marins qui ont
laissé leurs coquilles dans un si grand nombre de terrains, lui
apportent d'autres enseignements. Il admet la disparition des
espèces qui ne vivent plus de nos jours. Sans hésiter, il voit en
elles les ancêtres des espèces vivantes, et explique leur transformation par les changements que subit incessamment le globe
lui-même. Les *circonstances* ayant varié, les caractères des espèces
n'ont pu que se modifier. Les anciennes espèces ont donc dû
disparaître, non par extinction, mais par suite de leur transmu-

---

1. *Philosophie zoologique*, t. I, p. 233.
2. On doit se rappeler que la *Philosophie zoologique* date de 1809 et l'*Introduction* de 1815. Les *Recherches sur les ossements fossiles* de Cuvier ont
été publiées de 1812 à 1824 et la *Description du bassin de Paris*, par Brongniart et Cuvier, en 1822.

tation [1]. Nous verrons Darwin arriver aux mêmes conclusions, quoique par une autre voie.

La manière dont Lamarck a compris la formation d'espèces nouvelles lui a permis de répondre d'une manière au moins plausible à une des objections de ses contradicteurs. On opposait à l'idée fondamentale de la transmutation le fait que venaient mettre hors de doute les collections rapportées d'Égypte par Geoffroy Saint-Hilaire, savoir : que les animaux conservés dans les plus anciens hypogées sont identiques aux représentants actuels des mêmes espèces et que, par conséquent, ces espèces n'avaient pas varié depuis deux ou trois mille ans. Lamarck répondait qu'en Égypte la terre et le climat n'ayant subi à peu près aucun changement, les *circonstances* n'avaient pu varier ni par conséquent imposer aux animaux de nouvelles habitudes. La persistance des caractères s'explique donc aisément [2].

A part cette exception et les quelques autres faits de même nature qui ont pu se produire, Lamarck répète à diverses reprises que rien n'est stable sur la terre. Voici une de ses déclarations les plus précises. « Tout change sans cesse à la surface « de notre globe, quoique avec une lenteur extrême par rap- « port à nous; et les changements qui s'y exécutent, exposent « nécessairement les races des végétaux et des animaux à en « éprouver elles-mêmes qui contribuent à les diversifier sans « discontinuité réelle [3]. »

De là résulte pour lui l'idée que l'on doit se faire de l'*espèce* en général. « La nature, dit-il, ne nous offre d'une manière «˚absolue˚que des individus qui se succèdent les uns aux autres « par la génération et qui proviennent les uns des autres. Mais « les espèces parmi eux n'ont qu'une constance relative et ne « sont invariables que temporairement [4]. » Cette vue théorique

1. *Philosophie zoologique*, t. I, p. 91 et suiv.
2. *Ibid.*, t. I, p. 87.
3. *Introduction*, p. 196.
4. *Philosophie zoologique*, t. I, p. 190. Tel est le langage de Lamarck quand il s'en tient à sa théorie et ne compte pour rien une durée de deux ou trois mille ans. Il s'exprime tout autrement lorsqu'il en revient à l'observation et à l'expérience. Alors il donne de l'espèce la définition suivante, que Cuvier lui-même aurait pu accepter. « On appelle *espèce* toute collec- « tion d'individus semblables qui furent produits par des individus pareils « à eux. Cette définition est exacte, car... » (*Philosophie zoologique*, t. I, p. 72.)

devait l'amener à confondre la *race* et l'*espèce*; et en effet il emploie indifféremment ces deux mots et ajoute : « Je suis très convaincu que les *races* auxquelles on a donné le nom d'*espèces* n'ont dans leurs caractères qu'une constance bornée et temporaire [1] ». C'est exactement le *langage* que Darwin et ses disciples ont tenu de nos jours.

Jusqu'ici, il n'a guère été question que des animaux. Lamarck a pourtant cherché à appliquer sa théorie aux végétaux. L'entreprise était difficile, car il ne pouvait plus ici invoquer le désir ou l'habitude. Aussi est-il fort bref sur ce point et ses explications sont assez vagues. Voici ce qu'il dit de plus explicite à ce sujet. Chez les végétaux, « tout s'opère par les changements « survenus dans la nutrition du végétal ; dans ses absorptions et « ses transpirations ; dans la quantité de calorique, de lumière, « d'air et d'humidité ; enfin dans la supériorité que certains des « mouvements vitaux peuvent prendre sur les autres [2] ». Ces modifications dépendent toujours de « grands changements de « circonstances ». Lamarck précise sa pensée en citant quelques faits d'expérience, en rappelant, par exemple, combien la pluie et la sécheresse ont d'influence sur le développement des herbes d'une prairie. On voit qu'ici l'action du milieu est *directe*. Bien que Lamarck ait reporté sur les végétaux son idée fondamentale de la transformation lente, il a été forcé d'imaginer pour eux un *procédé* de variation tout autre que celui qu'il suppose avoir agi sur les animaux. En réalité, il a eu deux théories bien distinctes selon qu'il s'agissait de l'un ou de l'autre règne, et la seconde rentre entièrement dans les idées de Buffon. Nous n'avons donc pas à nous y arrêter plus que ne le fait l'auteur lui-même. La doctrine de Lamarck sur l'origine des espèces animales est d'ailleurs la seule qui ait soulevé des discussions et dont nous ayons à nous occuper.

Cette doctrine lui appartient bien en propre. Lamarck n'a rien emprunté à ses prédécesseurs. Je ne m'explique pas qu'on ait pu le rapprocher de Telliamed et de Robinet dont toutes les hypothèses reposent sur celle de la préexistence des germes, tandis que Lamarck part de la génération spontanée et de l'épigenèse.

1. *Introduction*, p. 197.
2. *Philosophie zoologique*, t. I, p. 225.

L'idée d'une transmutation infiniment lente est, en outre, l'opposé de la transformation brusque et individuelle admise par le premier et n'a évidemment aucun rapport avec les rêveries du second. Quant aux idées transformistes passagèrement admises par Buffon, on a vu plus haut comment Lamarck a signalé lui-même les différences qui les séparent de celles qu'il a soutenues. Enfin on a dit que le théoricien français avait pris à peu près toute sa conception dans les livres d'Erasme Darwin, grand-père du chef de la principale école transformiste moderne. Rien n'est moins fondé que cette assertion, et je reviendrai tout à l'heure sur ce point.

Cette conception est remarquable. Elle présente un ensemble bien coordonné, reposant en partie sur des faits réels, sur des idées justes. Elle concorde avec la plupart des faits généraux alors connus et les explique logiquement. L'extension aux découvertes modernes en aurait été facile. Les progrès mêmes de la science auraient fourni à Lamarck de nouveaux arguments. Il aurait fait aux vertébrés fossiles l'application de ce qu'il dit au sujet des mollusques; il aurait trouvé, dans l'existence passée des types intermédiaires dont on a tant parlé, la confirmation de toutes ses idées de gradation, de filiation. En fait, à propos de l'hipparion, de l'archéopteryx, les darwinistes de nos jours ne raisonnent pas autrement que ne l'a fait Lamarck, à propos de l'ornithorhynque.

La théorie de Lamarck a donc ses côtés séduisants. Mais pour l'adopter, il faudrait accepter aussi bien des erreurs graves, bien des hypothèses étranges.

On vient de voir que le savant français confond partout l'*espèce* et la *race*, ou mieux, que « ce que nous appelons des *espèces* » ne sont pour lui que des *races* en voie de transformation continuelle. C'est la conséquence obligée de toute conception transformiste reposant sur l'idée d'une transmutation devenue insensible par suite de la lenteur avec laquelle elle s'accomplit. Mais c'est une erreur fondamentale. Nous retrouverons exactement les mêmes idées, les mêmes conclusions erronées chez Darwin, et je les discuterai alors avec détail.

Mais je dois faire remarquer dès à présent que le savant anglais a compris les difficultés résultant pour sa théorie des phénomènes du croisement et qu'il s'est efforcé, vainement il est vrai, de les lever; tandis que Lamarck paraît ne pas les avoir même soupçonnées. Il dit à peine un mot de l'infécondité des êtres produits « quand les accouplements sont trop disparates [1] ». Rien n'indique qu'il ait distingué les *hybrides* des *métis*. Il admet que le croisement entre espèces « engendre des *variétés*, « qui deviennent ensuite des races; et qui, avec le temps, cons-« titue ce que nous nommons des *espèces* [2] ». On voit qu'il oublie ou méconnaît entièrement la notion physiologique, qu'il est exclusivement morphologiste. En cela encore Darwin s'est rencontré avec lui.

Lamarck a admis la génération spontanée et nous savons aujourd'hui ce qu'il faut penser de cette prétendue opération de la nature. Mais quand il écrivait ses livres, Van Beneden et Kuchenmeister n'avaient pas découvert les migrations des vers intestinaux; Schwan et Henle n'avaient pas fait leurs expériences, déjà si décisives; Pasteur n'avait pas répondu aux dernières arguties en montrant que l'on stérilise les infusions rien qu'en filtrant l'air à travers un tampon de coton ou, plus simplement, en inclinant le col de la cornue. On ne peut donc reprocher trop vivement à Lamarck d'avoir cru à un phénomène que Burdach et bien d'autres savants éminents ont regardé comme réel, plus de vingt ans après lui.

Mais même en se plaçant sur ce terrain, comment admettre que le *besoin*, le *désir*, l'*habitude* existent chez les corpuscules gélatineux primitifs de Lamarck et les façonnent? Comment accepter que les mêmes causes puissent accumuler sur un point donné du corps des mollusques ou des ruminants des *fluides nerveux* et *nourriciers* et faire pousser des tentacules ou des cornes? Comment croire qu'il a suffi aux cygnes et aux échassiers d'éprouver des besoins, des désirs, pour acquérir leur long cou et leurs hautes jambes?

· Lamarck a bien senti quelques-unes de ces difficultés. Il y répond le plus souvent par des raisonnements dont voici un exemple. « Sans doute, je ne puis montrer, dans tous leurs « détails, comment ces choses se passent, ni...; mais je sens « la possibilité que ces mêmes choses soient comme je viens de

1. *Philosophie zoologique*, t. I, p. 81.
2. *ibid.*

« le dire; et toutes les inductions m'apprennent qu'elles ne peu-
« vent être autrement [1]. »

Voilà bien comme chez Maillet et Robinet la *possibilité* et la
conception personnelle présentées comme autant de preuves.

Lamarck invoqua bien souvent diverses raisons que l'on peut
résumer en ces termes : « Ma théorie explique les *faits*; donc
« elle est vraie »; — c'est l'argument favori de B. de Maillet et
de Robinet; c'est celui qu'invoquait Geoffroy Saint-Hilaire; c'est
celui auquel on appellent aujourd'hui les auteurs des théories
transformistes les plus opposées, Darwin et Owen, Mivart et
Kölliker, Romanes et Thury... [2]. Cette compétition suffit pour
faire comprendre le peu de valeur de cet argument. Évidemment, pour qu'une théorie soit vraie, quelque séduisante qu'elle
puisse paraître, pour si d'accord qu'elle soit avec certains faits,
il est nécessaire qu'elle-même ne soit pas en contradiction avec
d'autres faits bien positivement constatés. Or cette contradiction
se présente dans toutes les conceptions imaginées jusqu'à ce
jour pour expliquer l'origine et le développement du monde
organique, et voilà pourquoi je ne puis en regarder aucune
comme étant l'expression de la vérité.

On ne peut donc accepter la théorie de Lamarck, mais on ne
saurait méconnaître la puissance d'invention dont a fait preuve
l'ancien professeur du Muséum. Il a été le véritable initiateur
des idées transformistes qui comptent aujourd'hui le plus de
partisans. Sa conception d'une transformation infiniment lente,
produite par l'accumulation de très petites différences que
transmet l'hérédité, est l'âme même du darwinisme, soit tel que
l'a formulé le grand penseur anglais, soit tel que le comprennent
nent ses disciples les plus orthodoxes, comme Haeckel, ou les
plus aberrants, comme Carl Vogt [3]. Aussi s'explique-t-on difficilement les jugements portés sur Lamarck par Darwin et par
Huxley; jugements, dont, à mon grand regret, je dois dire au
moins quelques mots.

Quiconque se placera au point de vue transformiste reconnaîtra sans peine que Darwin a été plus que sévère pour Lamarck.

1. *Introduction*, p. 180.
2. J'exposerai ces diverses théories dans un autre ouvrage que j'espère
publier prochainement.
3. J'examinerai toutes ces questions dans le livre dont je viens de parler.

En parlant de la *Philosophie zoologique*, il dit que « c'est un
« ouvrage qui ne signifie rien [1] »; « c'est un ouvrage absurde,
« quoique habile, qui a fait du tort au sujet [2] »; « je n'y ai
« puisé ni un fait, ni une idée [3] », etc.

Huxley applique à Lamarck ce que Bacon disait de lui-même
et l'appelle *Buccinator tantum* [4]. Les deux savants anglais affir-
ment que Lamarck a emprunté presque toutes ses idées aux
écrits d'Erasme Darvin [5], et Huxley lui reproche en outre d'avoir
été moins logique que son prédécesseur en n'appliquant pas la
même théorie aux végétaux et aux animaux.

Ce rapprochement entre Erasme Darwin et Lamarck est une
des assertions qui m'ont le plus surpris. J'avais lu le livre
d'Erasme il y a bien des années [6], et n'y avais rien trouvé qui
me rappelât les doctrines du naturaliste français. En présence
des affirmations dont je viens de parler, j'ai cru devoir reprendre
cette étude et comparer terme à terme les doctrines des deux
théoriciens. J'ai trouvé partout le contraste le plus accusé. En
réalité, il existe à peine quelques points qui permettent même de
comparer ces deux doctrines, tant elles sont différentes. Je ne
saurais entrer ici dans tous ces détails, mais les quelques exemples qui suivent suffiront, j'espère, pour justifier mes conclusions
générales.

On a vu plus haut que Lamarck regarde les animaux et les
végétaux comme ayant des points de départ différents, les premiers, provenant de corpuscules qui renfermaient de l'azote et
les seconds, de corpuscules qui en étaient dépourvus. Les deux

1. *La vie et la correspondance de Charles Darwin publiée par son fils
Francis Darwin*, traduit de l'anglais par Henry C. de Varigny, t. I,
p. 506.
2. *Ibid.*, p. 519.
3. *Ibid.*, t. II, p. 18.
4. *Ibid.*, p. 14.
5. *L'origine des espèces*, p. 12, et *Vie et Correspondance de Charles Darwin*, p. 14. Erasme Darwin a été, je l'ai dit, le grand-père de Charles. Il
était né à Elston le 12 décembre 1731; il est mort à Derby, le 18 avril
1802.
6. *Zoonomie ou lois de la vie organique*, par Erasme Darwin, Dr en médecine, membre de la Société Royale de Londres,... traduit de l'anglais sur
la troisième édition par Joseph-François Kluyskens, professeur de chirurgie
à l'École de médecine et chirurgien en chef des hôpitaux civils de Gand,
1810. J'ai dit quelques mots sur ce livre dans la première édition de l'ouvrage actuel, p. 75.

règnes sont donc pour lui bien distincts dès leur origine ; et cette distinction persiste. Dans ses livres, Lamarck consacre des chapitres spéciaux à préciser les caractères qui les séparent [1]. Je n'ai pas à insister sur ce point. Je me borne à rappeler que Lamarck refuse aux végétaux tout ce qui ressemble à l'*irritabilité animale* et leur attribue seulement ce qui appelle l'*orgasme vital*.

Pour Erasme Darwin, au contraire, les végétaux sont « des « animaux d'une classe inférieure ou moins parfaits [2] », et il emploie un chapitre entier à développer sa pensée [3]. Il les regarde comme étant non seulement irritables, mais même sensibles. Il leur accorde « une espèce de goût qui réside aux extré- « mités de leurs racines », un organe du toucher, probablement un autre pour l'odorat. A l'en croire, les végétaux ont la sensation du froid et de la chaleur, celle des variations, de l'humidité et de la lumière. Ils sont doués de volonté ; ils ressentent la « pas- « sion de l'amour [4] ». Ils dorment et ils ont des rêves. Enfin ils possèdent « des idées de plusieurs propriétés des choses exté- « rieures, ainsi que de leur propre existence [5] ».

Je ne veux apprécier ici ni la conception de Lamarck ni celle de Darwin. Je me borne à constater qu'elles sont absolument différentes ; et que, si le médecin anglais a été logique en appliquant une même théorie à des êtres qu'il regardait comme étant de même nature et comme doués des mêmes facultés, le naturaliste français l'a été tout autant en modifiant sa doctrine dans l'application qu'il en fait à des êtres entièrement distincts, selon lui.

Voici ce qu'Erasme Darwin dit au sujet de la composition anatomique du corps des animaux. « Tout le système animal peut « être considéré comme étant un composé des extrémités des « nerfs, ou comme ayant été produit par eux.... Ainsi, toutes « les parties du corps n'étaient dans le principe que les extré- « mités des nerfs [6]. » On sait que Lamarck, bien loin de regarder

1. *Philosophie zoologique*, deuxième partie, chap. 1; *Introduction*, p. 85 et 110.
2. *Zoonomie*, t. I, p. 168.
3. *Ibid.*, section XIII.
4. *Ibid.*, p. 178.
5. *Ibid.*, p. 179.
6. *Ibid.*, t. II, p. 208.

les nerfs comme l'élément anatomique fondamental du corps, refusait à des groupes entiers du règne animal la possession du système nerveux et en formait sa grande division des animaux apathiques.

Erasme Darwin a fait à la génération sexuelle l'application de sa manière de comprendre l'organisation animale. Selon lui, le père intervient seul ; la mère ne fournit que le nid. « Le principe « ou rudiment de l'embryon, en tant que séparé du sang du « père, consiste en un simple *filament vivant*, comme une fibre « musculaire. Je crois en outre que ce filament est l'extrémité « d'un nerf de la locomotion. » Il ajoute que ce filament possède déjà diverses facultés et des habitudes ou des propensions particulières au père. — Pour Lamarck, qui a cherché à rapprocher autant que possible la reproduction sexuelle de la génération spontanée, le père n'intervient que pour rendre le *petit corps* gélatineux, sécrété par la mère, apte à recevoir la vie, grâce à la *vapeur subite et pénétrante* échappée de la matière qui féconde [1]. — Encore une fois je ne juge ni l'une ni l'autre théorie. Je me borne à constater qu'elles ne se ressemblent en rien.

Erasme et Lamarck admettent tous deux une génération spontanée incessante. Mais on sait bien que cette idée n'appartient ni à l'un ni à l'autre et qu'elle remonte aux philosophes grecs. Ils comprennent d'ailleurs le phénomène d'une manière absolument différente. Pour Erasme, il ne se passe pas seulement dans les infusions ou macérations de corps ayant déjà vécu et résulte de l'union de *fibrilles*, sécrétées du sang végétal ou animal. Ces fibrilles possèdent, les unes, des *appétences formatives*, les autres des *propensions formatives*. En s'unissant elles forment les *parties primaires* de l'embryon, le cerveau et le cœur [2].... — Tout au contraire, Lamarck admet que les forces physico-chimiques seules font naître le *mouvement vital* dans les corpuscules primitifs, composés uniquement d'éléments inorganiques. Encore ici le contraste est aussi complet que possible.

Erasme a fait l'application de sa théorie au développement de

1. *Philosophie zoologique*, p. 607.
2. *Zoonomie*, t. II, p. 356. Cette théorie a été évidemment inspirée à Erasme Darwin par ce que Buffon a dit de ses *particules organiques*. Le médecin anglais compare à diverses reprises les deux conceptions.

l'ensemble des êtres, en y joignant une hypothèse qui mérite
d'être signalée. Il montre d'abord tout ce que les animaux à
sang chaud ont de commun, malgré les différences qui les séparent; puis il ajoute : « Serait-ce une témérité d'imaginer que,
« dans la longue suite de siècles écoulés depuis la création du
« monde, peut-être plusieurs millions de siècles avant l'histoire
« du genre humain, tous les animaux à sang chaud sont provenus
« d'un *filament vivant* que la GRANDE CAUSE PREMIÈRE a doué de
« l'animalité, avec la faculté d'acquérir de nouvelles parties
« accompagnées de nouveaux penchants dirigés par des irrita-
« tions, des sensations, des volitions et des associations, et ainsi
« posséder la faculté de continuer à se perfectionner par sa
« propre activité inhérente et de transmettre ces perfectionne-
« ments, de génération en génération, à sa postérité et dans les
« siècles des siècles [1] ? » Il applique le même raisonnement aux
vertébrés à sang froid, puis aux principaux groupes d'invertébrés, puis aux végétaux, qu'il déclare une fois de plus être des
animaux inférieurs; et voici sa conclusion générale : « Conclu-
« rons-nous qu'une seule et même espèce de filament vivant est
« et a été la cause de toute vie organique [2] ? » Bien que l'auteur
semble ne pas avoir osé répondre aux questions qu'il pose, il
est facile de voir qu'il penche fortement vers l'affirmative.

Ce qui précède rappelle certaines conceptions de divers savants
anglais. La faculté, accordée aux filaments vivants de donner
naissance à des êtres plus parfaits, fait penser à la *tendance
innée à la variation* qu'ont admise Owen et Mivart. Mais c'est
l'opposé des idées de Lamarck pour qui la modification des
espèces dépend d'*habitudes* et de *besoins* imposés par les *changements* que subit le globe lui-même et par les *migrations* des animaux [3].

D'autre part, Erasme Darwin admet d'abord un ancêtre unique
pour les principaux groupes du règne animal, puis il en arrive
à se demander si la création organisée entière ne pourrait être
regardée comme remontant à un même point de départ. A part
la conception du *filament vivant*, conception bizarre et qui n'a
été reproduite par personne, ce sont là exactement les idées pro-

1. *Zoönomie*, t. II, p. 238.
2. *Ibid.*, p. 293.
3. *Introduction*, p. 293.

fessées par son petit-fils. Seulement celui-ci est plus affirmatif; et, s'il exprime quelques doutes au sujet de l'existence de son *arch. type* [1], dans tout le courant du livre, surtout dans ce qu'il dit au sujet du *grand arbre de la vie* [2], il raisonne et conclut en monophylétiste absolu. — Au contraire, Lamarck est aussi polyphylétiste que possible, puisqu'il admet la création spontanée incessante d'infusoires et d'intestinaux d'où sortent constamment de nouvelles séries d'animaux et de plantes. C'est même une des idées que Darwin a cru devoir combattre d'une manière spéciale [3].

Ce qu'Erasme Darwin dit au sujet des procédés à l'aide desquels se réalise la tendance au perfectionnement, dont la CAUSE PREMIÈRE a doué les filaments vivants, est fort confus. C'est ici seulement que l'on rencontre quelques idées et quelques expressions pouvant servir de prétexte à un rapprochement entre lui et Lamarck. Ce qu'il dit des caractères spéciaux que présente la musculature des forgerons, des rameurs, des tisserands [4]... touche de près aux opinions professées, non pas seulement par Lamarck, mais aussi par Charles Darwin, au sujet de l'action de l'exercice et du défaut d'exercice. Il admet en outre que les animaux subissent des transformations continuelles par suite de « leurs propres exertions, en conséquence de leurs désirs ou « aversions, de leurs plaisirs ou de leurs douleurs,... et un grand « nombre de ces formes ou propensions acquises se transmettent « à leur postérité [5] ».

Au premier abord, on pourrait croire qu'ici Erasme a voulu parler de véritables transmutations comprises comme elles l'ont été depuis par son petit-fils et par Lamarck. Mais les exemples qu'il cite, les réflexions dont il les accompagne, sont faits pour écarter cette idée. Il parle de la langue prenante des animaux, du long bec de la bécasse... comme de simples perfectionnements; il cite les chiens sans queue, les chats et les poulets à doigts surnuméraires, les pigeons « qu'on admire pour certaines « particularités et qui sont des monstres ». Il ajoute : « Plusieurs

1. *Origine des espèces*, traduction Moulinié, p. 507.
2. *Ibid.*, p. 147.
3. *Vie et Correspondance*, t. II, p. 41.
4. *Zoonomie*, t. II, p. 280.
5. *Ibid.*, p. 284.

« de ces formes se propagent et ont continué, au moins comme
« une variété, sinon comme une nouvelle espèce d'animal [1] ».

On voit qu'il s'agit ici de *transmutations brusques*, telles que
les admettent Owen, Mivart et Huxley lui-même dans certains
cas, et nullement des *transformations infiniment lentes*, les seules
qu'acceptent Darwin aussi bien que Lamarck. Erasme semble
avoir précisé ici sa pensée plus qu'il ne le fait habituellement en
parlant des animaux à sang chaud ; après avoir répété qu'ils
viennent tous d'un filament vivant, il déclare que c'est à ce filament que sont dues toutes les modifications du type. C'est lui qui
acquiert, chez l'homme, des mains et des doigts ; chez le tigre
et les aigles, des griffes et des serres ; chez les vaches, un pied
fourchu ; chez les oiseaux, des ailes et des plumes.... Il termine
en disant : « Tout cela se fait exactement comme nous le voyons
« dans les métamorphoses du têtard, qui acquiert des jambes
« et des poumons lorsqu'il en a besoin, et qui perd sa queue
« lorsqu'elle lui est devenue inutile [1]. »

Au reste aucun des procédés de variation que je viens d'indiquer n'est regardé par Érasme comme le plus général. Pour
expliquer la diversité des familles d'êtres organisés, il s'est rattaché à une théorie aussi opposée que possible à celle qu'ont
adoptée également Lamarck et Darwin. Selon lui, il résulte de
tout ce qu'il a dit au sujet de la reproduction « qu'il n'est pas
« impossible, comme l'avait déjà conjecturé Linné relativement
« au règne végétal, que la grande variété d'espèces d'animaux,
« qui habitent aujourd'hui le globe terrestre, puissent tirer leur
« origine du mélange d'un petit nombre d'ordres naturels ; et
« que les métis animaux ou végétaux, qui purent perpétuer leur
« espèce, l'ont fait et ont donné naissance aux nombreuses
« familles d'animaux et de végétaux qui existent actuelle-
« ment [2] ».

Ainsi Érasme Darwin n'a pas de conviction bien arrêtée sur
le mode de peuplement du globe. Toutefois, ce qui lui paraît le
plus probable, c'est que la formation et la diversité des faunes
et des flores sont dues surtout à l'*hybridation*, et non pas à la
transmutation. C'est encore l'opposé de ce que croyait Lamarck,

1. *Zoonomie*, p. 283.
2. *Ibid.*, p. 276.

qui n'a admis le premier mode de formation d'espèces qu'avec
doute et comme très exceptionnel.

Ce court exposé suffit, je pense, pour montrer que s'il y a des
erreurs dans la théorie zoogénique de Lamarck, comme le disent
Darwin et Huxley, comme je suis bien loin de le nier, ces
erreurs sont bien à lui et qu'il n'a rien emprunté à Érasme.

En lisant le peu que Darwin a dit de Lamarck, il est facile de
reconnaître qu'il ne s'est pas rendu un compte exact des idées de
son prédécesseur. On a vu plus haut combien il s'était mépris
en attribuant à ce dernier la pensée que le milieu agit *directement* sur les organismes pour les transformer. Ailleurs il écrit :
« Le ciel me préserve des sottes erreurs de Lamarck, de sa
« *tendance à la progression* et des *adaptations dues à la volonté*
« *continue des animaux* ». Quant à ce dernier point, on ne peut
qu'être entièrement de l'avis du savant anglais. Mais il se trompe
quand il parle d'une *tendance* quelconque. Pour Lamarck,
comme pour Darwin, le perfectionnement des êtres vivants est
le *résultat final nécessaire* de phénomènes qui s'enchaînent et
dont, pour tous les deux, l'origine première remonte au *milieu*
dans lequel ces êtres se trouvent placés. Seulement les deux
théoriciens diffèrent sur la nature des phénomènes : Lamarck en
appelant aux *besoins*, aux *désirs* et aux conséquences qu'il leur
prête; Darwin invoquant la *lutte pour l'existence* et la *sélection
naturelle* qui en est la suite. — Certes, au point de vue des
procédés de transformation, nul, et moi moins que personne, ne
combattra l'immense supériorité de Darwin et je reviendrai sur
ce point lorsque je discuterai sa doctrine.

Mais quelle que soit la différence des vues de Darwin et de
Lamarck en ce qui touche aux procédés, tous deux leur attribuent un mode d'action identique. Tous les deux admettent que
les plus profondes modifications des organismes sont dues à de
toutes petites différences qui se transmettent de père en fils,
grâce au pouvoir conservateur de l'hérédité; tous les deux
croient que de cette accumulation de variations, insensibles
isolément, résultent la transformation des espèces anciennes et la
formation des espèces nouvelles; tous deux déclarent que la
transformation se fait avec une lenteur telle qu'il lui faut des

1. *Vie et Correspondance*, t. I, p. 419.

siècles pour se réaliser et que par cela même elle échappe à tous
nos moyens d'observation.

Darwin n'a su reconnaître aucune de ces coïncidences, pourtant si frappantes. Dans une de ses lettres à Lyell, il écrit :
« Platon, Buffon, mon grand-père, avant Lamarck,... ont avancé
« l'hypothèse *évidente* que, si les espèces n'ont pas été créées sépa-
« rément, elles ont dû descendre d'autres espèces ; cela seul est
« commun à l'*Origine* et à Lamarck [1] ». Aussi ne fait-il jamais
la moindre allusion au naturaliste français lorsqu'il parle de la
lenteur des transformations et du rôle joué par l'hérédité dans
leur accomplissement. Pourtant ces deux conceptions sont
comme l'âme commune des deux doctrines ; et on ne peut
refuser à Lamarck l'honneur de les avoir formulées aussi expli-
citement que possible.

Regardant les doctrines de Lamarck et de Darwin comme
également inacceptables, n'en ayant pas une troisième à leur
opposer, je me trouve dans des conditions d'impartialité absolue
pour juger ces deux grands théoriciens. Pourtant, on pourrait
peut-être penser, surtout en Angleterre, qu'en ma qualité de
Français, j'ai fait la part trop belle à un compatriote. Aussi
suis-je heureux de pouvoir invoquer à l'appui de mes appréciations deux témoignages dont on ne saurait contester l'autorité à
aucun point de vue.

Nous savons, grâce à Huxley, que, dans une lettre à Mantell,
Lyell « exprime son enchantement au sujet des théories de
Lamarck [2] » ; et que, dans une autre adressée à Darwin, il disait :
« Je crois que l'ancienne création.... Mais elle prend une nou-
« velle forme, si les idées de Lamarck, améliorées par les vôtres,
« sont adoptées [3]. » Lyell a plaidé la cause de Lamarck auprès
du même correspondant dans une lettre, qui a été publiée [4] ;
il est sans doute revenu avec insistance sur le même sujet
dans bien d'autres. Darwin s'en plaint avec une certaine
vivacité : « Vous faites, dit-il, allusion à plusieurs reprises à mes
« idées comme étant une modification de la doctrine de Lamarck
« sur le développement et la progression. Si telle est votre opi-

1. *Vie et Correspondance*, t. II, p. 390.
2. *Ibid.*, p. 16.
3. *Ibid.*, p. 19.
4. *Ibid.*, p. 36.

« nion délibérée, je n'ai rien à dire; mais, je ne partage pas votre
« avis.... » Un peu plus loin, il parle de la *Philosophie zoologique*
comme d'un « livre misérable dont il n'a tiré aucun profit »;
puis il ajoute : « Mais je sais que vous en faites plus de cas, ce
« qui est curieux, car [7].... » — Évidemment le géologue anglais
était plus juste envers Lamarck que son éminent compatriote;
malheureusement nous ne possédons pas ses lettres; et, par conséquent, nous ne pouvons savoir jusqu'où allaient ses revendi-
cations en faveur du savant français.

Il en est autrement de Hæckel, ce naturaliste allemand, fou-
gueux disciple de Darwin, dont il a exagéré les doctrines. Par
deux fois et à dix ans de distance, il s'est prononcé sur ce point
de la manière la plus formelle : ce n'est donc pas un jugement
porté à la légère. Or voici comment il s'exprime dans le livre
où il aborda les diverses questions soulevées par l'existence et la
diversité des êtres organisés. « A lui (Lamarck) revient l'im-
« périssable gloire d'avoir, le premier, élevé la théorie de la
« descendance au rang d'une théorie scientifique indépendante
« et d'avoir fait de la philosophie de la nature la base solide
« de la biologie tout entière [1]. »

Hæckel va plus loin et est encore plus explicite dans sa
Réponse à Wirchow. Dans l'espèce de profession de foi qu'il a
placée en tête de ce livre, il dit : « La *théorie de la descendance*,
« en tant que théorie de l'origine naturelle des êtres organisés,
« soutient.... La théorie de la descendance s'appelle aussi à bon
« droit théorie de la transformation des espèces, ou *transformisme*;
« ou encore, du nom de Lamarck, qui l'a le premier établie en
« 1809, *lamarckisme* [2]. » Venant ensuite à Darwin et à sa doctrine, Hæckel écrit : « La *théorie de la sélection*, en tant que
« théorie particulière de la transformation [3], soutient.... Ce

1. *Histoire de la création des êtres organisés d'après les lois naturelles*,
par Ernest Hæckel; traduit de l'allemand par le docteur Letourneau, avec
une introduction biographique par Charles Martins, Paris, 1874, p. 98.
L'édition allemande est de 1868.
2. *Les preuves du transformisme, Réponse à Virchow*, par Ernest Hæckel;
traduit de l'allemand et précédé d'une préface, par Jules Soury, Paris,
1879, p. 17. Ce livre a paru en Allemagne en 1878.
3. Le texte répète ici le mot *sélection*, ce qui ne présente aucun sens. Il
est évident, surtout d'après les réflexions faites à la page suivante, qu'il y
a là une faute d'impression.

« principe, Charles Darwin en a pour la première fois, en 1859,
« reconnu toute l'importance et toute la valeur. La théorie de
« la sélection fondée sur ce principe est proprement le *darwi-*
« *nisme* [1]. » Un peu plus loin, il ajoute : « La théorie de la sélec-
« tion, ou le *darwinisme*, est jusqu'ici la plus importante des
« diverses théories qui cherchent à expliquer par des causes
« mécaniques la transformation des espèces. Mais il s'en faut
« qu'elle soit la seule [1]. »

Ainsi Hæckel attribue à Lamarck l'invention des données
générales sur lesquelles repose la doctrine transformiste qui
domine aujourd'hui toutes ses sources; il accorde seulement à
Darwin l'honneur d'avoir découvert le procédé principal de la
transformation.

Mais, je suis le premier à le reconnaître, l'importance de ce
procédé est telle que son introduction dans la doctrine de
Lamarck a pour ainsi dire transformé celle-ci. La lutte pour
l'existence, la sélection qui s'ensuit, sont des faits d'expérience
et d'observation que nul ne peut contester. En les substituant
aux idées vagues et presque mystérieuses de son prédécesseur,
Darwin a paru donner une base des plus solides à la conception
générale. Il l'a d'ailleurs bien autrement développée et perfec-
tionnée en imaginant ses lois secondaires, surtout celles de la
divergence des caractères et de la caractérisation permanente
qui rendent compte de tant de faits, qui justifient sa théorie de
l'ancêtre antérieur.... Il a mis au service de toutes ces idées une
ingéniosité sans pareille, servie par un savoir aussi profond que
varié, par une ténacité au travail, par une patience dans l'observation bien rares. Aussi, tout en revendiquant pour Lamarck ce
que lui accordent des hommes éminents, amis ou disciples de
Darwin, je n'en reconnais pas moins qu'il y a justice à ce que
la grande théorie transformiste moderne porte le nom de ce
dernier.

1. *Les preuves du transformisme*, etc., p. 18.
2. *Ibid.*, p. 19.

ÉT. GEOFFROY SAINT-HILAIRE [1]

Étienne Geoffroy Saint-Hilaire est resté jusqu'à ces derniers temps, même pour beaucoup d'esprits cultivés, le représentant le plus élevé des doctrines qui reposent sur la transmutation de l'espèce, ou qui admettent cette transmutation comme une conséquence des faits observés. Cette opinion populaire s'explique en grande partie par l'éclat de la discussion qui s'éleva vers 1830 entre lui et Cuvier, discussion qui émut et partagea toute l'Europe savante [2]. On l'a souvent rapproché de Lamarck, et ces deux grands esprits ont été représentés comme s'étant laissé entraîner par les mêmes rêveries scientifiques. Rien n'est moins juste que ce rapprochement. Il n'existe à peu près aucun rapport entre leurs doctrines. Au point de vue théorique, Geoffroy était essentiellement l'élève de Buffon, et son fils a eu raison de faire ressortir cette filiation intellectuelle [3].

1. Étienne GEOFFROY SAINT-HILAIRE, né à Étampes le 5 avril 1772, mort à Paris le 19 juin 1844. On sait qu'il a été regardé comme le rival de Cuvier; et, quoique son œuvre scientifique n'ait ni la grandeur ni la solidité de celle de son immortel antagoniste, la postérité reconnaîtra de plus en plus qu'il fut souvent dans le vrai en luttant contre l'auteur de l'*Anatomie comparée*, du *Règne animal*, des *Recherches sur les ossements fossiles*. On ne peut, entre autres, oublier que Geoffroy Saint-Hilaire fut toute sa vie le champion convaincu de l'épigenèse. Ses idées sur l'influence du monde ambiant sont exagérées sans doute, mais au fond plus exactes que celles de Cuvier. Les doctrines de Geoffroy Saint-Hilaire ont été exposées dans un grand nombre de mémoires, d'articles, etc. Il avait voulu en formuler l'ensemble dans sa *Philosophie anatomique*; mais elles n'ont été réellement coordonnées que dans l'ouvrage consacré à la mémoire de son père par Isidore Geoffroy (*Vie, Travaux et Doctrines scientifiques d'Étienne Geoffroy Saint-Hilaire*).

2. Cette discussion eut pour point de départ un rapport fait à l'Académie des sciences par Geoffroy Saint-Hilaire sur un mémoire très important de M. Roulin, intitulé : *Sur quelques changements éprouvés par les animaux domestiques transportés dans le nouveau continent* (*Savants étrangers*, t. VI). Le rapport de Geoffroy Saint-Hilaire a été imprimé dans les *Mémoires du Muséum*, t. XVII, et dans les *Annales des sciences naturelles*, 1829.

3. *Vie, Travaux et Doctrines scientifiques d'Étienne Geoffroy Saint-Hilaire*, et *Histoire naturelle générale des règnes organiques*, t. II.

Geoffroy Saint-Hilaire était profondément religieux [1], mais ses croyances laissaient entière sa liberté de penser scientifique. C'est au nom de la science qu'il combattit la croyance à la création indépendante des espèces, trop souvent soutenue au nom du dogme et admit, dans la mesure que j'indiquerai tout à l'heure, que les espèces actuelles peuvent descendre de celles qui les ont précédées. Mais, pour expliquer cette transformation, il en appelle à des causes, à des procédés tout autres que ceux qu'avait admis Lamarck. Pour lui, l'action du milieu est la cause unique des changements éprouvés par les organismes; à ses yeux, Lamarck s'est trompé en admettant que l'animal peut réagir sur lui-même par la volonté et les habitudes. Geoffroy ne fait aucune réserve à ce sujet, et paraît par conséquent, à l'exemple de Buffon, regarder les organismes comme entièrement passifs au milieu des transformations qu'ils subissent. Toutefois il développa la pensée de son illustre devancier. Il donna au mot de *milieu* une signification beaucoup plus large; il attribua en particulier une importance considérable à la composition chimique de l'atmosphère, une prépondérance marquée aux fonctions respiratoires. « Par l'intervention de la respiration, tout se règle, « dit-il.... Qu'il soit admis que le cours lent et progressif « des siècles donne successivement lieu à des changements de « proportion des divers éléments de l'atmosphère; c'en est une « conséquence rigoureusement nécessaire, l'organisation les a « proportionnellement éprouvées [2]. » Geoffroy a fait une application assez plausible de ces idées à la transformation des sauriens fossiles en crocodiles [3].

On reconnaît ici le résultat des progrès accomplis en géologie, en paléontologie, et peut-être l'influence des travaux de

1. Mes souvenirs me permettent d'affirmer ce fait dont on trouverait du reste la preuve dans l'ouvrage d'Isidore Geoffroy et dans bien des livres de son illustre père. Voici entre autres, comment il termine un de ses chapitres : « Arrivé sur cette limite, le physicien disparaît : l'homme reli- « gieux seul demeure, pour partager l'enthousiasme du saint prophète et « pour s'écrier avec lui : *Cæli enarrant gloriam Dei...; laudamus Domi- « num* ». (*Philosophie anatomique*, t. II, p. 449.,

2. *Mémoire sur le degré d'influence du monde ambiant pour modifier les formes animales. (Mémoires de l'Académie des Sciences de l'Institut de France*, t. XII, p. 75.)

3. *Mémoire sur des recherches faites dans les carrières de calcaire ooli- thique de Caen. (Ibid., p. 45.)*

M. Adolphe Brongniart sur la flore du terrain houiller. Mais il
est facile de voir que Geoffroy n'emprunte rien à Lamarck.
Dans les applications de la théorie, Geoffroy ne fit pourtant
guère que généraliser et reporter aux animaux supérieurs les
considérations admises par son prédécesseur au sujet des mollusques fossiles. Encore s'exprima-t-il d'ordinaire avec une
grande réserve. « C'est, dit-il, une question que j'ai posée, un
« doute que j'ai émis, et que je reproduis au sujet de l'opinion
« régnante [1]. » Il n'affirme rien; il se borne à déclarer qu'il lui
semble possible et utile d'examiner la question et de rechercher
si « les animaux vivant aujourd'hui proviennent, par une suite
« de générations et sans interruption, des animaux perdus du
« monde antédiluvien ». Toutefois on reconnaît aisément que sa
conviction intime est pour l'affirmative et il argumente toujours
dans ce sens. C'est ainsi qu'il fait descendre les grands sauriens,
les crocodiles actuels des crocodiles de l'ancien monde [2].

Ainsi Geoffroy a été réellement transformiste. Mais jamais il
ne prétendit faire remonter les espèces passées ou présentes
à un prototype quelconque; et, cette opinion lui ayant été
prêtée, il répondit par une protestation formelle [3]. Geoffroy n'a
pas cherché davantage à préciser l'origine première des êtres. Il
s'est montré à cet égard bien plus prudent, plus sage que
Lamarck.

Dans les développements de la doctrine générale, Geoffroy
est aussi d'abord plus précis que son illustre prédécesseur. Il
demande des enseignements à l'embryogénie, à l'histoire des
métamorphoses, à la tératologie ou science des monstruosités.
Prenant pour exemple la grenouille et l'expérience si curieuse
faite par William Edwards [4], il cherche dans la nature et y

1. *Sur le degré d'influence du monde ambiant pour modifier les formes
animales. (Mémoires de l'Académie des sciences,* t. XII. p. 98.
2. C'est même à l'occasion de ses recherches sur des fossiles de cette
nature trouvés en Normandie que Geoffroy Saint-Hilaire fut amené à
développer ses idées relatives à l'origine des espèces actuelles. (*Mémoires
de l'Académie des sciences,* t. XII.)
3. *Dictionnaire de la conversation,* art. HÉRÉSIES PANTHÉISTIQUES.
4. William Edwards plaça dans une boîte à compartiments percée de
trous et immergée dans la Seine douze têtards arrivés tout près de
l'époque de leur transformation, et dont il détermina le poids. Un plus grand
nombre de ces mêmes têtards furent placés dans un grand vase dont on
se contenta de changer l'eau tous les jours; mais ils y subissaient l'in-

trouve facilement des espèces qui reproduisent les formes successives des batraciens les plus élevés. Le protée qui vit dans les
lacs souterrains de la Carniole et conserve toute sa vie les branchies des têtards est à ses yeux une sorte de larve permanente,
mais capable de se reproduire, et qui n'a qu'un pas à faire pour
devenir semblable à nos lézards d'eau (*tritons*). En s'appuyant
sur ces faits, Geoffroy déclare que c'est chez l'embryon en voie
de formation qu'il faut aller chercher les passages d'une espèce
à l'autre, et il blâme Lamarck d'avoir cru à la possibilité des
modifications chez un animal adulte.

Geoffroy s'éloigne encore de celui qu'on a pris pour son maître
sur un point fondamental, par sa manière de comprendre la
transformation des êtres; sa profession de foi à cet égard est
aussi formelle que possible. Pour lui, « ce n'est évidemnent
« point par un changement insensible que les types inférieurs
« d'animaux ovipares ont donné le degré supérieur d'organisa-
« tion [1] ». Cette déclaration est en opposition absolue avec les
principes mêmes des doctrines de Lamarck, et l'on comprend
sans peine ce qui a dû la dicter. En supprimant ainsi la nécessité
de formes intermédiaires, en admettant la possibilité d'une
modification brusque des types, Geoffroy répondait d'avance à
deux des plus sérieuses objections que soulève la théorie de la
filiation lente, savoir : la difficulté de comprendre comment deux
espèces, jusque-là réunies physiologiquement, en viennent à
s'isoler et comment il se fait que l'on ne retrouve à l'état fossile
aucune trace de ces intermédiaires. Lamarck, en prévoyant ces
objections, en en signalant lui-même la gravité, avait dû mettre
en garde Geoffroy Saint-Hilaire.

Ce dernier a fait aussi à la transformation des espèces l'application de quelques-unes des idées que lui avaient suggérées ses
études sur la monstruosité. C'est ainsi que pour expliquer l'atro-
phie de l'ouïe et le développement du museau chez la taupe, il en

---

fluence de la lumière, et pouvaient venir respirer l'air en nature à la surface de l'eau. Ces derniers se transformèrent en peu de jours. Sur les
douze qui vivaient en pleine eau et dans l'obscurité, deux seulement
subirent la transformation normale, mais beaucoup plus tard. Dix restèrent à l'état de larves, bien qu'ils eussent doublé et même triplé de poids.
(*De l'influence des agents physiques sur la vie*, 1824.)

1. *Ibid.*, p. 80.

appelle à sa *loi de balancement organique* [1]. Mais il n'y a là pour lui bien évidemment qu'une conception d'importance secondaire.

Après avoir donné les formules générales qui doivent, selon lui, rendre compte de la transformation des animaux, Geoffroy, lui aussi, a voulu en venir à un exemple spécial. Ici il n'est vraiment pas plus heureux que Lamarck. Il avait reproché à celui-ci ses colimaçons adultes modifiant les formes de leur tête par l'influence du désir, de la volonté, et faisant naître ainsi des tentacules qui grandissent de génération en génération ; lui, il suppose un reptile qui « dans l'âge des premiers développements « éprouve une constriction vers le milieu du corps, de manière à « laisser à part tous les vaisseaux sanguins dans le thorax, et le « fond du sac pulmonaire dans l'abdomen. C'est là, ajoute-t-il, « une circonstance propre à favoriser le développement de toute « l'organisation d'un oiseau ; car l'air des cellules abdominales « sera refoulé par les muscles du bas-ventre, de manière à diriger « sur les vaisseaux respiratoires de l'air alors comprimé et dans « la qualité de celui qui sort de nos soufflets ; c'est-à-dire de « l'air avec plus d'oxygène sous un moindre volume et consé- « quemment avec plus d'énergie pendant la durée de la combus- « tion.... Sont autant d'effets de ce premier changement, comme « la vélocité plus grande du sang, ses couleurs plus vives, sa « transparence augmentée, son cours plus rapide, l'action mus- « culaire plus énergique, le changement des houppes tégumen- « taires en plumes [2]. »

Voilà ce que Geoffroy, entraîné par ses convictions, appelle « soulever le voile qui nous cache comment la mutation de l'or- « ganisation est réellement *possible, comment elle fut et doit avoir* « *été autrefois praticable* [3] ». Quant à la succession des êtres, aux relations des espèces actuelles avec les espèces paléontologiques, les modifications de l'atmosphère, les progrès réalisés à la surface du globe, soit par l'action des phénomènes naturels, soit par l'industrie de l'homme, lui en rendent aisément compte. « Ce « n'est pas là, dit-il, qu'est la difficulté ; l'évidence de ces rai- « sonnements *satisfait notre raison* [4]. »

1. *De l'influence des agents physiques sur la vie*, p. 86.
2. *Ibid.*, p. 80.
3. *Ibid.*, p. 78.
4. *Ibid.*, p. 78.

Geoffroy Saint-Hilaire ne parle jamais que des animaux, et il est facile de voir que sa théorie ne saurait s'appliquer aux végétaux. Il a donc restreint bien plus que Lamarck le champ de ses spéculations. Il s'est éloigné de lui sur plusieurs points fondamentaux ; il a introduit dans cet ordre de recherches des considérations nouvelles empruntées aux progrès les plus récents de la science et à ses propres recherches. Considérées à distance et en bloc, ses idées n'ont rien qui répugne à l'esprit, et l'on comprend qu'elles aient séduit certaines intelligences comme elles l'avaient entraîné lui-même. Lui aussi donne pour base à sa conception des faits positifs, des expériences précises, des données physiologiques très justes. Mais les conclusions qu'il en tire l'emportent vite hors du champ du réel. Dès qu'il tente d'entrer dans les détails, il est forcé de s'en tenir aux assertions les plus vagues ; dès qu'il veut citer un exemple, il n'est certainement pas plus heureux que son illustre prédécesseur ; et il finit, lui aussi, par en appeler à ses convictions personnelles comme à une démonstration.

Pourtant, pas plus que Lamarck, il ne saurait sans injustice et sans erreur être rattaché à B. de Maillet, à Robinet. Il n'a évidemment rien de commun avec le dernier. Tout en admettant les modifications brusques et individuelles, il se sépare entièrement du premier en rattachant les transmutations organiques aux phénomènes embryogéniques, en niant leur possibilité chez l'adulte. D'ailleurs pendant toute sa vie, Geoffroy fut le promoteur ardent des doctrines épigénistes, qu'il eut le mérite de défendre contre Cuvier. Il ne peut donc être placé que fort loin de quiconque se fonde sur la préexistence des germes.

Si, comme Hæckel l'a reconnu avec raison, Lamarck doit être accepté comme le promoteur de toutes les théories transformistes reposant sur la donnée générale d'une transformation progressivement très lente, Geoffroy est incontestablement le chef de celles qui admettent la transformation brusque et totale. Celles-ci présentent bien certains avantages et échappent à quelques-unes des plus graves objections justement opposées à leurs concurrentes. Par exemple, l'absence de séries intermédiaires entre l'espèce parente et l'espèce engendrée se trouve naturellement expliquée. En outre et surtout la distinction entre l'espèce et la race peut s'accorder avec elles. L'oiseau sorti de l'œuf pondu par un reptile est aussi distinct de ce dernier que s'il n'existait entre eux aucun lien de filiation. Les espèces, même voisines, formées par ce procédé se trouvent constituées du premier coup avec tout ce qui les caractérise. Par conséquent, l'infécondité de leur croisement n'a plus rien d'étrange ; et, quels que soient leurs rapports de parenté, la barrière qui les sépare est aussi parfaite que si elles étaient apparues isolément. A ce point de vue, la conception de Geoffroy et celles qui reposent sur la même donnée fondamentale l'emportent sur celles de Lamarck, de Darwin et de leurs disciples.

Ajoutons qu'en se rattachant aux phénomènes de l'embryogénie et de la tératologie, l'illustre auteur de la *Philosophie anatomique* pouvait invoquer des analogies que les progrès de la science n'ont fait que confirmer. Mieux encore qu'au temps de Geoffroy, nous savons que la caractérisation des types remonte aux premières périodes du développement embryonnaire, et que les monstruosités datent des moments où s'ébauchent les grandes lignes de la future organisation. Les belles et persévérantes recherches de M. Dareste ont bien montré comment une circonstance physique tout extérieure, agissant sur un organisme en voie de se constituer, peut déterminer une déviation des forces formatrices dont l'importance n'apparaît tout entière que par les conséquences qu'elle entraîne. Entre la forme normale et les formes tératologiques résultant de ce qu'on pourrait appeler un *accident régularisé*, il n'y a rien qui rappelle ces nuances intermédiaires qu'exige la théorie de Lamarck ; tout conclut en faveur de Geoffroy. Enfin si celui-ci avait connu la manière dont ont pris naissance les races de bœufs *gnatos*, les moutons *ancon* et *mauchamp*, il n'eût pas manqué de faire remarquer que ces déviations du type s'étaient accusées brusquement, sans transition qui rattachât ces formes aberrantes à leurs ancêtres, à leurs parents immédiats.

Toutefois ce dernier argument est en quelque sorte une arme à deux tranchants. S'il est de nature à être opposé aux idées de Lamarck, il peut également être retourné contre celles de Geoffroy. Quelque exagérées que soient les anomalies apparues chez nos animaux domestiques, elles ne les entraînent jamais hors des limites de l'espèce considérée physiologiquement. Au point de vue de la forme, le gnato s'éloigne de ses frères de toute la

distance qui sépare un genre de l'autre; il est néanmoins resté
un vrai bœuf par la facilité de ses croisements avec le bétail
ordinaire, par la fécondité des métis résultant de ces unions.
Geoffroy, tout aussi bien que Lamarck et Darwin, aurait donc
été obligé de supposer que, dans la séparation d'une espèce nouvelle se détachant d'une espèce ancienne, il y a quelque chose de
plus et de différent de ce qui s'est passé chez le gnato.

Là pourtant n'est pas l'objection la plus forte à opposer aux
hypothèses qui prennent pour base la transformation brusque. Je
leur reprocherais bien davantage de négliger entièrement la plupart des grands faits généraux que présente l'empire organique.

Il ne suffit pas d'expliquer par une hypothèse quelconque la
multiplication des espèces et des types. Il faut surtout rendre
compte de l'*ordre* qui règne dans cet ensemble, ordre que nous
constatons sur la surface entière du globe, et qui a traversé sans
être altéré l'immensité des âges paléontologiques, si bien qu'il
se présente à nous comme indépendant de l'espace et du temps.
Quand tout change, il reste immuable. Les faunes, les flores ont
beau s'anéantir et se substituer les unes aux autres, la nature
des rapports qui relient les êtres contemporains ne change pas
pour cela. Ces êtres se succèdent et viennent tour à tour remplir les cases du cadre de la nature organisée; ce cadre reste le
même au fond. Nos découvertes ont beau se multiplier dans le
monde actuel, dans les mondes passés, elles ne font que remplir des blancs, que combler des lacunes. L'accident sans règle,
sans loi, invoqué comme cause prochaine de cette merveilleuse
régularité, peut-il satisfaire l'esprit le moins sévère? Évidemment non. Or, c'est ce que fait Geoffroy, qu'il faut encore ici
citer textuellement.

« Ce n'est évidemment point par un changement insensible, dit-
« il, que les types inférieurs des vertébrés ovipares ont donné le
« degré supérieur d'organisation ou le groupe des oiseaux. Il a suffi
« d'un accident possible et peu considérable dans sa production
« originelle, mais d'une importance incalculable quant à ses effets
« (accident survenu à l'un des reptiles qu'il ne m'appartient point
« d'essayer même de caractériser), pour développer en toutes
« les parties du corps les conditions du type ornithologique [1]. »

---

1. *Mémoires de l'Académie des sciences*, t. XII, p. 80.

Certainement personne aujourd'hui n'acceptera cette conclusion. Et pourtant on doit savoir gré à Geoffroy Saint-Hilaire d'avoir tenté d'expliquer la transmutation, telle qu'il la comprenait, par l'action seule des forces naturelles. S'il a échoué dans sa tentative, c'est que le problème de l'origine des espèces était alors, comme il l'est encore, au-dessus de notre savoir. Mais du moins, il est resté sur le terrain de la science d'où sont sortis les savants éminents qui ont admis après lui la transmutation brusque; et qui, en faisant intervenir directement la Cause Première dans leurs interprétations du phénomène, ont fait une question théologique de ce qui devait rester un problème scientifique.

ISIDORE GEOFFROY SAINT-HILAIRE [1]

Les théories de Lamarck, surtout celles d'Étienne Geoffroy Saint-Hilaire, ont compté en France un certain nombre de disciples, parmi lesquels on place d'ordinaire son fils, Isidore Geoffroy. Je ne crois pas ce jugement fondé, quoique Darwin l'ait reproduit [2]. On sait comment Isidore Geoffroy a, dans tous ses écrits, défendu les opinions de son illustre père, pour qui il avait une véritable vénération. Souvent il les a développées et en a fait ressortir les conséquences. Pour tout ce qui touche à l'origine des espèces, il s'est, au contraire, borné à résumer ce qu'Étienne Geoffroy avait exposé d'une manière parfois un peu confuse. Bien plus, par le choix des citations, par les réflexions qu'il ajoute, il semble avoir voulu en restreindre plutôt qu'en étendre le sens.

Quiconque aura lu attentivement l'ouvrage où il comptait

1. Isidore GEOFFROY SAINT-HILAIRE, né à Paris le 16 décembre 1805, mort dans la même ville le 10 novembre 1861. Ses deux principaux ouvrages sont l'*Histoire générale et particulière des anomalies de l'organisation*, 1832-1836, qui est restée un livre classique, et l'*Histoire naturelle générale des Règnes organiques*. Le troisième volume de ce livre n'est pas entièrement terminé, et le programme placé en tête du premier nous apprend que l'auteur avait à peine rempli le tiers du cadre qu'il s'était tracé d'avance.

2. *Origine des espèces*, p. XVI.

résumer ses doctrines, et qu'il n'a pu achever, se rendra aisément compte de ce fait. Isidore Geoffroy partage de tout point
les idées auxquelles Buffon s'est définitivement arrêté. Il croit à
la réalité de l'espèce, à la distinction de l'espèce et de la race.
Rien dans son livre n'autorise à penser qu'il admit des transmutations analogues à celles dont Lamarck soutenait la réalité, à
celles dont il s'agit aujourd'hui. Par cela même, il se trouvait
entraîné loin de son père; et il semble que la conviction du savant
se soit trouvée chez lui en lutte avec le sentiment profond de piété
filiale que nous lui avons tous connu. On dirait qu'il a cherché
à les concilier en faisant quelques réserves relatives aux époques
des grands phénomènes géologiques. En effet, l'idée de la
modification des formes sans altération des caractères les plus
fondamentaux de l'espèce; en d'autres termes, l'apparition d'une
race distincte succédant à la première réalisation d'un type spécifique donné, pourrait être acceptée à titre de compromis. Mais
de là aux doctrines que nous examinons en ce moment, il y a
bien loin. Isidore Géoffroy admettait la *variabilité limitée* de
l'espèce; nulle part il ne parle de sa *mutabilité*. C'est donc bien
à tort, ce me semble, qu'on a placé son nom parmi ceux des
naturalistes qui, de près ou de loin, se sont rattachés à cette
idée.

BORY DE SAINT-VINCENT [1]

Bory de Saint-Vincent est avant tout un disciple de Lamarck.
A diverses reprises, et surtout dans l'article CRÉATION du *Dictionnaire classique de l'histoire naturelle*, dont il dirigeait la
rédaction, il développa sur plus d'un point la doctrine de son

1. Le colonel BORY DE SAINT-VINCENT, né à Agen en 1780, mort à Paris le
23 décembre 1846, a eu une vie fort agitée. Parti comme naturaliste avec
l'expédition de Baudin, il la quitta aux Iles Canaries, revint en Europe,
servit très honorablement pendant les guerres de l'Empire, fut exilé en
1815, rentra en France en 1820. Au milieu de ces vicissitudes il s'occupa
constamment d'histoire naturelle et devint membre libre de l'Académie
des Sciences.

maître, et en tira des conséquences qui lui appartiennent en propre.

Bory admet la formation spontanée, journalière, d'espèces nouvelles, non pas, il est vrai, sur nos continents, depuis longtemps peuplés d'animaux et de plantes, mais seulement sur les terres considérées par lui comme de formation moins ancienne. Il cite comme exemple l'île Mascareigne, qu'il croit être assez récemment sortie des mers, sous l'influence des forces volcaniques. Elle renfermerait, d'après lui, « plus d'espèces « polymorphes que toute la terre ferme de l'ancien monde ». Sur ce sol relativement tout moderne, les espèces, dit-il, ne sont pas encore fixées. La nature, en se hâtant de constituer les types, semble avoir négligé de régulariser les organes accessoires. Dans les continents plus anciennement formés au contraire, le développement des plantes a forcément suivi une marche identique depuis un nombre incalculable de générations. Les végétaux ont ainsi arrêté leurs formes, et ne présentent plus les écarts si fréquents dans les pays nouveaux.

On voit que Bory fait intervenir ici une donnée nouvelle, l'influence exercée sur la fixation des caractères spécifiques par l'action d'une longue série d'ancêtres placés eux-mêmes dans des conditions d'existence constante. Ce serait pour ainsi dire l'*habitude* exerçant son pouvoir non plus seulement sur les individus, mais sur l'espèce elle-même. Mais, par cette conception, il se met sans avoir l'air de s'en douter, en contradiction formelle avec celui dont il se proclame le disciple. On a vu en effet que, dans la pensée de Lamarck, les êtres organisés se modifient constamment au gré des besoins nouveaux que font naître les changements incessants du globe qu'ils habitent. Il suit de là que les descendants ressembleront d'autant moins à leurs ancêtres qu'ils en seront séparés par un plus grand nombre de générations.

D'après Bory, l'hérédité aurait pour résultat de fixer de plus en plus les caractères; pour Lamarck, au contraire, elle tend sans cesse à les faire varier et à engendrer des types nouveaux, en accumulant les petites différences acquises à chaque génération. A ce point de vue, Bory ne peut être regardé que comme un disciple fort aberrant de Lamarck.

M. CH. NAUDIN [1]

Un botaniste éminent, M. Charles Naudin, est aussi à certains égards le disciple de Lamarck, dont il défend la conception générale sans se dissimuler ce qu'ont de fondé les critiques qu'on lui a adressées; il est surtout un des précurseurs les plus sérieux de Darwin; il a de plus ses conceptions personnelles, qui l'ont conduit à formuler à plus de vingt ans d'intervalle deux théories absolument différentes. Nous n'avons à parler ici que de la première, que l'auteur a publiée en 1852 [2].

Je ne vois nulle part que M. Naudin ait nettement exposé à cette époque sa manière de concevoir les premières manifestations de la vie sur notre globe. Il prend les êtres vivants tout venus. Or, selon lui, la communauté d'organisation dans les êtres qui composent un règne ne peut s'expliquer que par la communauté d'origine. Dans tout autre système, dit-il, les ressemblances entre espèces ne sont que des coïncidences fortuites, des effets sans causes. « Au contraire, ces ressemblances sont à la fois la « conséquence et la preuve d'une parenté non plus métaphy- « sique, mais réelle. Qu'elles tiennent d'un ancêtre commun,

1. Charles Naudin, membre de l'Institut depuis près de trente ans, s'est fait une place à part parmi ses confrères en botanique. Par ses belles et persévérantes recherches sur le croisement des espèces végétales, dont j'aurai à parler plus loin à diverses reprises, il a mérité d'être appelé le *Kœlreuter français.* Voici le titre de quelques-uns de ses principaux mémoires sur ce sujet : — *Nouvelles recherches sur les caractères spécifiques et les variations des espèces dans le genre* Cucurbite (*Annales des sciences naturelles,* 1856); — *Constatation du retour spontané des plantes hybrides du genre* Primula *aux types des espèces des plantes productrices* (*Compte rendu de l'Académie des Sciences,* 1856); — *Observation d'un cas d'hybridité anormale* (*ibid.,* 1856); — *Considérations générales sur l'espèce et la variété* (*ibid.,* 1858); — *Monographie des espèces et des variétés du genre* Cucumis (*Annales des sciences naturelles,* 1859); — *Nouvelles recherches sur l'hybridité dans les végétaux* (*ibid.,* 1863); — *De l'hybridation considérée comme cause de variabilité dans les végétaux* (*Compte rendu de l'Académie des Sciences,* 1864).

2. *Considérations philosophiques sur l'espèce et la variété* (*Revue horticole,* 1852). Je ferai connaître la seconde théorie de Naudin dans mon livre sur les émules et les disciples de Darwin.

« dont elles sont sorties à des époques plus, ou moins reculées
« et par une série d'intermédiaires plus ou moins nombreux ; de
« telle sorte qu'on exprimerait les véritables rapports des espèces
« entre elles en disant que la somme de leurs analogies réci-
« proques est l'expression de leur degré de parenté, comme la
« somme de leurs différences est celle de l'éloignement où elles
« sont de la souche commune dont elles tirent leur origine [1]. »
— Nous retrouvons ici tout un fonds d'idées emprunté à Lamarck
et que Darwin a reproduit plus tard.

M. Naudin ajoute : « Envisagé à ce point de vue, le règne
« végétal se présenterait comme un arbre dont les racines, mys-
« térieusement cachées dans les profondeurs des temps cosmogo-
« niques, auraient donné naissance à un nombre limité de tiges
« successivement divisées et subdivisées. Ces premières tiges
« représenteraient les types primordiaux du règne; les dernières
« ramifications seraient les espèces actuelles. »

C'est bien l'idée générale de Darwin qui emploie précisément
la même comparaison [2]. Seulement le savant anglais l'applique
à l'ensemble des êtres organisés, au lieu de se borner à un seul
règne, comme le fait M. Naudin.

M. Naudin toutefois se rapproche davantage de Buffon dans la
façon dont il comprend les êtres vivants envisagés au point de
vue qui nous occupe. Il trouve en eux une certaine *plasticité*,
une aptitude à subir des modifications en rapport avec « la dif-
« férence des milieux dans lesquels ils se trouvent placés ». Cette
flexibilité des formes a pour antagoniste ce que l'auteur appelle
l'*atavisme*. Il entend par là l'action conservatrice de l'*hérédité* et
lui attribue « la puissance de maintenir ce que l'on appelle les
« *espèces naturelles* dans les limites qu'elles ne doivent pas fran-
« chir » [3]. Cette puissance croît avec le temps ou, mieux sans
doute, avec le nombre des générations. Ici Darwin se rencontre
avec Bory de Saint-Vincent et entre en contradiction avec
Lamarck et avec Darwin; car tous les deux font de l'hérédité
accumulée un agent de variation et non de stabilisation.

---

1. On voit que M. Naudin emploie ici ce mot dans une acception toute
différente de celle que lui ont attribuée depuis longtemps tous les physiologistes.
2. *Revue horticole*, p. 103.
3. *De l'origine des espèces*, chap. IV.

Au reste, Darwin subordonne l'atavisme aussi bien que la flexibilité de la forme et les actions de milieu à une force supérieure qui les règle et les domine.

Cette force suprême est la *finalité*, « puissance mystérieuse, « indéterminée, fatalité pour les uns, pour les autres volonté « providentielle, dont l'action incessante sur les êtres vivants « détermine à toutes les époques de l'existence d'un monde la « forme, le volume et la durée de chacun d'eux en raison de sa « destinée dans l'ordre de choses dont il fait partie [1] ».

Ici encore M. Naudin s'éloigne autant que possible de Lamarck et de Darwin, dont la plus grande prétention est d'avoir ramené la formation des faunes et des flores au jeu de causes purement naturelles, physiologiques et physiques. En outre, l'auteur nous dit que la finalité est ou *fatale* ou *providentielle*. Ce sont là deux termes inconciliables. Cette phrase renferme en réalité deux germes d'idées dont l'un devait tôt ou tard étouffer l'autre. C'est ce qui est arrivé. La notion de *providence* l'a emporté et a inspiré à M. Naudin sa seconde théorie dont je n'ai pas à parler ici.

Le changement de doctrine s'est sans doute produit chez M. Naudin à la suite de ses études sur le croisement. À l'époque où il écrivait le mémoire dont je m'occupe en ce moment, il n'avait pas encore fait ses belles expériences d'hybridation : entraîné par l'idée d'une origine première commune à tous les végétaux, il n'avait pu éviter la conséquence qu'elle entraîne et à laquelle n'ont échappé ni Lamarck, ni Darwin. Il confondait l'*espèce* et la *race*, parce qu'il n'avait pas acquis encore la *notion physiologique* nécessaire pour les distinguer et était resté morphologiste. Aussi ne peut-on s'étonner de l'entendre dire : « L'*espèce natu-* « *relle*, telle que sous la voyons aujourd'hui, est la résultante « de l'atavisme et de la finalité. Elle est d'autant plus fixe, « d'autant mieux caractérisée, que, d'un côté, la ligne de son « atavisme remonte plus haut dans le temps, et que, de l'autre, « sa fonction est plus spécialisée. La même définition s'applique « à l'*espèce* artificielle, que nous l'appelions *race* ou *variété*. Sa « physionomie propre, ou, si l'on nous permet ce mot, son « degré de *spéciéité* et sa stabilité seront en proportion de l'éner-

---

1. *De l'origine des espèces*, p. 103.

« gie avec laquelle ces deux forces agissent sur elle [1]. » Un peu
plus loin il ajoute : « Entre les espèces de la nature et celles
« que nous créons, il n'y a que du plus ou du moins [2] ».

Cependant au moment où il s'exprimait ainsi, M. Naudin
connaissait les travaux de Kœlreuter et de ses imitateurs. Il a
évidemment compris les difficultés que soulevait le contraste
existant entre sa théorie et les résultats acquis par ces expérimentateurs. Pour les lever, il a eu recours à une hypothèse
souvent invoquée par Lamarck et que nous retrouverons chez
Darwin; il en a appelé à la *puissance illimitée de la nature*.
J'examinerai plus loin la valeur de cet argument. Ici, je me con-
tenterai de rappeler que cette puissance a des bornes que l'homme
a souvent dépassées; et qu'en fait de modifications *morphologiques* imposées aux types animaux et végétaux, il est allé bien
plus loin que la nature.

Quoi qu'il en soit, la manière dont M. Naudin comprenait les
rapports de la race et de l'espèce devait le conduire logiquement à
les regarder comme produites par des procédés analogues. Telle
est en effet sa conclusion. Ici il se montre entièrement original,
et les idées qu'il expose très nettement autorisent à le placer au
premier rang des précurseurs de Darwin. « Nous ne croyons pas,
« dit-il, que la nature ait procédé, pour former ses espèces,
« d'une autre manière que nous ne procédons nous-mêmes pour
« créer nos variétés. Disons mieux : c'est son procédé que nous
« avons transporté dans notre pratique. » Quand, pour satisfaire
à un besoin ou à un caprice, nous voulons faire produire à une
espèce existante un type secondaire quelconque, nous choisissons
les individus qui rappellent, même de loin, la modification que
nous voulons réaliser; nous les marions entre eux, et parmi leurs
enfants nous choisissons encore ceux qui se rapprochent le plus
de l'espèce d'idéal que nous avons conçu. Ce choix, ce triage,
cette *sélection* poursuivie pendant un nombre indéterminé de
générations finit par donner d'une manière plus ou moins complète le résultat cherché. « Telle est, ajoute M. Naudin, la marche
« suivie par la nature. Comme nous, elle a voulu former des
« races pour les approprier à ses besoins, et avec un nombre

---

1. *De l'origine des espèces*, p. 103.
2. *Ibid.*, p. 104.

« relativement petit de types primordiaux, elle a fait naître suc-
« cessivement et à des époques diverses toutes les espèces végé-
« tales et animales qui peuplent le globe [1] ».

Le botaniste français admet de plus que, dans la voie des
transformations, la nature a dû aller bien plus loin que nous,
d'abord à cause de sa puissance illimitée et du temps immense
dont elle a disposé, puis à raison des conditions mêmes dans
lesquelles elle agissait au début. Elle a pris les types primitifs à
l'état naissant, alors que l'être encore jeune possédait toute sa
plasticité, et que les formes n'étaient que faiblement enchaînées
par la force de l'hérédité. Nous avons au contraire « à lutter
« contre cette force enracinée et accrue d'âge en âge dans les
« espèces vivantes par toutes les générations qui nous séparent
« de leur origine ».

A part cette dernière considération, qui rappelle ce qu'a dit
Bory de Saint-Vincent sur le même sujet, on voit que M. Naudin
avait précédé Darwin sur une des conceptions fondamentales de
sa doctrine. Si les mots de *sélection naturelle* et *sélection artificielle* ne se trouvent pas dans les passages que j'ai cités, la chose
y est. C'est ce que le savant anglais a reconnu lui-même avec
cette loyauté parfaite dont il a donné tant de preuves [2]. Mais il
fait remarquer avec raison que Naudin n'a dit rien du procédé
mis en œuvre par la nature pour opérer une sélection aboutissant à la transformation des espèces; et il cite, sans faire aucune
réflexion, le passage relatif à la finalité que j'ai reproduit plus
haut.

Sur ces deux points la théorie du botaniste français prête à de
sérieuses critiques. A prendre ses expressions à la lettre, on
pourrait penser qu'il accorde à la nature la *volonté* de créer des
espèces nouvelles et l'*intelligence* nécessaire pour atteindre ce
résultat. Tout au moins attribue-t-il à la *finalité* un rôle prépondérant. « C'est cette puissance qui harmonise chaque membre
« à l'ensemble en l'appropriant à la fonction qu'il doit remplir
« dans l'organisme général de la nature, fonction qui est pour
« lui sa raison d'être [3]. »

1. *De l'origine des espèces*, p. 101.
2. *Ibid.*, p. xviii.
3. *Revue horticole*, p. 103.

Ainsi, dans la pensée de l'auteur, cette force *mystérieuse*, qu'elle soit *providentielle* ou *fatale*, régit toutes les forces physiques ou physiologiques qui se révèlent à nous par leurs effets ; elle domine toutes les causes secondes, les seules dont doivent se préoccuper le naturaliste aussi bien que le physicien. Sur cette hypothèse, Naudin entraîne ses lecteurs hors du terrain purement scientifique et fait pressentir une nouvelle doctrine que j'exposerai ailleurs avec détail, avec le regret d'avoir à la combattre comme j'ai combattu celle-ci.

CHAPITRE II

DARWIN [1]

EXPOSÉ GÉNÉRAL DU DARWINISME [2]

Darwin nous apprend lui-même comment il a été amené à s'occuper du problème des espèces, combien il a mis de temps

1. Né à Shrewsbury, le 14 février 1809; mort à Dawle, le 19 avril 1872.

2. Je réimprime ce chapitre et le suivant, tels qu'ils ont paru dans la première édition de ce livre, en me bornant à y ajouter quelques notes, au lieu de les intercaler dans le texte et à remplacer les citations empruntées d'abord à la traduction de Mme Clémence Royer, par les mêmes passages pris dans celle de M. Moulinié. Voici les raisons qui m'engagent à agir ainsi.

J'avais envoyé à Darwin un *tiré à part* des articles que je venais de publier dans la *Revue des Deux Mondes*, articles dont ma première édition n'était guère que la reproduction. Il m'écrivit à ce sujet une lettre, qui a été insérée, par M. Francis Darwin, dans l'ouvrage consacré à la mémoire de son père et dont on me permettra de reproduire les passages suivants : « Il est impossible de rendre compte de mes idées d'une façon plus juste « et plus complète, étant donné l'espace dont vous disposiez, que vous ne « l'avez fait.... Quand j'eus terminé la seconde partie, je pensai que vous « aviez présenté le cas sous un jour tellement favorable, que vous conver- « tiriez plus de monde à ma cause qu'à la vôtre. En lisant les parties sui- « vantes, il m'a fallu changer de point de vue et perdre de ma confiance. « Dans ces dernières parties, un grand nombre de vos critiques sont « sévères, mais toutes sont faites avec une parfaite courtoisie et dans un « esprit essentiellement juste. Je puis dire, en toute sincérité, que j'aime « mieux être critiqué par vous de cette façon, que d'être loué par bien « d'autres.... Vous parlez souvent de ma bonne foi et nul compliment ne « peut me faire un plus grand plaisir; je puis vous rendre ce compliment « avec intérêt; car chaque mot que vous écrivez porte l'empreinte de « votre véritable amour de la vérité. » (*Vie et Correspondance de Charles Darwin*, traduction de M. H. de Varigny, p. 436.)

En répétant ces paroles au banquet que lui offrit la *Scientia* et auquel je à chercher la solution [1]. C'est en Amérique, et lorsqu'il faisait partie de l'expédition scientifique du *Beagle* [2], que son attention fut pour la première fois éveillée sur ce point par quelques observations de géographie zoologique et de paléontologie. Dès 1837, il commença à recueillir les faits en rapport avec le sujet de ses méditations; en 1844, il esquissa les conclusions qui lui apparaissaient comme les plus probables. C'est en 1858 seulement et à propos d'une communication de Russel Wallace, que, sur la demande d'amis communs, il fit imprimer pour la première fois quelques passages de ses manuscrits [3]. Lorsque parut, l'année suivante, la première édition de son livre, Darwin ne la présenta au public que comme un extrait fort abrégé de ses immenses recherches; il s'engageait à compléter ses preuves plus tard. On sait avec quelle conscience il a rempli cette promesse [4].

n'assistais pas, en parlant de moi dans des termes qui m'ont profondément touché, M. Francis Darwin a attesté que les passages qu'on vient de lire exprimaient bien les véritables pensées de son illustre père. (*Revue scientifique*, 1889, p. 796.) Voilà pourquoi je n'ai voulu rien changer à cet exposé, que le fondateur même de la doctrine a déclaré être à la fois juste et complet.

1. *Origine des espèces*, p. 1.

2. Cette expédition quitta les côtes d'Angleterre, le 27 décembre 1831, sous les ordres du capitaine Fitz-Roy. Elle dura près de cinq ans. Darwin, embarqué en qualité de naturaliste, rapporta de ce voyage autour du monde les matériaux de nombreux mémoires, prit une grande part personnelle à la rédaction de ce qui avait trait aux sciences naturelles et dirigea toute cette partie de la publication.

3. Wallace se trouvait alors dans l'archipel Indien et avait adressé son mémoire à Darwin lui-même. Or, ce travail renfermait sur la sélection naturelle et la variation des êtres organisés une doctrine et des opinions entièrement semblables à celles qui préoccupaient depuis si longtemps notre auteur. On comprend combien il eût été pénible pour celui-ci de perdre le fruit de tant de veilles. Mais, ses recherches étaient connues par quelques-uns des naturalistes les plus éminents de l'Angleterre; et, malgré les modestes réticences de Darwin, il est facile de comprendre que c'est à leur entremise que fut due la publication simultanée qui sauvegardait tous les droits. Les extraits de Darwin et le mémoire de Wallace parurent ensemble dans le troisième volume des *Mémoires de la Société Linnéenne de Londres*, 1853. Ajoutons que le travail de Wallace est des plus remarquables au point de vue des idées qui lui sont communes avec Darwin, et que ce dernier a saisi toutes les occasions de rendre justice au confrère éminent qu'il put regarder un moment comme un concurrent prêt à le devancer, et qui est resté un de ses auxiliaires les plus dévoués, jusqu'au moment où la question de l'homme les a profondément séparés.

4. Les ouvrages publiés par Darwin à l'appui de sa doctrine ou rédigés sous l'influence des idées qui l'ont guidé, sont assez nombreux et on en

Si j'insiste sur ces détails, ce n'est pas précisément pour rappeler un historique connu de tous les lecteurs de Darwin; c'est surtout pour montrer la consciencieuse persévérance apportée par l'auteur dans l'édification de son œuvre, pour faire ressortir l'esprit qui a présidé à ce vaste travail. Ce sont des faits que le savant anglais, déjà si riche de son propre fonds, a demandés à tous ses confrères, à toutes les branches de la science. Ces faits se pressent dans le livre où Darwin a exposé l'ensemble de ses idées; ils sont bien plus multipliés encore dans ses autres publications, dans ses mémoires. C'est dire combien l'analyse de cet ensemble de travaux serait difficile, si je cherchais en ce moment à faire autre chose que de préciser la doctrine générale et d'en indiquer quelques-unes des principales applications.

Constatons d'abord les limites entre lesquelles Darwin a très formellement circonscrit le champ de ses recherches; il se distingue par là de quelques-uns des écrivains dont on l'a souvent rapproché. Robinet et Maillet rattachaient leurs spéculations à tout un système de philosophie ou de cosmogonie. Lamarck omettait, il est vrai, ce dernier point de vue; mais il cherchait à expliquer la nature même de la vie, admettait des générations spontanées, continuelles, et trouvait dans les êtres simples, journellement engendrés, le point de départ des organismes animaux et végétaux, actuels et futurs. En outre, il s'efforçait de montrer que tous les penchants, les instincts, les facultés, observés chez les animaux et chez l'homme lui-même, ne sont que des phénomènes dus à l'organisation. En d'autres termes, l'auteur de la *Philosophie zoologique* prétendait remonter aux lois primordiales imposées à la matière et aux forces par le Créateur dont il proclame hautement l'existence et aux causes premières.

Telle n'est pas l'ambition de Darwin. « Je dois déclarer, dit-il, « que je ne prétends point rechercher les origines premières des « facultés mentales des êtres vivants, pas plus que l'origine de la « vie elle-même. » Quant à la génération spontanée, voici comment il s'exprime en opposant sa doctrine à celle de Lamarck : « Telle qu'elle est aujourd'hui et en réservant les révélations de

---

trouvera la liste en tête de la traduction du livre de son fils. Mais les trois plus importants au point de vue doctrinal sont l'*Origine des espèces*, la *Variation des animaux et des plantes* et la *Descendance de l'homme*.

« l'avenir, la science n'admet pas l'idée que des êtres vivants
« soient actuellement en voie de formation directe [1]. » Il se
sépare ici de son illustre prédécesseur. En revanche, il s'en rapproche par des doctrines physiologiques générales. Bien qu'ayant
émis des idées toutes personnelles sur le mode de formation des
êtres, Darwin est en réalité épigéniste, comme l'était Lamarck,
comme le sont tous les physiologistes modernes [2]. Par là, il se
sépare radicalement de Maillet, de Robinet, dont toutes les
hypothèses reposent sur celle de la préexistence des germes, et
il est vraiment difficile de comprendre comment on a pu comparer ses conceptions aux leurs.

Comme Lamarck aussi, dès le début de son livre, Darwin
signale la variabilité de l'espèce chez les animaux et les végétaux domestiques ou sauvages. Les faits généraux sur lesquels

---

1. *Origine des espèces*, traduction Moulinié, p. 131. Darwin exprima à
diverses reprises les mêmes idées dans sa correspondance et dit entre
autres : « C'est de la bêtise que de penser actuellement à l'origine de la
« vie, on pourrait tout aussi bien penser à l'origine de la matière ». (*Vie
et Correspondance*, t. II, p. 306.) Il n'en sent pas moins combien la génération spontanée compléterait sa doctrine. Mais sa probité scientifique
l'empêche de dépasser ici les limites si hardiment franchies par quelques-
uns de ses disciples.

2. Dans son ouvrage sur la *Variation des animaux et des plantes*, Darwin a exposé, sous le titre de *pangenèse*, une théorie destinée à expliquer
le mécanisme de la reproduction, théorie qui présente un mélange assez
singulier des notions généralement reçues aujourd'hui avec les idées de
Buffon et celles de Bonnet. Adoptant avec raison les résultats qui ont
démontré l'indépendance relative des éléments organiques, il admet entre
autres que ces éléments peuvent donner naissance à une infinité de *gemmules cellulaires*, véritables germes d'une petitesse infinie, qui passent des
ascendants aux descendants et circulent dans tous les t'sus. Darwin touche ici à la *panspermie* de Bonnet. Les conséquences qu'il tire de cette
première hypothèse relativement aux phénomènes de circulation, de
reproduction des parties, rappellent presque exactement celles du philosophe genevois. Ces *gemmules cellulaires* sont d'ailleurs capables de s'agré-
ger comme les *particules organiques* de Buffon, et nous voilà tout près de
la théorie de l'accolement. Elles peuvent en outre rester à « l'état dor-
mant » pendant un nombre indéterminé de générations, et le développement tardif de ces gemmules expliquerait les faits d'atavisme, la génération alternante, etc. On voit que ces gemmules se comporteraient comme
les germes des évolutionnistes, comme la *matière vivante primitive* de
Buffon. Mais l'auteur admet en outre qu'elles se produisent épigénétique-
ment dans les éléments organiques, et par là il rentre dans le courant des
idées modernes. Darwin n'a du reste proposé qu'à titre provisoire cette
théorie, qui, quoique s'inspirant de la science actuelle, me semble rappeler à bien des égards celle d'Érasme Darwin. (*Zoonomie*, section XXXIX.)

il appelle l'attention sont ceux-là mêmes qu'invoquait le naturaliste français, c'est-à-dire l'existence de nombreuses espèces
douteuses, la difficulté qu'on rencontre souvent à distinguer l'espèce de la race, la présence de nombreuses variétés héréditaires
dans nos fermes, dans nos basses-cours, dans nos jardins, dans
nos vergers, etc. Toutefois Lamarck, préoccupé avant tout des
problèmes de la méthode naturelle et des rapports des êtres
vivants entre eux, mêle à ses études sur la variabilité des considérations étrangères à cette question, et les espèces sauvages
l'entraînent d'abord. Darwin, tout entier à son sujet, étudie en
premier lieu les espèces domestiques. Par cela même, il s'est
montré à la fois plus logique et plus précis que son prédécesseur.

En effet, le point de départ obligé de toutes les recherches
analogues à celles dont il s'agit ici est évidemment là où le fait
qu'il s'agit de mettre hors de doute et d'expliquer est le plus
accusé, là où les causes dont il est le résultat sont le plus faciles
à reconnaître. A ce double point de vue, les espèces sauvages,
les espèces vivant en liberté, présentent à l'étude bien moins de
facilités que les espèces domestiques. Darwin l'a si bien compris,
que c'est encore par l'histoire des êtres soumis à l'empire de
l'homme qu'il a commencé la publication de ses preuves détaillées. Le premier chapitre du livre sur l'origine des espèces est
devenu un ouvrage en deux volumes où l'auteur étudie les phénomènes de la variation chez les animaux et les plantes sous
l'influence de la domesticité [1]. Je n'analyserai pas ici ce livre,
sur lequel j'aurai d'ailleurs à revenir bien souvent. Il suffira de
lui emprunter un exemple pour montrer la nature des questions
spéciales soulevées par cet ordre de recherches.

Le pigeon est un des animaux les plus anciennement domestiqués, et il a en outre attiré de tout temps l'attention des amateurs. D'après M. Birch, cité par Darwin, on reconnaît les
pigeons parmi les mets d'un repas servi sous la 4e dynastie égyp-
tienne, c'est-à-dire il y a au moins six mille ans. Au temps de
Pline, de riches amateurs recherchaient les plus belles races
avec un soin extrême, et la généalogie des pigeons était alors

1. *De la variation des animaux et des plantes sous l'action de la domestication*, par C. Darwin, traduction de M. Mouline.

aussi régulièrement tenue à Rome que celle des chevaux l'est de nos jours en Angleterre. Plus tard, Akber-Khan, au milieu de ses triomphes, se livrait avec passion à l'élevage de ces oiseaux, se faisait suivre partout de volières portatives, et surveillait lui-même le croisement des diverses races. Ce goût se retrouve chez les Persans et chez les autres Orientaux, à Ceylan, en Chine, au Japon. En Europe, on constate des faits de même nature. Avant de se passionner pour les tulipes, les Hollandais s'étaient occupés des pigeons, et l'on compte aujourd'hui en Angleterre de nombreux clubs d'éleveurs de ces mêmes oiseaux. A elle seule Londres en possède trois.

Quelle que soit l'idée qu'on se fasse des causes qui altèrent les formes animales, on ne sera pas surpris qu'une espèce adoptée ainsi par les hommes de loisir, de caprice et de mode, présente de nombreuses variations. Aussi les races sont-elles fort nombreuses chez les pigeons. Darwin en compte cent cinquante, et déclare ne pas les connaître toutes. Nul pourtant mieux que lui n'est au courant de la question. Il l'a étudiée sous toutes ses faces. Non content de s'être affilié à deux des clubs de Londres, il a profité du retentissement de ses premiers écrits pour obtenir des colonies anglaises les plus éloignées des spécimens de races très diverses. Il a formé ainsi une collection, certainement unique dans le monde, et comprenant, indépendamment des individus empaillés, un très grand nombre de squelettes; puis il s'est mis à étudier ces matériaux avec la sagacité dont il a donné tant de preuves. Ces recherches, poursuivies pendant plusieurs années, ont permis à Darwin de préciser la nature et l'étendue des différences qui distinguent les races colombines, et de montrer d'une manière irrécusable que ces différences ne s'arrêtent pas à la surface du corps et aux formes extérieures, mais qu'elles atteignent jusqu'au squelette. Je me borne à signaler les plus saillantes en laissant de côté les diverses nuances de coloration.

Chez les diverses races de pigeons, la disposition des grandes plumes des ailes et de la queue change; sur ce dernier point, le nombre varie de 12 à 42. Le bec s'allonge, se courbe et se rétrécit, ou bien s'élargit et se raccourcit presque du simple au triple; il est nu ou recouvert d'une énorme membrane comme boursouflée. Les pieds sont grands et grossiers, ou petits et délicats. Le crâne

entier présente d'une race à l'autre, dans ses contours généraux,
dans les proportions et les rapports réciproques des os, des
variations qui frappent au premier coup d'œil. Ces mêmes
rapports se modifient si bien pour l'ensemble du squelette, que
dans la station et la marche le corps est tantôt presque horizontal, tantôt à peu près exactement vertical; les côtes sont
deux et trois fois plus larges dans certaines races que dans
d'autres, qui semblent en revanche perdre un de ces arcs osseux;
le nombre des vertèbres varie dans les deux régions postérieures
du corps....

En résumé, l'importance de ces différences est telle que, si
l'on eût trouvé à l'état sauvage et vivant en liberté la plupart
des races de pigeons, les ornithologistes n'auraient certainement
hésité à les considérer comme autant d'*espèces* séparées, devant
prendre place dans plusieurs *genres* distincts.

En présence d'un résultat aussi net, le grand problème que
soulèvent toutes nos espèces domestiques, avec leur cortège de
races et de sous-races, se pose tout entier. Faut-il voir dans nos
pigeons les représentants de plusieurs espèces sauvages, restées
distinctes dans la nature, mais dont les descendants domestiques sont aujourd'hui confondus sous une dénomination commune, parce que le souvenir de leur origine multiple est tombé
dans l'oubli? Ou bien faut-il les accepter comme étant issus
d'une seule espèce et comme différant au point que nous avons
vu, parce que les caractères primitifs de cette espèce se sont
profondément altérés sous la pression des circonstances?

Buffon [1], Cuvier [2], s'étaient posé ces questions, et les avaient
résolues dans le même sens. Tous deux avaient regardé le biset
(*Columba livia*) comme la souche principale de nos races colombines; mais tous deux avaient cru ne pouvoir expliquer la

---

1. Buffon avait bien montré dans son article *Pigeon* que tous les oiseaux
domestiques désignés sous ce nom ne sont que des *races* de biset, modi-
fiées surtout par ce que nous appelons aujourd'hui la sélection. Dans son
article *Ramier*, il a admis, comme *possible*, que cette espèce et la tourterelle
aient été pour une part dans la formation de nos pigeons. Le premier
aurait relevé la taille du biset et nos grandes races seraient sorties de ce
croisement. L'union du biset avec la seconde aurait eu le résultat contraire et aurait produit les petites races. (*Buffon*, édition Richard, t. XVI.

2. *Règne animal*, t. I, p. 490. Cuvier admet que *quelques espèces* voisines
du biset ont pu intervenir dans le développement de nos pigeons de
colombier; mais il ne donne sur ce point aucune indication.

multiplicité, la diversité de ces races que par l'intervention d'une ou de plusieurs autres *espèces*. Darwin n'a pourtant pas hésité à se prononcer en sens contraire, à affirmer que tous nos pigeons descendent du biset seul ; et, pour quiconque aura suivi attentivement les faits et les raisonnements apportés à l'appui de cette conclusion, il sera évident qu'elle est incontestable. C'est là un résultat des plus considérables. En mettant hors de doute que plus de cent formes animales, transmissibles par voie de reproduction normale, peuvent dériver d'une forme spécifique unique, Darwin a rendu à la science un service signalé, et que tous les naturalistes devront reconnaître pour tel, quelles que soient leurs opinions ou leurs théories.

Comment l'homme a-t-il transformé le biset en pigeon-paon, en grosse-gorge, en messager ? Éleveurs et naturalistes sont depuis longtemps d'accord sur ce point. La sélection, c'est-à-dire le choix des reproducteurs, a été le procédé universellement mis en usage. C'est elle qui, depuis les temps les plus reculés, a enfanté, on peut le dire, presque toutes nos races domestiques et produit des résultats qu'il eût été impossible de prévoir au début.

Bien longtemps avant notre ère, en Chine et en Palestine comme aujourd'hui au Groenland ou en Cafrerie, aussi bien qu'en France et en Angleterre, l'éleveur a marié ensemble les individus de même espèce qui se distinguaient quelque peu de leurs frères et répondaient le mieux à ses besoins ou à ses caprices. A vrai dire, les sauvages, comme nos agriculteurs illettrés, agissent sans but bien défini. Tout au plus les uns et les autres cherchent-ils, au début, à retrouver dans les fils les qualités de quelque parent remarquable. Mais, guidés par les mêmes motifs, ils continuent à agir de même. De là il résulte qu'en vertu de la loi développée par Lamarck, et sur laquelle Darwin insiste à son tour avec juste raison, ils ajoutent sans s'en douter différences à différences. Les produits vont s'écartant de plus en plus du type primitif ; et, après un certain nombre de générations, l'éleveur se trouve avoir créé une race parfaitement distincte de la souche originelle.

Cette *sélection inconsciente*, comme la nomme Darwin, joue encore aujourd'hui, mais a surtout joué jadis, un rôle des plus actifs dans la multiplication des types dérivés. Bien tard seulement et presque de nos jours, au moins en Europe [1], des savants, des éleveurs, ont mis à profit les enseignements ressortant d'une expérience séculaire. Les Daubenton, les Bakewell, les Collins, les John Sebright, se sont proposé des buts bien définis et ont établi pour les atteindre des règles dont une expérience journalière atteste l'exactitude. Nos expositions agricoles témoignent chaque année des prodiges réalisés par la *sélection consciente*, raisonnée; et nous pouvons dire avec Youatt que, grâce à elle, « l'homme appelle à la vie quelque forme qu'il lui plaise ».

La réalisation artificielle de ces formes dans nos races domestiques nous éclaire-t-elle sur l'origine des *espèces*, c'est-à-dire sur les causes qui ont donné aux animaux, aux végétaux sauvages, les caractères qui les distinguent?

Oui, répond Darwin. Si l'espèce varie entre nos mains, c'est uniquement parce qu'elle est fondamentalement variable. Or, les forces naturelles peuvent et doivent, dans des circonstances données, remplacer l'action de l'homme et produire des résultats analogues. Le temps aidant, ces résultats doivent devenir même plus marqués. Voilà comment ont pris naissance les espèces présentes. Les animaux, les végétaux que nous connaissons, ne sont que les dérivés d'êtres qui les ont précédés et qui ne leur ressemblaient pas. Des phénomènes de transformation s'accomplissent journellement sous nos yeux; nous en trouvons la preuve dans ces variétés, dans ces espèces douteuses, causes de tant d'incertitudes pour les naturalistes. Toute variété bien tranchée doit être considérée comme une espèce naissante, et, pour l'ébaucher et la parachever, la nature emploie le même procédé que l'homme, la sélection.

Ici nous touchons au vif de la doctrine de Darwin, à ce qui lui appartient le plus exclusivement en propre. Dans les faits invoqués par l'auteur anglais, dans la manière dont il est conduit à considérer les variétés et les races naturelles, nous retrouvons, il est vrai, le langage de Lamarck et de bien d'au-

---

1. Je fais cette restriction, parce qu'il me semble bien difficile d'admettre que la *sélection raisonnée et consciente* soit restée inconnue aux Chinois et aux Japonais, même en supposant fort exagéré ce que divers voyageurs nous disent des résultats obtenus par ces deux peuples, surtout dans la culture des végétaux.

tres. Dans le rôle attribué à la sélection naturelle reparait une
pensée très nettement formulée par Naudin ; mais celui-ci, nous
l'avons vu, s'était borné à une indication générale. Darwin au
contraire a envisagé la question sous toutes ses faces ; il a montré
les causes et les résultats de cette sélection ; il a étayé sa solution
de preuves nombreuses empruntées à des faits précis. Les droits
de Wallace mis à part, — et Darwin est le premier à faire cette
réserve, — c'est à juste titre que la théorie de la sélection
naturelle doit être considérée comme lui appartenant en entier.

Cette théorie repose sur un fait très général, très frappant,
mais dont la signification et les consequences avaient été méconn-
nues, l'extrême disproportion qui existe chez les animaux et les
végétaux entre le chiffre des naissances et celui des individus
vivants. Toute espèce tend à se multiplier en suivant une progression géométrique dont la raison est exprimée par le nombre
des enfants qu'une mère peut engendrer dans le cours de sa vie.
Il est clair que les moyens d'existence et l'espace lui-même manqueraient bien vite si les animaux ou les plantes obéissaient
librement à cette tendance. La terrible loi de Malthus appliquée
à l'ensemble des êtres vivants se vérifierait plus rigoureusement
encore que dans l'espèce humaine considérée isolément, car
l'animal ou le végétal ne créent pas de nouveaux moyens d'existence. Une seule de leurs espèces, multipliée sans pertes et sans
obstacles, aurait rapidement envahi la terre tout entière. Rien ne
serait plus facile que de multiplier les preuves de ce fait.

Darwin cite l'éléphant, qui n'a qu'un petit à la fois, et suppose
en outre que chaque femelle ne produit que trois couples de
jeunes en quatre-vingt-dix ans. Au bout de 740 à 750 ans, près
de 19 millions d'individus n'en seraient pas moins descendus
d'une seule paire primitive [1]. Peut-être cette argumentation eût-
elle frappé davantage, si l'auteur avait pris pour exemple un
animal de très petite taille, par exemple le puceron. Des données
recueillies par Bonnet et d'autres naturalistes, il résulte que, si
pendant un été les fils et petits-fils d'un seul puceron arrivaient
tous à bien et se trouvaient placés à côté les uns des autres, à
la fin de la saison ils couvriraient environ 4 hectares de terrain. Évidemment, si le globe entier n'est pas envahi par les

1. *Origine*, p. 60.

pucerons, c'est que le chiffre des morts dépasse infiniment celui des survivants. Enfin il est clair que, si la multiplication des morues, des esturgeons, dont les œufs se comptent par centaines de mille, n'était arrêtée d'une manière quelconque, tous les océans seraient comblés en moins d'une vie d'homme.

L'équilibre général ne s'entretient, on le voit, qu'au prix d'innombrables hécatombes, et c'est la cause de celles-ci qu'il s'agissait de déterminer. C'est ce qu'a fait Darwin en appelant l'attention sur ce qu'il a nommé la *lutte pour l'existence* [1]. Sous l'impulsion des seules lois du développement, tout être, homme, animal ou plante, tend à prendre et à conserver sa place au soleil; et, comme il n'y en a pas pour tout le monde, chacun tend à étouffer, à détruire ses concurrents. De là naît la guerre civile entre animaux, entre végétaux de même espèce, la guerre étrangère d'espèce à espèce, de groupe à groupe. A peu près constamment d'ailleurs, la plante, l'animal, ont à se défendre contre quelques-unes des conditions d'existence que leur fait le monde inorganique lui-même, à lutter contre lui et contre les forces physico-chimiques.

En définitive, tout être vivant est en guerre avec la nature entière.

La lutte pour l'existence entraîne des *luttes directes* sur lesquelles il est inutile d'insister. Elle occasionne aussi ce qu'on peut appeler des *luttes indirectes,* et produit des alliances et des hostilités involontaires résultant des rapports nombreux et complexes qui relient parfois et rendent solidaires les êtres les plus différents. Darwin cite à ce sujet un exemple aussi curieux que frappant, lorsqu'il montre comment la fécondité des champs de trèfle et des plates-bandes de pensées dépend du nombre des chats vivant dans le voisinage [2].

Il faut ici se rappeler que la fécondation des végétaux se fait souvent par l'entremise des insectes, qui, tout en butinant pour

---

1. *Struggle for existence.* Mlle Royer et Dally traduisent cette expression par les mots de *concurrence vitale.* Nous nous sommes rencontré avec M. Moulinié dans notre interprétation. Je crois, en effet, qu'elle rend mieux la pensée de l'auteur, surtout en ce qu'elle exprime non seulement la *concurrence violente* que se font les êtres vivants, mais encore la *lutte* qu'ils ont à soutenir contre la nature inanimée.

2. *Origine,* p. 78.

eux-mêmes, vont porter d'une fleur à l'autre le pollen dont leurs
poils se sont couverts. Il faut savoir encore que certaines fleurs
sont visitées seulement par certaines espèces d'insectes. Or
Darwin s'est assuré que les trèfles et les pensées ne reçoivent la
visite que des bourdons. Par conséquent, plus ceux-ci seront
nombreux, plus sûrement s'accomplira la fécondation de ces
deux plantes. Mais le nombre des bourdons dépend en grande
partie de celui des mulots, qui font une guerre incessante à leurs
nids. A leur tour, ceux-ci sont chassés par les chats. A chaque
mulot mangé par ces derniers, un certain nombre de nids de
bourdons échappe à la destruction, et leurs larves, devenues
insectes parfaits, iront féconder trèfles et pensées. Ces végétaux
se trouvent donc avoir par le fait les chats pour alliés et les
mulots pour ennemis dans la grande bataille de la vie.

La lutte pour l'existence est évidente, et, comme on le sait,
bien souvent sanglante chez les animaux. Elle n'est ni moins
réelle ni moins meurtrière chez les plantes. Nos chardons ont
envahi les plaines de la Plata, jadis occupées uniquement par
des herbes américaines. Ils y couvrent aujourd'hui à peu près
seuls des étendues immenses et qui se mesurent par lieues
carrées. En revanche, Darwin a appris de la bouche du regrettable docteur Falconer que certaines plantes américaines importées dans l'Inde s'étendent aujourd'hui du cap Comorin jusqu'à
l'Himalaya. Dans les deux cas, les espèces indigènes ont évidemment succombé devant une véritable invasion étrangère [1].

Sans sortir de chez nous et de nos champs ou de nos jardins,
il serait facile d'observer des faits entièrement semblables, bien
que se passant sur une moindre échelle. Mais voici une expérience de Darwin qui montre clairement combien est rude la
lutte entre végétaux, d'ailleurs fort voisins les uns des autres. Sur
un espace de trois pieds sur quatre où avaient été réunies,
grâce à des soins spéciaux, vingt espèces différentes de plantes
à gazon, neuf disparurent entièrement étouffées par leurs

---

[1]. Il en a été de même à la Nouvelle-Zélande. Nos mauvaises herbes,
involontairement importées, ont absolument remplacé toutes les espèces
indigènes dans la plaine de Christchurch, si bien que l'on peut s'y croire
en pleine Beauce. (*Rapport sur l'exposition faite au Muséum des objets
d'histoire naturelle rapportés par MM. de l'Isle et Filhol*, par M. A. de Quatrefages; *Archives des missions scientifiques*, t. V, p. 24.)

compagnes peu après qu'on eut discontinué ces soins [1].

La lutte pour l'existence est donc un fait général, incessant. Sous le calme apparent de la plus riante campagne, du bosquet le plus frais, de la mare la plus immobile, elle se cache ; mais elle existe, toujours la même, toujours impitoyable. Il y a vraiment quelque chose d'étrange à arrêter sa pensée sur cette guerre sans paix, sans trêve, sans merci, qui ne s'arrête ni jour ni nuit, et arme sans cesse animal contre animal, plante contre plante. Il y a quelque chose de plus étrange encore et de vraiment merveilleux à voir naître de ce désordre même les harmonies du monde organisé, tant de fois chantées par les poètes, si justement admirées par les penseurs.

Il est aisé de comprendre que le plus grand nombre des combattants succombe dans une pareille mêlée, et les chiffres cités plus haut attestent qu'il en est bien ainsi. Or il est impossible d'attribuer la victoire des survivants à une suite de hasards heureux qui les auraient protégés durant toute leur vie. Évidemment ils doivent leur salut à quelques avantages spéciaux dont manquaient ceux qui sont restés sur le champ de bataille. La lutte pour l'existence a donc pour résultat de tuer tous les individus inférieurs à n'importe quel titre, de conserver ceux qui doivent à une particularité quelconque une supériorité relative. C'est là ce que Darwin a appelé la *sélection naturelle*.

On voit que celle-ci n'est pas une théorie. C'est un fait ; et un fait dont la généralité est confirmée chaque jour, à toute heure. Bien loin de répugner à l'esprit, la sélection naturelle se présente avec un caractère de nécessité rigoureuse et comme la conséquence inévitable de tous les faits précédents. Cela même donne à l'action qu'elle peut exercer quelque chose de fatal et d'inflexible qui rappelle les forces du monde inorganique.

L'action exercée à la longue par la sélection naturelle est facile à prévoir. Elle résulte de la loi d'accumulation des petites différences par voie d'hérédité, loi proclamée par Darwin avec la même insistance que par Lamarck, et dont la pratique journalière des éleveurs, des cultivateurs, atteste la vérité, la généralité. Dans chacune des générations qui se succèdent sous l'empire des mêmes conditions d'existence, les mêmes qualités,

1. *Rapport*, etc., p. 72.

les mêmes particularités d'organisation, sont nécessaires à chaque individu pour se défendre contre tous les autres et contre le monde extérieur. Ceux-là seulement résistent qui possèdent ces qualités, ces particularités au plus haut degré [1]. A chaque fois, par conséquent, l'organisme fait un pas de plus dans une voie qui lui est tracée d'avance, et dont il ne peut s'écarter; il obéit à ce que Darwin nomme la *loi de divergence* des caractères. Il s'éloigne donc de plus en plus du point de départ, et en vient à différer d'abord légèrement, puis d'une façon plus tranchée, de l'organisme primitif. Ainsi prennent naissance, selon Darwin, non seulement les *variétés* et les *races*, mais encore les *espèces* elles-mêmes, qui ne sont pour lui que des variétés ou des races perfectionnées.

La première partie de ces conclusions est inattaquable, mais je ne puis accepter la seconde. Ici, comme j'espère le démontrer, l'éminent naturaliste force la signification des faits précédents et ne tient pas un compte suffisant d'autres faits non moins généraux, non moins précis. Là est la cause de notre désaccord. Toutefois je n'hésite pas à reconnaître dès à présent combien la doctrine que j'aurai à combattre est séduisante, grâce à la solidité des bases sur lesquelles elle *semble* reposer. Mais, avant de la discuter, je dois en poursuivre l'exposition.

La sélection naturelle ou artificielle développe les caractères; elle ne les fait pas naître [2]. Quelle est donc la cause de ces traits individuels, parfois d'abord très peu marqués, mais qui, s'accusant davantage de génération en génération, finissent par distinguer nettement le petit-fils de l'ancêtre? D'où proviennent

1. Voilà pourquoi on a aussi désigné le résultat de la lutte pour l'existence par les mots de *conservation* ou de *survivance* des *plus aptes* ou des *mieux adaptés*.

2. C'est un point essentiel de la doctrine que l'on oublie trop souvent, bien que Darwin ait formellement protesté contre cette méprise. En parlant de diverses objections qui lui ont été faites, il dit : « Les uns se sont « imaginé que la sélection naturelle détermine la variabilité, tandis qu'elle « n'implique que la conservation des variations qui apparaissent chez « l'être, et qui, dans les conditions où il se trouve, lui sont utiles; les « autres.... » (*Origine*, p. 89.) Selon Darwin, les variations peuvent être nuisibles, indifférentes ou utiles. Les premières entraînent l'extinction rapide des lignées où elles ont apparu; les secondes peuvent être conservées sans se développer; les dernières seules, jouant un rôle actif dans la lutte pour l'existence, sont progressivement accrues, en vertu des lois de l'hérédité, comprises par Darwin comme elles l'avaient été par Lamarck.

surtout ces brusques écarts que Darwin me semble avoir trop
négligés, qui tout à coup, sans cause appréciable, donnent à des
parents des fils ne leur ressemblant pas, et transmettant à leur
descendance des caractères exceptionnels [1]? En d'autres termes,
quelle est la cause immédiate des déviations premières dans un
type spécifique donné?

Comme les naturalistes et les penseurs de tous les temps,
Darwin s'est posé cette question. Avec ses devanciers les plus
célèbres, il n'a pas hésité à reconnaître combien elle est encore
obscure pour nous. Néanmoins il a cru pouvoir attribuer une
influence sérieuse et, dans la plupart des cas, prépondérante, à
une altération plus ou moins profonde des fonctions dans les
appareils reproducteurs eux-mêmes. A ce point de vue, la
modification subie par le descendant ne ferait qu'accuser et
traduire le trouble anatomique et fonctionnel préexistant chez
ses père et mère. J'aurai plus tard à discuter cette opinion,
comme aussi à montrer que Darwin a fait une trop faible part
à l'influence des agents physiques, aux réactions de l'organisme.
Il n'indique pas même ces dernières, et semble parfois refuser
aux premières toute puissance d'adaptation [2]. Or, il sera facile
de montrer au contraire que, dans certains cas, où nous pou-

1. Je fais ici allusion à des phénomènes qui se montrent également dans
les deux règnes et d'où il résulte, par exemple, qu'une rose mousseuse
apparaît sur un rosier commun ou qu'une brebis ordinaire donne naissance
à un de ces moutons bassets que l'on appelle Ancons. La justesse de mon
observation a été reconnue plus tard par le savant anglais qui a fait connaître le résultat de ses dernières réflexions dans les termes suivants :
« Dans les éditions antérieures de cet ouvrage, je n'ai pas, à ce qui semble
« maintenant probable, donné assez de valeur à la fréquence et à l'impor-
« tance des modifications dues à la variabilité spontanée. Mais,... » (Ibid.,
p. 529.)

2. Il en était ainsi dans les premières éditions de l'Origine. Dans les dernières, Darwin, tout en continuant à garder le silence sur les effets de la
réaction organique, fait une large part à ce qu'il appelle les conditions de
la vie (Origine, p. 8). Ce sont, on le voit, les conditions d'existence ou le
milieu des naturalistes français.

Darwin admet que les conditions de la vie agissent d'une manière directe
ou indirecte. Dans le premier cas, le résultat tient à l'intervention de deux
facteurs, la nature de l'organisme et la nature des conditions. Le premier est le plus important. Les actions directes peuvent produire de véritables monstruosités aussi bien que les déviations les plus légères. Les
actions indirectes sont celles qui, sans toucher au reste de l'organisme,
modifient les fonctions du système reproducteur et en changent les produits.

vous suivre la filiation et les effets des causes immédiates, ces actions et réactions exercent une influence évidente, et ont précisément pour résultat de mettre l'être transformé en harmonie avec le milieu qui lui a imposé des conditions d'existence nouvelles.

Comme Lamarck, Darwin voit dans l'usage habituel et dans le défaut d'exercice des organes deux puissantes causes de variation. Il insiste principalement sur la dernière, et explique, par le concours de l'inertie fonctionnelle et de la sélection, la disparition plus ou moins complète des ailes chez certains insectes, celle des yeux chez quelques animaux de diverses classes. Il ne va pas ici au delà du savant français, et emploie même ordinairement comme lui le mot d'*habitude* [1].

Mais Darwin redevient lui-même lorsqu'il appelle l'attention du lecteur sur les *corrélations de croissance*. Par cette expression il désigne ce fait fort curieux, que certaines modifications réalisées dans un appareil ou un organe entraînent à peu près constamment des changements plus ou moins sensibles dans d'autres appareils, dans d'autres organes sans relation apparente avec les premiers. Il a vérifié expérimentalement un certain nombre de faits de cette nature chez les pigeons; il en rappelle quelques autres signalés déjà par des naturalistes antérieurs, mais qui étaient restés isolés. En groupant ces divers résultats, il en tire une conclusion générale qui a dans sa théorie de très fréquentes applications [2].

Les corrélations de croissance, telles que les entend Darwin, ne sont pas du reste un phénomène isolé. Isidore Geoffroy Saint-Hilaire avait déjà reconnu que quelque chose d'analogue se passe chez les monstres; Cuvier avait insisté sur les harmonies organiques; de tout temps, les physiologistes se sont occupés des sympathies qui se manifestent entre les organes fort éloignés et en apparence entièrement étrangers l'un à l'autre, la membrane du nez et le diaphragme par exemple. Ce sont là autant de faits du même ordre, et qui tous proclament les rapports intimes qu'ont entre elles toutes les parties du même être vivant.

La compensation et *l'économie de croissance* de notre auteur se

1. *Origine*, p. 57 et chap. v.
2. *Ibid.*, p. 164.

rattachent à la même donnée générale. « Pour dépenser d'un
« côté, dit-il avec Goethe, la nature est obligée d'économiser de
« l'autre. » Et il cite plusieurs exemples d'animaux ou de plantes
qui montrent, à côté de l'exagération d'un organe, l'amoindrissement ou tout au moins l'état stationnaire d'un autre. Que la
sélection intervienne, la *loi d'accumulation* accroîtra ces différences, et il se formera des races distinctes. Il est évident que
les types nouveaux s'écarteront des types originels à la fois par
l'amoindrissement des organes progressivement réduits et par
le développement des appareils graduellement développés. C'est
une application particulière du principe que Geoffroy Saint-
Hilaire appelait la *loi du balancement des organes*, loi que tout
montre être aussi vraie en physiologie qu'en anatomie et en
tératologie [1].

Ainsi, selon Darwin, une influence primitive exercée par le
père ou la mère sur le germe naissant et l'habitude quelque peu
aidée par les actions de milieu engendrent d'abord des variations
plus ou moins locales que la corrélation et la compensation de
croissance multiplient encore. Parmi les caractères nouveaux,
résultant de ces diverses causes, les uns sont propres à aider
l'individu dans la lutte pour l'existence, d'autres lui sont nuisibles, un certain nombre peuvent être indifférents. Ces derniers
n'ont évidemment aucune influence sur la destinée de l'être;
mais on comprend qu'il ne saurait en être de même des autres.
Les premiers lui assurent la victoire dans la bataille de la vie,
les seconds entraînent inévitablement sa perte. Nous en reve-
nons ainsi à la sélection, puis à l'hérédité, qui confirment et
développent de génération en génération ces caractères différentiels.

On voit que le résultat général doit être un perfectionnement
progressif plus ou moins analogue à celui qu'admettait Lamarck,
mais bien plus logiquement motivé. « On peut, par métaphore,
« dire que la sélection naturelle est, à chaque instant et dans
« l'univers entier, occupée à scruter les moindres variations,
« rebutant celles qui sont mauvaises, conservant et additionnant

1. On sait comment Milne Edwards, reprenant et complétant cet ensemble
d'idées, a formulé et appliqué ses lois de *variété* et d'*économie* dans deux
ouvrages fondamentaux, l'*Introduction à la zoologie générale* et les *Leçons
sur la physiologie et l'anatomie comparées de l'homme et des animaux*.

« toutes celles qui sont bonnes; travaillant insensiblement et
« sans bruit, partout et toutes les fois que l'occasion s'en pré-
« sente, à l'amélioration de chaque être organisé, dans ses
« rapports tant avec le monde organique qu'avec les conditions
« inorganiques [1]. »

La dernière phrase de ce passage me semble avoir été oubliée
par quelques-uns des plus dévoués disciples de Darwin. Elle est
pourtant essentielle, en ce qu'elle implique une réserve importante que l'auteur du reste a formulée un peu plus loin. Le
darwinisme, a-t-on dit, est la doctrine du progrès, et on l'a
glorifié à ce titre. Il prouve, a-t-on ajouté, que la nature perfectionne sans cesse son œuvre en ne confiant la reproduction
des êtres qu'aux plus forts, aux mieux doués. Cette conséquence
est au moins exagérée. En tout cas, la supériorité dont il s'agit
ici est toute relative; elle est surbordonnée aux conditions
d'existence, en d'autres termes, au *milieu*. Or, un caractère qui,
considéré en lui-même et à notre point de vue, constitue une
véritable supériorité, peut devenir inutile et même nuisible dans
certaines circonstances. La réciproque est également vraie.

Quelques exemples feront aisément comprendre notre pensée.
A parler d'une manière générale, l'animal dont tous les sens
sont bien développés est supérieur à celui qui est privé de la
vue. Pourtant à quoi serviraient les yeux les plus perçants à ces
reptiles, à ces poissons, à ces insectes vivant au fond des
cavernes de la Carniole ou de l'Amérique, à l'abri de toute
lumière? N'est-il pas préférable pour eux que la part d'activité
physiologique nécessaire au développement de ces organes soit
reporté sur les sens de l'ouïe ou du toucher en vertu de la loi de
compensation et d'économie? La souris, la seule espèce de son
genre qu'aient connue les anciens, a dû à sa petitesse même de
survivre à l'invasion du rat noir apporté d'Orient par les navires
des croisés. Plus tard, quand le surmulot est venu à son tour,
vers le milieu du dernier siècle, attaquer ses deux congénères, il a
promptement exterminé le rat noir, presque son égal en taille
et en force, tandis qu'il n'a pu atteindre la faible et petite souris, abritée par les retraites étroites où ne pouvait pénétrer son
grand et robuste ennemi.

1. *Origine*, p. 99.

Il est aisé de comprendre que des faits analogues doivent être
extrêmement multipliés dans la nature, plus même que ne
semble l'admettre Darwin. Qu'on en déduise les conséquences
en leur appliquant la loi d'accumulation des différences par
l'hérédité, et l'on reconnaîtra combien est logique cette déclaration expresse du savant anglais : « Il est parfaitement possible
« que la sélection naturelle puisse graduellement adapter un
« organisme à des situations où certaines de ses parties devien-
« nent superflues ou inutiles; cas dans lesquels il y aurait une
« rétrogradation réelle dans l'organisation [1] ». Darwin revient
ailleurs sur cette pensée, et invoque en particulier à l'appui de
ses dires les espèces animales aveugles que je rappelais tout à
l'heure [2]. Il se rencontre ici avec Lamarck et dans l'idée et dans
les exemples. Nous voilà ramenés aux *transformations régressives* du naturaliste français.

Ce n'est pas à mes yeux un des moindres mérites de la théorie
que j'expose. Le mot de *progrès* séduit aisément les esprits qui,
se plaçant exclusivement au point de vue de l'homme et le prenant pour norme, ne comprennent la marche en avant que dans
un sens unique. Or, il n'en est pas ainsi dans la nature, pas
plus dans le monde organisé que dans le monde inorganique. Il
n'y a ni haut ni bas dans l'ensemble des corps célestes, nos
antipodes marchent sur leurs pieds aussi bien que nous. Chez
les animaux et les plantes, les espèces dites supérieures ne
sauraient exister dans les conditions où prospèrent par myriades
des êtres regardés comme inférieurs. Ceux-ci sont donc plus
parfaits que les premiers relativement à ces conditions. Or, la
lutte pour l'existence et la sélection naturelle ont avant tout
pour résultat forcé de satisfaire le mieux possible aux conditions
d'existence, quelles qu'elles soient. Sans doute, si l'on accepte
toutes les idées de Darwin, il a dû se manifester dans l'ensemble
une complication croissante des organismes, une spécialisation
progressive des fonctions et des facultés; mais le contraire a dû
inévitablement se passer aussi bien des fois. A tout prendre, le
darwinisme est bien moins la doctrine de ce que nous appelons
le progrès que celle de l'*adaptation* [3].

1. *Origine*, p. 131.
2. *Ibid.*, p. 154.
3. J'insisterai plus loin sur cette conclusion qui est ici seulement indiquée.

Cette appréciation générale de la doctrine surprendra peut-être quelques-uns des plus fervents disciples de Darwin; mais pour les convaincre il suffira, je pense, de les renvoyer au maître lui-même et à cette déclaration si précise : « La sélection natu-« relle, ou survivance du plus apte, n'implique pas nécessaire-« ment le développement progressif. Elle ne fait que profiter, « parmi toutes les variations qui surgissent, de celles qui, dans « les conditions complexes de la vie auxquelles tout être est « soumis, peuvent lui être avantageuses [1]. »

La même se trouve un des arguments les plus plausibles proposés par Darwin pour mettre d'accord avec sa théorie l'existence du nombre infini des espèces inférieures et la persistance de certaines formes. De là aussi on déduit aisément l'explication d'un fait important reconnu d'abord par les botanistes, dont la zoologie fournirait de nombreux exemples, et qui sert à son tour à en expliquer plusieurs autres : c'est qu'une espèce présente d'autant plus de variétés ou de races qu'elle occupe une aire géographique plus considérable et qu'elle compte un plus grand nombre de représentants. En effet, pour lutter avec avantage contre les conditions variées résultant d'une grande extension, comme pour prendre le dessus dans une région donnée, les individus appartenant à une espèce doivent posséder à un degré supérieur la plasticité organique et physiologique que Darwin admet aussi bien que Lamarck et M. Ch. Naudin. Il résulte encore de la loi d'adaptation que la lutte pour l'existence est inévitablement plus violente entre les êtres les plus rapprochés par leur organisation, soumis par conséquent aux mêmes

---

1. *Origine*, p. 132. J'aurai l'occasion de revenir plus tard sur cette déclaration, sur quelques-unes des conséquences que l'auteur en tire. Je me borne en ce moment à exposer la doctrine telle que l'auteur l'a conçue. Je dois seulement ajouter que Darwin a semblé oublier parfois ce qu'il disait d'une manière si nette. Il dit entre autres à la fin de son livre : « Nous pou-« vons donc entrevoir avec confiance une époque future de sécurité... et « pendant laquelle la sélection naturelle, n'agissant que par et pour le bien « de chaque être, toutes les aptitudes et facultés corporelles et mentales « doivent tendre à progresser vers une plus grande perfection. » (*Ibid.*, p. 513.) Darwin a justifié ainsi quelques-uns des reproches qui lui ont été adressés. (Voy. d'Archiac, *Cours de paléontologie stratigraphique*, t. II.)

Quant aux disciples auxquels j'ai fait allusion plus haut, on sait jusqu'où quelques-uns d'entre eux, et Hæckel en particulier, ont porté cette idée d'un développement toujours progressif contre laquelle a cru devoir protester un juge aussi autorisé que peu suspect, Carl Vogt.

besoins, et que les chances seront en faveur de ceux qui pourront se plier à quelques conditions de vie moins rudement disputées. Ce qui est vrai pour les espèces l'est également pour les groupes, qu'il s'agisse de genres ou de familles.

Ces faits généraux auront évidemment une très grande influence sur la distribution et la succession des êtres. On comprend en particulier que la diversité des caractères chez les habitants d'une même région est une des conditions les plus favorables à la multiplication des espèces, la lutte pour l'existence diminuant de violence par cela seul que chacune d'elles, adaptée à ses conditions particulières de vie, n'a pas de raisons pour empiéter sur ses voisines. Enfin il ressort de ce qui précède une conséquence sur laquelle Darwin insiste plusieurs fois. L'espèce, le genre, possédant un maximum de plasticité organique accusé par le grand nombre des formes qui les représentent, devront inévitablement avoir l'avantage dans la grande bataille de la vie. A eux donc seront réservées ces grandes conquêtes dont le règne végétal lui-même a fourni des exemples frappants.

Pour Darwin, ce travail de simple adaptation ou de perfectionnement se fait « insensiblement et en silence. Nous ne « voyons les progrès de ces lents changements que lorsque la « main du temps a marqué le cours des âges; et encore, les « connaissances que nous pouvons acquérir sur les périodes « géologiques depuis longtemps écoulées sont-elles si impar-. « faites, que nous voyons seulement que les formes actuelles « sont différentes de ce qu'elles étaient autrefois [1] ». C'est là encore un des points sur lesquels Lamarck a le plus insisté. Comme lui, Darwin revient à bien des reprises sur l'extrême lenteur de l'action élective, et parfois dans des termes qui rappellent presque ceux de la *Philosophie zoologique*.

Le savant anglais admet en outre que la sélection naturelle n'agit souvent qu'à de longs intervalles, qu'elle n'atteint à la fois qu'un très petit nombre des habitants d'une même région. Ici est-il bien d'accord avec ses prémisses? C'est ce que nous examinerons plus tard; mais du moins il rend ainsi compte plus aisément d'un certain nombre de faits paléontologiques, et, dans

---

1. *Origine*, p. 89.

l'appréciation des rapports généraux, il n'a pas besoin d'aller aussi loin que Lamarck, qui ne voyait, en somme, dans les êtres vivants, que des individus plus ou moins isolés.

Les principes précédents entraînent un certain nombre de conséquences secondaires qui complètent la doctrine, et permettent d'interpréter un grand nombre de faits de détail. La plupart se rattachent aux lois de l'hérédité, dont le rôle dans les phénomènes dont il s'agit ici est en effet prépondérant. Par exemple, Darwin admet que les caractères d'une utilité transitoire accumulés chez les parents, non seulement se transmettent comme les autres, mais encore apparaissent à la même époque de la vie et au moment précis où ils peuvent servir. C'est ce qu'on pourrait appeler la loi d'*hérédité à terme fixe*.

Notre auteur distingue encore de la sélection naturelle générale ce qu'il nomme la *sélection sexuelle* [1]. On sait que dans presque toutes les espèces il s'élève chaque année, entre les mâles, des luttes excitées par la rivalité. Ces luttes sont souvent de vrais combats, comme chez le cerf, chez certains poissons. Elles peuvent être aussi remarquablement paisibles et revêtir le singulier caractère d'un concours dont les femelles sont juges. Ainsi, à l'époque des amours, certains oiseaux, le merle de la Guyane, les oiseaux de paradis, s'assemblent en grandes troupes. Alors chaque mâle fait parade de tous ses avantages, étale ses plumes et prend les poses les plus étranges, jusqu'à ce que les femelles aient fait leurs choix. Or, violentes ou pacifiques, ces luttes ont le même résultat. Quoique survivant d'ordinaire à leur défaite, les vaincus ne contribuent que rarement à la propagation de l'espèce, et les vainqueurs transmettent à leurs descendants leurs caractères de supériorité. L'élection sexuelle vient, on le voit, en aide à la sélection proprement dite, et c'est elle surtout qu'on peut regarder comme étant essentiellement un élément de progrès. Les plus forts, les mieux armés, les plus beaux, ont seuls ici l'avantage; et, sans rien changer au type, leur influence tend sans cesse à le fortifier, à l'embellir [2].

1. *Origine*, p. 92.
2. Dans son livre sur l'*Origine des espèces,* Darwin ne dit que peu de chose de la sélection sexuelle. Mais il a très longuement développé ses idées sur ce point particulier dans l'ouvrage intitulé *la Descendance de l'homme*, dont plus de la moitié est consacré à ce sujet. Il y donne de

Acceptons pour le moment toutes les idées de notre auteur,
et voyons comment plusieurs espèces bien distinctes sortent,
comme d'une souche commune, d'une espèce primitive unique.
Nous supposons que celle-ci compte un nombre considérable de
représentants occupant une aire géographique très étendue,
par conséquent plus ou moins accidentée et nourrissant un grand
nombre d'autres espèces. Les effets du grand nombre et de l'extension pourront ainsi se manifester.

Dans ces conditions, chaque individu devra soutenir la lutte
pour l'existence non seulement contre le monde physique et
contre les espèces étrangères, mais encore contre ses propres
frères, doués des mêmes aptitudes et ayant à satisfaire aux
mêmes besoins. Quelque semblables au début qu'on suppose
tous ces êtres de même espèce, des nuances surgiront bientôt
parmi eux. L'habitant des plaines contractera d'autres habitudes
que celui des montagnes; celui que le hasard aura fait naître
dans un marécage subira des influences de climat opposées à
celles qu'imposent des sables arides. Chez tous, d'inévitables
altérations physiologiques survenant dans les organes reproducteurs modifieront quelque peu les caractères premiers. Dès lors
la sélection naturelle, peut-être quelque peu indécise d'abord,
s'accentuera davantage. Or, il est clair que les conditions de
supériorité varieront dans les conditions physiques diverses
que je viens d'indiquer, aussi bien qu'au milieu d'espèces faibles et inoffensives ou agressives et robustes, douées elles-mêmes
d'armes et d'instincts différents. Par conséquent, les caractères élus, comme les appelle Darwin, ne sauraient être partout
les mêmes. De là autant de têtes de séries divergentes distinctes, dans chacune desquelles l'hérédité accumulera les petites
différences produites par les mêmes causes. Ces séries iront donc
s'écartant de plus en plus, s'adaptant de mieux en mieux aux

nouvelles preuves de son savoir si étendu, si varié et de son ingéniosité
merveilleuse. Je ne m'occuperai pourtant pas de cette curieuse partie de
l'œuvre du savant anglais. Les détails qu'elle renferme trouveraient difficilement leur place dans cette discussion générale de la doctrine. La
sélection sexuelle n'est au fond qu'un cas spécial et restreint de la sélection naturelle. Les mâles, qui combattent ou qui se pavanent pour con-
quérir des femelles, ne font que s'efforcer de garder leur place au soleil;
et ceux qui sont vaincus ou dédaignés sont en réalité éliminés, au point
de vue de l'espèce.

conditions d'existence individuelles. L'élection sexuelle différenciera les sexes; et, par la supériorité des pères, assoira et perfectionnera les caractères des fils.

Ce travail sera lent; des milliers de générations seront nécessaires pour caractériser les simples *variétés*, les *races*. Dans certaines séries, les changements s'arrêteront à ce point, les modifications réalisées suffisant pour établir l'harmonie nécessaire entre les représentants de ces variétés ou de ces races et le milieu où elles vivent. D'autres séries pousseront plus loin leurs transformations, toujours pour atteindre le même but, pour adapter les organismes aux conditions d'existence ambiantes. A force de s'écarter du point de départ, elles s'isoleront à l'état d'*espèces* distinctes. Telle est, selon Darwin, la marche ordinaire des choses; mais si, par exception, une espèce, une variété, se trouvent dès leur apparition en harmonie avec le milieu qui les entoure, elles ne changent pas ou ne changent que très peu, aussi longtemps que ce milieu reste le même [1].

Les descendants d'une espèce variable emportent toujours et nécessairement l'empreinte du type spécifique premier. Lorsqu'ils en sont arrivés à former un nombre quelconque d'espèces distinctes, ce cachet qui leur est commun établit entre elles d'évidentes affinités. Elles formeront donc un *genre* très naturel. Or, chacune d'elles à son tour peut reproduire des phénomènes analogues et donner naissance, par voie de descendance modifiée, à de nouveaux groupes d'espèces formant de même autant de genres. Il est évident que ceux-ci, tout en élargissant leurs rapports, n'en conserveront pas moins de nombreux traits communs. De l'ensemble résultera donc une *famille*. Les espèces et les genres composant celle-ci reproduiront ce qui s'est passé; la famille grandira et en enfantera de nouvelles. Un *ordre* sera constitué. Nous arriverions ainsi à la *classe*, à l'*embranchement*, au *règne* lui-même.

---

1. Darwin rend sensible ce mouvement de transformation et la succession des variétés (races) aboutissant à des espèces, par une figure très simple composée de lignes qui s'élèvent en divergeant, et se ramifient à partir du point de départ représentant l'espèce primitive. Une de ces lignes, s'élevant verticalement et sans ramifications, figure les espèces qui n'ont pas varié, parce qu'elles se sont trouvées d'emblée adaptées à leurs conditions d'existence. (*De l'origine des espèces*, p. 121.)

Alors pourquoi s'arrêter? Pourquoi, comment isoler le règne
animal et le règne végétal? En présence des rapports étroits et
nombreux que montrent leurs derniers représentants, en présence des êtres ambigus que la science n'a su encore placer avec
certitude ni dans l'un ni dans l'autre, pourquoi, comment séparer
d'une manière radicale les deux grandes divisions de l'empire
organique, quand on ramène à un point de départ commun les
types les plus opposés appartenant à chacun d'eux? Agir ainsi
serait conclure en dépit de toutes les lois de l'induction et de la
logique.

Aussi, quoique paraissant hésiter à admettre la conclusion
dernière de sa doctrine, Darwin a été irrésistiblement entraîné à
la formuler. Il lui était impossible, en effet, à moins d'ébranler
dans ses fondements tout l'édifice si habilement élevé, de ne pas
accepter ce qu'il appelle un *prototype primitif*, ancêtre commun
des animaux et des plantes [1]. Que pouvait être ce premier père
de tout ce qui vit? L'auteur se borne à l'indiquer comme ayant
pu être une forme inférieure intermédiaire entre les deux règnes;
mais quiconque aura suivi attentivement sa pensée fera un pas
de plus, et dira que cette forme devait être la plus simple, la
plus élémentaire possible. La cellule, le globule de sarcode ou
de cambium, isolés, mais organisés, vivants, doués du pouvoir
de se multiplier, soumis par conséquent à la lutte pour l'existence et à la sélection, voilà d'où le darwinisme fait descendre
de transmutations en transmutations les mousses comme les
zoophytes, le chêne comme l'éléphant.

---

1. « Je crois que les animaux descendent d'au plus quatre ou cinq formes
« primitives et les plantes d'un nombre égal ou même moindre. »
« L'analogie me conduirait à faire un pas de plus, et à croire que tous
« les animaux et plantes descendent d'un prototype unique; mais l'ana-
« logie peut être un guide trompeur. » (*Origine*, p. 507.) Darwin n'en indique pas moins un certain nombre de faits qui viennent à l'appui de cette
conclusion et ajoute : « Si nous admettons cela, nous devons admettre
« aussi que tous les êtres organisés qui ont vécu sur la terre peuvent pro-
« venir d'une seule forme primordiale ».
Au reste, maintes fois dans son livre, Darwin parle et raisonne en monophylétiste absolu; en particulier lorsqu'il parle du grand *arbre de la vie*
(*ibid.*, p. 147).

CHAPITRE III

ACCORD DU DARWINISME AVEC CERTAINS FAITS GÉNÉRAUX

J'ai résumé aussi fidèlement qu'il m'a été possible la doctrine de Darwin. Je n'hésite pas à le répéter, pour qui accepte certaines hypothèses que je discuterai plus tard et un mode d'argumentation qu'il me faudra combattre, pour qui oublie certains faits fondamentaux que j'aurai à rappeler, cette doctrine est des plus séduisantes. Dans ses prémisses, elle présente à un haut degré le cachet de la science moderne; elle ne marche qu'appuyée sur les faits. Si plus tard elle s'égare, c'est qu'il était impossible de ne pas le faire en cherchant à traiter un pareil sujet. L'auteur marche d'ailleurs logiquement de déduction en déduction, accumulant ce qu'il regarde comme des preuves directes, en cherchant de nouvelles dans les applications faites à l'histoire du passé et du présent des deux règnes organiques comme à celle des individus. Souvent on est surpris de l'accord qui existe entre la théorie et la réalité. Souvent des phénomènes jusqu'ici inexpliqués viennent se placer comme d'eux-mêmes dans le cadre tracé d'avance. Nous verrons tout à l'heure de curieux exemples de ces coïncidences.

Il est inutile d'insister sur les différences qui séparent Darwin de Maillet et de Robinet. Le lecteur les a certainement déjà aperçues, et en a conclu avec raison que tout rapprochement entre ces trois hommes ne peut reposer que sur une appréciation parfaitement erronée de leurs œuvres. La théorie du savant

anglais n'a d'autre rapport avec celle de Telliamed que de conclure également à la mutabilité des espèces. Elle est bien plus
étrangère encore aux rêveries de Robinet. Celui-ci ne pouvait pas
même aborder le problème fondamental dont il s'agit, puisqu'il
supprimait la filiation proprement dite. Le darwinisme est aussi
fort éloigné des conceptions un peu vagues de Geoffroy Saint-
Hilaire, qui admettait seulement les transformations brusques
accomplies pendant la période embryonnaire, et de celles de
Bory, qui rattachait toutes les modifications des êtres organisés
aux actions du milieu physico-chimique, sans rien dire du mécanisme de ces actions. En revanche, on ne peut méconnaître la
presque identité de conception générale qui rapproche Darwin
et Naudin. Mais le botaniste français s'est borné à émettre une
idée, sans entrer dans les détails nécessaires pour qu'on pût en
apprécier la valeur.

En définitive, Lamarck est le seul écrivain français qu'on
puisse réellement comparer avec Darwin au point de vue qui
nous occupe. Déjà on a pu reconnaître que les doctrines soutenues par ces deux esprits éminents présentent de nombreux et
sérieux rapports, mais aussi des différences essentielles. Rapports
et différences ressortiront de plus en plus dans le courant de ce
livre, et je me borne à les indiquer d'une manière générale.

Darwin et Lamarck partent tous deux des phénomènes de
variation observés dans les espèces domestiques ou sauvages, et
les attribuent aux mêmes causes physiologiques ; par suite, tous
deux admettent la variabilité indéfinie des espèces organiques
et leur transmutabilité. Tous deux constatent la dégradation
progressive que présentent dans leur ensemble les êtres organisés ; ils en concluent également que le point de départ de ces
êtres doit se trouver, soit dans un petit nombre de formes, soit
dans une forme unique, extrêmement simple, ayant engendré
les autres par des transformations successives accomplies avec
une lenteur à peu près infinie : les *proto-organismes* de l'un ressemblent beaucoup au *prototype* de l'autre. Mais Darwin prend
l'existence de cet ancêtre primitif comme un fait primordial
remontant à l'origine des choses, qui ne s'est pas reproduit et
qu'il ne cherche pas à expliquer. Lamarck admet au contraire
une génération spontanée, incessante, *actuelle* ; et par suite il
voit naître de nos jours encore ces corpuscules gélatineux ou

mucilagineux capables d'engendrer des animaux et des plantes. Pour expliquer leur transformation organique et la succession des espèces, il a recours à la *nature*, aux *fluides subtils*, à l'influence exercée par l'animal sur lui-même sous l'empire du désir ou du besoin; en un mot, à ces assertions à la fois hypothétiques et vagues qu'on lui a justement reprochées. Au contraire, rien de plus net que les faits invoqués par Darwin, et auxquels il demande la solution du grand problème des espèces. Sans doute le savant anglais exagère la signification de ces faits, et se trouve par là même entraîné à une foule d'hypothèses inadmissibles. Mais, l'exagération admise et le mode d'argumentation accepté, il faut reconnaître qu'il fait preuve d'une étendue, d'une sûreté de savoir vraiment remarquables. Bien plus, je suis le premier à admettre que ses réponses à certaines objections sont parfaitement justes.

Je ne puis m'expliquer, par exemple, comment on a pu nier la lutte pour l'existence et la sélection naturelle. La première se traduit par des chiffres, et il dépend, pour ainsi dire, de nous de savoir ce qu'elle coûte annuellement à une espèce donnée. Bien loin d'être en contradiction avec ce que nous savons du monde organique, elle se présente à l'esprit comme un fait inévitable, fatal, qui a dû se produire dès l'origine des choses, partout et toujours.

C'est là ce qu'oublient parfois quelques naturalistes parmi ceux mêmes qui, à des degrés divers, se déclarent partisans des doctrines de Darwin. Ainsi M. Gaudry, disciple, il est vrai, assez indépendant de son maître, dans le remarquable ouvrage où il a ressuscité pour nous la faune fossile de Pikermi, trace un tableau charmant de ce que devaient être pendant la période tertiaire ces terres, de nos jours à demi désertes. Avec ce sentiment de poésie grave qu'inspire presque toujours une science élevée, il nous fait sentir vivement les harmonies de cette antique nature. Cinq espèces de grands chats, deux petits carnassiers jouant le rôle de nos fouines et de nos putois, étaient chargés de « tem-« pérer ce que la fécondité des herbivores avait d'excessif ». Ceux-ci formaient la très grande majorité de la faune. Les pachydermes, les ruminants, y étaient richement représentés. D'innombrables antilopes appartenant à diverses espèces distinctes paissaient à côté des hipparions, de deux espèces de mas-

todontes, de deux espèces de girafes, que dominait de toute sa
masse le gigantesque dinothérium, le plus grand des mammifères terrestres qui ait jamais vécu. « Ce géant du vieux monde,
« à la fois puissant et pacifique, que nul n'avait à craindre, que tous
« respectaient, était vraiment la personnification de la nature
« calme et majestueuse des temps géologiques... Ainsi, ajoute
« M. Gaudry, il n'y avait pas concurrence vitale; tout était har-
« monie, et celui qui règle aujourd'hui la distribution des êtres
« vivants la réglait de même dans les âges passés [1]. »

Pas de concurrence vitale! pas de lutte pour l'existence!
Hélas! un pareil âge d'or n'a jamais été possible. Oublions, si
l'on veut, ces carnassiers qui tempéraient ce que la fécondité
des herbivores a d'excessif par des procédés évidemment semblables à ceux qu'emploient encore les tigres et les lions; négli-
geons les conditions diverses imposées au règne végétal tout
entier par le climat, par l'atmosphère, par le sol; ne parlons
pas de luttes entre plantes, quelque incessantes qu'elles aient dû
être alors comme aujourd'hui : la paix régnait-elle pour cela?
Ces verdoyantes prairies que se disputaient les représentants de
cette ancienne faune n'étaient-elles pas en guerre perpétuelle
précisément avec ces pacifiques herbivores dont M. Gaudry a
retrouvé les restes? Ces herbivores eux-mêmes échappaient-ils
à la lutte? Non. La rareté, l'absence même de tout être destruc-
teur par nature n'arrête pas la bataille de la vie. Pour que
celle-ci existe, il n'est nullement nécessaire qu'il y ait des man-
geurs et des mangés. Elle a certainement régné à Pikermi
comme ailleurs. En somme, cette terre ressemblait assez à ces
grandes solitudes de l'Afrique australe dont Levaillant, Delegorgue, Livingstone ont tracé de si magnifiques tableaux. Entre
l'Orange et le Zambèze, le mastodonte et l'hipparion sont représentés, peut-on dire, par l'éléphant et le couagga. Des troupeaux
composés de milliers d'antilopes errent encore dans ces solitudes [2]. Or un voyageur français, Delegorgue, nous apprend ce
qui se passe, lors des migrations des euchores. Les bandes en
sont si nombreuses que les têtes de colonne seules profitent de

1. *Animaux fossiles et géologie de l'Attique; considérations générales sur
les animaux de Pikermi.*
2. Livingstone assure avoir vu certains troupeaux qui comptaient plus
de 40 000 individus.

la végétation luxuriante du pays. Le centre achève de brouter ce qui reste. Les derniers rangs ne trouvent plus qu'une terre nue; et, sous les étreintes de la faim, jalonnent la route de cadavres.

Voilà bien la lutte pour l'existence chez une de ces espèces que nous prendrions pour type de l'animal inoffensif; et la voilà d'autant plus terrible, comme l'a justement dit Darwin, qu'elle s'exerce entre des êtres semblables, ayant par conséquent à satisfaire les mêmes besoins.

Voilà aussi la sélection naturelle apparaissant comme la conséquence forcée de cette lutte. Chez les euchores, les plus forts, les plus agiles, gagnent la tête, repoussant en arrière les faibles, les alourdis. Les plus dures conditions d'existence incombent ainsi à ceux-là mêmes qui peuvent le moins résister. Leur mort devient inévitable, et l'épuration du troupeau en est le résultat.

Bien que reconnaissant l'exactitude de ces faits, quelques naturalistes ont vivement critiqué le terme de sélection et le rapprochement établi par Darwin entre ce qui se passe dans la nature et les procédés mis en œuvre par les éleveurs. C'est, a-t-on dit, prêter aux forces naturelles une sorte de spontanéité raisonnée qu'on ne saurait admettre.

Sans doute; mais le savant anglais a répondu d'avance en signalant le premier ce que l'expression a de métaphorique. Quant au rapprochement lui-même, il est parfaitement fondé. Entre la lutte qui tue et l'éleveur qui d'une manière quelconque empêche les individus les moins parfaits de concourir à la production, il n'y a pas grande différence; parfois la similitude est complète. Un cheval hongre, un bœuf, un mouton, un chapon, tout en conservant leur vie individuelle et continuant à rendre des services à leur propriétaire, n'en sont pas moins morts pour l'espèce. A ce point de vue, les seuls individus survivants sont ceux que nous appelons étalon, taureau, bélier, coq. Naudin, Darwin, ont eu raison d'assimiler notre sélection, toujours volontaire et plus ou moins raisonnée, à l'élimination qu'entraîne nécessairement le jeu des forces organiques et inorganiques. Seulement tous deux se sont mépris quant au résultat final, et n'ont pas fait une assez large part à l'intelligence. J'espère montrer qu'une fois engagé dans cette voie, l'homme a fait plus que la nature.

On ne saurait donc contester ni la sélection, ni les suites qu'elle entraîne, lorsqu'il s'agit des formes et des fonctions organiques; mais peut-on admettre qu'elle existe et agisse de la même manière sur le *je ne sais quoi* que nous appelons l'instinct? Darwin s'est posé cette question, et l'a naturellement résolue dans le sens de l'affirmative. Ici encore on ne peut qu'adopter sa manière de voir dans une certaine limite.

En fait, les instincts sont variables comme les formes. Nous voyons chaque jour, sous l'empire de la domestication, les instincts naturels s'effacer, se modifier, s'intervertir. Certainement aucun des ancêtres sauvages de nos chiens ne s'amusait à arrêter le gibier; le sanglier, devenu domestique, a perdu ses habitudes nocturnes. Dans la nature même et sous l'empire de conditions d'existence nouvelles, nous constatons des faits analogues. Troublés dans leurs paisibles travaux, les castors se sont dispersés et ont changé leur genre de vie; ils ont remplacé leurs anciennes cahutes par de longs boyaux percés dans la berge des fleuves. D'animal sociable et bâtisseur qu'il était, le castor est devenu animal solitaire et terrier. Les instincts sont d'ailleurs héréditaires. La loi d'accumulation a donc prise sur eux, et ce fait se constate aisément. Le proverbe : « Bon chien chasse de race », exprime une vérité scientifique qu'eussent au besoin mise hors de doute les expériences de Knight. Il n'est pas d'ailleurs besoin d'insister sur l'utilité de certains instincts. Darwin a donc pu très logiquement leur appliquer toute sa théorie, admettre l'acquisition graduelle de chaque faculté mentale, et prévoir l'époque où la psychologie, guidée par ce principe, reposera sur des bases toutes nouvelles.

En définitive, pour qui croit que la cellule primitive a pu se transformer au point de devenir anatomiquement et physiologiquement une abeille, un coucou, un castor, il n'est pas plus difficile d'admettre qu'elle ait acquis les instincts qui, de tout temps, ont attiré sur ces animaux l'attention des naturalistes.

Malheureusement c'est ici qu'il me faut abandonner un auteur avec lequel on aimerait à être jusqu'au bout en communauté de pensées. Sans doute l'espèce est *variable*; sans doute, en présence des faits qui s'accumulent chaque jour, on doit reconnaître que ses limites de variation s'étendent bien au delà de ce qu'ont admis quelques-uns des plus grands maîtres de la science,

Cuvier par exemple. Mais rien n'indique jusqu'ici qu'elle soit *transmutable*. Partout autour de nous des races naissent, se développent et disparaissent; nulle part on n'a montré une espèce engendrée par une autre espèce, un type plus élevé sorti d'un type inférieur. C'est cette faculté de transmutation sans limites attribuée aux types organiques que je ne saurais accepter, qu'il s'agisse de l'organisme matériel, des manifestations physiologiques ou des instincts.

J'aurai plus tard à donner les raisons qui militent en faveur de ma manière de voir; mais avant d'entrer dans la discussion du darwinisme, je dois suivre l'auteur dans les applications de sa théorie. Ce n'est pas la partie la moins curieuse, la moins attrayante de son œuvre.

Et d'abord constatons que, malgré les analogies incontestables existant entre les conceptions de Lamarck et de Darwin, le rapprochement des faits et des conséquences logiques des deux théories met tout d'abord en évidence la supériorité du naturaliste anglais. Lorsque avec l'auteur de la *Philosophie zoologique* on admet une génération spontanée toujours agissante, et par conséquent une incessante genèse, il est bien difficile de s'expliquer comment le nombre des types fondamentaux a toujours été si restreint; comment il est resté constant pendant les myriades de siècles que suppose, dans toute théorie admettant la variation lente, la formation des espèces actuelles et des espèces éteintes. Pour expliquer ce fait capital, le savant français est obligé de recourir à des *lois préétablies*. Par cela même il sort des données exclusivement scientifiques. En outre l'apparition successive et la filiation des types de classes, telles qu'il les conçoit, s'accordent peu avec certains faits paléontologiques.

Il en est tout autrement dans la théorie de Darwin. Celle-ci expliquerait assez bien de quelle façon l'ordre admirable que nous constatons de nos jours s'est établi dès le début par la force des choses et comme de lui-même, comment il s'est maintenu à travers les âges. L'identité des conditions d'existence premières, la simplicité organique originelle, rendent compte d'une manière plausible du petit nombre des types primordiaux, règnes et embranchements. La complication croissante des organismes et leur différenciation progressive ressortent comme autant de conséquences forcées de ces premières modifications et de la lutte pour l'existence, dont les conditions ont dû varier et se compliquer par les changements survenus à la surface du globe. De la filiation ininterrompue des espèces et des deux lois de divergence et de continuité, il résulte non moins impérieusement que tout type réalisé dans ses traits généraux, tout en se modifiant graduellement, ne saurait s'effacer d'une manière absolue dans aucun de ses représentants ; que ses dérivés les plus éloignés en conservent toujours l'empreinte fondamentale et ne sauraient passer à un autre. Ainsi se trouve expliquée l'uniformité fondamentale du monde organique dans le passé et dans le présent, en dépit du temps et de l'espace.

Nous devons insister quelque peu sur cette dernière considération. C'est là incontestablement un des traits essentiels du darwinisme, et qui le sépare encore des autres doctrines transformistes. Telliamed admet la transformation individuelle des poissons en oiseaux ; Lamarck fait descendre ces derniers des reptiles. De pareilles déviations sont impossibles dans les idées de Darwin. Eût-il acquis le vol de l'aigle, tout animal qui compterait un poisson ou un reptile *bien caractérisé* parmi ses ancêtres ne pourrait jamais être l'allié même des canards ou des pingouins ; il resterait attaché à l'une ou à l'autre des deux classes inférieures des vertébrés. Pour retrouver l'origine des trois types, il faudrait pouvoir remonter jusqu'à un *ancêtre commun* dont l'organisme encore indécis ne réalisait ni l'un ni l'autre.

Cette conséquence directe des données sur lesquelles repose toute la doctrine darwinienne pourrait être appelée la *loi de caractérisation permanente*. Elle a été parfois oubliée par quelques-uns des plus fervents disciples du savant anglais [1] ; et pour-

1. Elle l'a été par le maître lui-même, lorsque entraîné, ce me semble, par les ardeurs de la polémique, il a admis la *filiation directe du singe à* l'homme. Deux de ses disciples les plus éminents, C. Vogt et Filippi, ont été plus logiques en faisant remonter le singe et l'homme à un *ancêtre commun*, d'un type encore indéterminé. C'est une des questions que je traiterai avec détail dans le livre dont j'ai déjà parlé. Ici je dois faire remarquer que lorsque j'ai écrit l'exposé de ses doctrines, tel que je le reproduis aujourd'hui, Darwin n'avait pas encore publié son ouvrage sur la *Descendance de l'homme* et qu'il avait gardé le silence sur cette question dans l'*Origine des espèces* aussi bien que dans son livre sur la *Variation des animaux et des plantes*.

tant la supprimer, ce serait ôter à sa doctrine un de ses étais les plus puissants. Elle seule en effet peut résoudre une foule de questions que soulève l'étude générale des êtres organisés dans le présent aussi bien que dans le passé; seule elle peut fournir jusqu'à un certain point une explication de l'ordre admirable du monde organique. Ce principe enlevé, toute cause de coordination disparaîtrait, et il faudrait, ou bien admettre avec Lamarck des *lois préétablies*, ou bien supposer que les transformations, livrées à tant de causes d'écart, n'ont produit que par un pur hasard ce tout harmonieux qu'étudient les naturalistes, qu'admirent les poètes et les penseurs.

A l'époque où Lamarck écrivait sa *Philosophie zoologique*, on était, à la rigueur, excusable de méconnaître les problèmes posés par la paléontologie naissante. Il ne saurait en être de même depuis que les faunes éteintes nous sont connues, au moins dans ce qu'elles ont de général. Toute doctrine, de la nature de celles que nous examinons ici, doit avant tout nous donner la clef de ce passé. Or, à voir les choses en bloc et au premier coup d'œil, celle de Darwin semble satisfaire à cette condition d'une manière remarquable.

Depuis longtemps les paléontologistes ont admis que la création animée a été en se perfectionnant des anciens temps jusqu'à nos jours. Agassiz, appliquant cette donnée aux représentants d'une même classe, a soutenu que les espèces éteintes rappelaient à certains égards les embryons des espèces actuelles. Il y a certainement de l'exagération et plus d'apparence que de réalité dans cette manière de voir ; mais, le fait seul qu'un homme aussi éminent qu'Agassiz ait cru pouvoir la soutenir, donne une idée des rapports existant entre les êtres organisés que nous voyons et ceux qui les précédèrent à la surface du globe. Ajoutons que les espèces éteintes viennent toutes se ranger très naturellement à côté ou dans le voisinage des espèces vivantes. Pour les distribuer d'une manière méthodique, il n'a pas été nécessaire d'imaginer des nomenclatures, des classifications nouvelles. Pour trouver une place à tous les animaux fossiles découverts jusqu'ici, on n'a pas eu à créer une seule *classe* de plus. En revanche, ces fossiles ont comblé une foule de lacunes et rempli bon nombre de *blancs* dans nos cadres zoologiques ou botaniques. Les espèces éteintes et les espèces vivantes apparaissent donc comme les parties intégrantes d'un même système de création, réunissant par des rapports, au fond toujours identiques, le passé et le présent du monde organisé.

Il est clair que ces faits généraux s'accordent avec la théorie que j'ai exposée [1].

Un autre fait sur lequel Darwin a appelé l'attention, et qu'ont mis hors de doute les travaux de nos plus célèbres paléontologistes, est l'étroite parenté qui relie parfois dans une même contrée les vivants et les morts. Les faunes fossiles tertiaires de certaines régions présentent en effet avec la faune de nos jours des affinités d'autant plus frappantes, que cette dernière est plus exceptionnelle. L'Australie avec ses marsupiaux, l'Amérique méridionale avec ses édentés, la Nouvelle-Zélande avec ses singuliers et gigantesques oiseaux, sont autant d'exemples remarquables de ce que Darwin appelle la *loi de succession des types*. Il est évident que ce n'est qu'un cas particulier, mais très curieux, de la loi de caractérisation permanente, maintenant à un haut degré le cachet d'un type donné pendant le développement d'espèces nouvelles, de genres nouveaux, et à travers les changements subis par la croûte du globe.

Il est des faits d'une tout autre nature que la théorie doit également expliquer. Les types secondaires, simples modifications des types d'*ordre* ou de *classe*, sont loin de se propager toujours comme dans le cas précédent. On les voit au contraire se succéder et se remplacer, tantôt d'une manière progressive et lente, tantôt presque subitement. Une fois éteints, ils ne reparaissent plus. Il en est de même des espèces, et c'est de là que viennent l'importance et la sûreté des renseignements que l'étude des fossiles fournit aux géologues. Or la sélection naturelle et la lutte pour l'existence rendent aisément compte de l'extinction, soit des espèces isolées, soit des groupes les plus nombreux. Sans même faire intervenir aucun élément étranger, il est clair que, dans une région donnée, l'une et l'autre ont assuré aux individus qui se modifiaient pour mieux s'adapter aux conditions d'existence, à leurs descendants qui s'isolaient et se transformaient en espèces, une supériorité de plus en plus marquée

---

1. Il est non moins évident que cet accord est dû essentiellement au principe de la caractérisation permanente.

sur les espèces qui ne changeaient pas[1]. Celles-ci, devenues inférieures au point de vue de l'adaptation, ne purent donc que suc-
comber et être remplacées par des formes nouvelles. En pareil
cas, la substitution dut s'accomplir progressivement et peu à
peu. Elle put au contraire être brusque à la suite d'une invasion
analogue à celles dont les animaux et les plantes de nos jours
fournissent des exemples. Mais il faut alors supposer que les
espèces conquérantes s'étaient formées ailleurs, car toute apparition subite d'un type ou d'une espèce comptant d'emblée de
nombreux représentants est en désaccord complet avec les fondements mêmes de la doctrine darwinienne.

Ces changements dans les faunes paléontologiques embrassent parfois le monde entier, et semblent s'être accomplis à la
même époque. En même temps les types de remplacement présentent dans les deux mondes et dans les deux hémisphères une
frappante analogie. Par exemple, les mollusques de la craie
d'Europe ont leurs termes correspondants dans les deux Améri-
ques, à la Terre de Feu, au cap de Bonne-Espérance et dans
l'Inde. Les espèces ne sont pas identiques; mais elles appartiennent aux mêmes familles, aux mêmes genres, aux mêmes sous-
genres, et parfois les mêmes détails caractéristiques se retrouvent dans les deux mondes[2]. Cette transformation simultanée[3]
des formes organiques, ce *parallélisme* des faunes a vivement
excité l'attention des paléontologistes. De pareils phénomènes,
disent MM. d'Archiac et de Verneuil, « dépendent des lois générales qui gouvernent le règne animal tout entier »; ils posent
évidemment à la science un problème des plus intéressants.

Eh bien! encore ici la théorie de Darwin peut s'accorder avec
les faits. Il suffit d'admettre que sur un point donné du globe
existait, aux époques dont il s'agit, une famille, un genre même,
dominant sur une contrée étendue, composé d'espèces à la fois
très nombreuses et facilement variables, capables par conséquent de s'adapter aisément aux milieux les plus divers. Un

1. *Origine*, p. 349.
2. *Ibid.*, p, 351.
3. Les mots *même époque, transformation simultanée*, sont pris ici dans
le sens géologique et non dans le sens ordinaire. Ils peuvent en réalité
comprendre des événements, séparés par un laps de temps plus ou moins
considérable.

pareil groupe devra inévitablement s'étendre de proche en proche et en tout sens. Ses représentants, rapidement perfectionnés, détruiront et remplaceront les espèces locales, et ne s'arrêteront que devant des barrières infranchissables, telles qu'en présenteraient les terres pour des espèces marines. Dans ces migrations lointaines, et par suite des conditions d'existence qu'elles rencontreront, les espèces du groupe conquérant se modifieront sans doute, la loi d'adaptation tirera de ce fonds commun une foule d'espèces nouvelles; mais la loi de caractérisation permanente maintiendra des rapports fondamentaux entre les genres et les familles qu'elles engendreront à leur tour, et, quand leurs descendants auront repeuplé le globe, ils porteront encore dans leurs traits caractéristiques le cachet de cette origine commune.

Ces modifications de toute sorte, ces migrations en tout sens, s'accomplissaient, selon Darwin, pendant que le globe lui-même subissait les révolutions dont sa croûte solide a conservé les traces et passait par diverses alternatives de climat. Le monde organique recevait évidemment le contre-coup des événements géologiques, et son évolution régulière en était inévitablement troublée. Un continent effondré laissait isolées l'une de l'autre deux faunes jusque-là en contact; un continent soulevé pouvait être peuplé à la fois de différents côtés, et recevoir ainsi des représentants de faunes précédemment bien distinctes; une période glaciaire amenait au cœur de régions naturellement tempérées ou même chaudes des espèces des pays froids, qui plus tard pouvaient se séparer, les unes se retirant sur le sommet des montagnes, les autres fuyant vers le pôle, quand la température se réchauffait de nouveau. L'état présent n'est que la résultante de tout ce passé si complexe [1].

Cette conséquence de la doctrine darwinienne n'est pas une des moins frappantes. L'imagination s'arrête involontairement sur ce tableau de la continuité et de la corrélation des phénomènes, sur cette solidarité des premiers débuts et de ce qui pour nous est la fin des choses, sur cette étroite connexion du globe et des êtres vivants qu'il nourrit. Ajoutons que la distribution des faunes et des flores semble encore ici confirmer la théorie

1. *Origine*, chap. x.

par certains faits généraux. Telle est en particulier la différence parfois très grande que présentent les productions de contrées offrant d'ailleurs des conditions d'existence presque identiques en apparence. Les lois de l'hérédité comprises à la façon de Darwin, les grandes migrations accomplies sous la condition de la lutte pour l'existence et de la sélection naturelle, expliquent ce fait très naturellement. Telle est encore l'influence des barrières naturelles arrêtant les migrations ou forçant à d'immenses détours les espèces envahissantes, qui se modifient en route, et s'écartent d'autant plus de la forme originelle, que le voyage est plus long.

De cet ensemble de causes et d'effets, jouant à leur tour le rôle de causes, résulterait très naturellement l'un des traits les plus saillants de la distribution des êtres : je veux parler de ces grandes aires botaniques ou zoologiques nommées, par la plupart des naturalistes, *centres de création*. Darwin a désigné par cette expression le lieu d'origine de chaque espèce. Il a montré que sa théorie conduit à regarder chacune d'elles comme ayant été d'abord cantonnée et n'ayant pu s'étendre que par voie de migration. Or, les genres ayant pris naissance comme les espèces, l'aire occupée par chacun d'eux a dû d'abord être continue. La descendance de plus en plus modifiée d'un petit nombre de genres dominants a donc envahi de proche en proche les régions voisines, emportant partout avec elle l'empreinte des types originels. Ainsi s'expliquent les analogies remarquables, la ressemblance générale des êtres qui peuplent les plus grands centres de création, un continent, une mer. Les conditions d'existence variant d'ailleurs de l'un à l'autre dans l'ensemble et entraînant des exigences d'adaptation différentes, on comprend que chaque grand centre devra différer des autres, alors même que les types premiers qui ont peuplé à l'origine chacun d'eux eussent été voisins [1].

La migration des groupes isolés, les conditions rencontrées pendant le voyage, peuvent avoir aisément entraîné l'apparition de types spéciaux, en même temps que les conditions générales ont pu faire varier d'une manière analogue les représentants de types fort différents. L'Australie, l'Amérique du Sud, l'Afrique

1. *Origine*, chap. xi.

australe, présentent à un remarquable degré tous ces caractères. Ces continents, placés dans le même hémisphère et à peu près sous les mêmes parallèles, possèdent, au moins par places, des conditions d'existence fort semblables. Les phénomènes d'adaptation devaient donc offrir une certaine analogie et engendrer des êtres présentant des rapports assez étroits. Ici encore les faits concordent avec les inductions théoriques. Darwin cite l'agouti, la viscache, comme représentant dans l'Amérique du Sud nos lièvres et nos lapins ; — l'émeu, l'autruche, le nandou, comme reproduisant des formes analogues en Australie, en Afrique et en Amérique. Il aurait pu citer encore tous les marsupiaux de l'Australie, dont le type se modifie de manière à répéter pour ainsi dire, dans cette série particulière, les grandes divisions des autres mammifères. Évidemment sa théorie justifie aisément ce parallélisme depuis longtemps signalé par les naturalistes.

La doctrine de Darwin rend également compte d'un autre fait non moins important. Une contrée, centre de création très distinct quand il s'agit d'un groupe animal, peut fort bien se fondre dans les régions voisines lorsqu'on étudie un groupe différent. A ne considérer que la classe des mammifères, l'Australie est un centre des plus isolés ; il en est de même de la Nouvelle-Zélande, si l'on s'en tient au groupe des oiseaux. Pour qui s'occupe des insectes, au contraire, ces deux contrées doivent être réunies entre elles et à la Nouvelle-Guinée [1]. Le développement successif des types généraux, le peuplement par migrations tel que l'entend le savant anglais, expliquent aisément cet état de choses incompatible avec d'autres théories qu'ont pourtant soutenues quelques hommes d'une haute autorité [2].

Les espèces, les groupes de tout rang distribués à la surface du globe, ont entre eux des rapports multiples et variés dont là connaissance constitue le fond de la *méthode naturelle* telle que l'entendait Cuvier. C'est ici surtout que la doctrine de Darwin est faite pour entraîner les naturalistes. Certainement elle interprète bien mieux qu'aucune autre ces rapports et en explique

---

1. *Introduction à l'entomologie*, par Lacordaire.
2. Voyez, entre autres, la doctrine exposée par Agassiz dans les *Types of Mankind* (Sketch of the Natural Provinces of the Animal World).

l'origine. Ajoutons seulement qu'en substituant l'idée de *filiation*
et de parenté réelle à la notion d'*affinité* et de simple voisinage,
Darwin accroît de beaucoup l'intérêt déjà si grand qui s'attache
à cet ordre de recherches. Il se rencontre ici parfaitement avec
Lamarck; et il est à regretter qu'il n'ait pas suivi l'exemple de
son devancier en dressant le tableau généalogique des groupes
principaux du règne animal, ou tout au moins en faisant l'application de ses idées à un certain nombre de types.

Mme Royer, dans quelques-unes des nombreuses notes où elle
a fait preuve souvent d'un vrai savoir, toujours de beaucoup
d'imagination et d'esprit, a complété Darwin sur ce point. Partant de la classe des poissons, elle voit naître au sein des eaux,
d'une part des poissons volants, pères des reptiles volants de
l'ancien monde et de nos oiseaux actuels, et d'autre part des poissons rampants, qui se transformèrent en reptiles ordinaires, d'où
sortirent à leur tour les mammifères. Il est à remarquer que,
dans ces développements très logiques de la pensée de son
maître, Mme Royer se rencontre avec Lamarck à peu près autant
que le permettent les progrès de la science. Comme lui, entre
autres, elle attribue à une métamorphose régressive l'apparition
du type des cétacés [1].

Évidemment la conception de Darwin comme celle de Lamarck, la sélection naturelle comme le développement par suite
des habitudes conduisent à admettre qu'il ne peut y avoir de distinction tranchée d'espèce à espèce, à plus forte raison de groupe
à groupe. Nous savons tous pourtant qu'il n'en est pas ainsi, et
c'est là certainement une des difficultés les plus graves des théories dont il s'agit ici. Nous avons vu le naturaliste français rendre
compte de ces irrégularités par des *circonstances accidentelles*,
quand il ne trouvait pas d'espèces intermédiaires, comme l'ornithorhynque. Ne tenant pas compte des données paléontologiques, encore bien imparfaites de son temps, il ne pouvait guère
en effet invoquer d'autres raisons. Venu près d'un demi-siècle

---

1. *De l'origine des espèces*, par Ch. Darwin, traduit en français sur la
troisième édition par Mme Clémence-Auguste Royer, 1862, p. 259. On sait que
Hæckel a repris cette question et a dressé les généalogies détaillées de
tous les principaux groupes de végétaux et d'animaux, y compris l'homme.
On sait aussi que les conceptions de l'éminent professeur d'Iéna ont été
vivement critiquées, entre autres par C. Vogt.

après lui, le savant anglais avait de bien autres faits à sa disposition, et c'est précisément la paléontologie qui les lui fournit.
Comme l'avait fait Blainville, comme l'ont fait bien d'autres
depuis, c'est aux faunes, aux flores éteintes qu'il demande les
types intermédiaires destinés à combler les différences trop
tranchées qui isolent nos genres, nos ordres, nos classes. Parfois, il faut l'avouer, elles semblent répondre à son appel. « Le
« cochon et le chameau, le cheval et le tapir, sont actuellement
« des formes évidemment très distinctes; mais, si nous tenons
« compte des mammifères fossiles appartenant aux familles qui
« renferment le chameau et le porc, qu'on a découvertes jusqu'à
« présent, elles comblent en partie l'intervalle considérable qui
« sépare ces deux types [1]. »

Toutefois la paléontologie est souvent muette, et ne fournit
pas les types de transition désirés. Darwin explique ces lacunes
par l'imperfection de notre savoir, par l'insuffisance des documents géologiques. Il ne pense pas que les couches du globe
renferment les restes de tout ce qui a vécu. Il admet au contraire qu'un concours de circonstances assez difficile à réaliser
a été nécessaire pour qu'il se formât des couches fossilifères. A
l'en croire, nous devons donc renoncer à être jamais renseignés
même sur des périodes entières; et cependant il se croit autorisé
à conclure que l'ensemble des faits témoigne en sa faveur. C'est
un des points sur lesquels j'aurai plus tard à revenir.

Les naturalistes n'ont pas à rechercher seulement les rapports
de supériorité ou d'infériorité relative. Il en est d'autres plus
obscurs et plus délicats dont on se préoccupe aujourd'hui avec
raison, et dont la doctrine de Darwin rend souvent compte d'une
manière à la fois simple et plausible. Ces rapports sont ceux
qu'on désigne par les expressions de *termes correspondants*,
d'*analogues*, de *types aberrants*, de *types de transition*.

On donne le premier nom à des êtres qui, quoique appartenant à des types différents, n'en présentent pas moins des ressemblances secondaires tellement frappantes, qu'elles peuvent
parfois masquer momentanément les différences radicales et
faire croire à une parenté qui en\réalité n'existe pas. Divers
groupes de mammifères, par exemple, possèdent des représen-

1. *De l'origine des espèces*, p. 327.

tants dont les uns sont faits pour mener une vie toute terrestre, dont les autres habitent les eaux. Pour les premiers, la distinction est aisée : personne ne confondra un carnassier et un pachyderme terrestre. Mais, chez les représentants amphibies de ces deux ordres, le type a dû subir des modifications profondes pour s'adapter à un genre de vie spécial ; et, les conditions d'adaptation étant les mêmes, il en est résulté des ressemblances qui ont fait longtemps hésiter les naturalistes. Le morse et le dugong, autrefois placés à côté l'un de l'autre, aujourd'hui séparés avec juste raison, sont des termes correspondants. Chez tous les deux la forme générale du corps s'est modifiée, les membres sont réduits à de simples palettes jouant le rôle de nageoires. Un pas de plus, et l'on arrive aux baleines, aux dauphins, que le vulgaire, trompé par les formes extérieures, confond avec les poissons, et qui ne sont en réalité que les analogues de cette dernière classe dans celle des mammifères. On vient de voir que le darwinisme explique aisément ces apparences de contradictions morphologiques.

L'épithète d'aberrant peut s'appliquer à tout groupe qui s'écarte brusquement, par une ou plusieurs particularités frappantes, du type auquel il se rattache d'ailleurs par les caractères les plus essentiels. Des conditions d'adaptation exceptionnelles suffisent généralement pour justifier l'existence de ces espèces ou de ces groupes hors rang.

Il est un cas plus difficile à expliquer, et dont la théorie de Darwin rend également compte. Je veux parler des types de transition. J'ai proposé de comprendre sous cette dénomination les groupes ou les espèces chez lesquels l'écart résulte de la juxtaposition de certains traits caractéristiques empruntés de toutes pièces à des groupes fondamentalement distincts. Tels sont les échiures, dont les appendices antérieurs sont disposés par paires, comme chez les annelés, tandis que les postérieurs divergent autour du corps, comme chez les rayonnés. Tels sont encore le lepidosiren, qui tient du reptile et du poisson ; l'ornithorhynque, qui, véritable mammifère, touche à la fois aux oiseaux et aux reptiles par son organisation. Pour Darwin, ce sont là autant de représentants peu modifiés des anciennes souches mères. Ils montrent ce qui existait avant que les rayonnés et les annelés, les poissons et les reptiles, les oiseaux et les mammifères, eussent

été définitivement séparés, grâce à la loi de divergence. Les types
de transition seraient donc plus anciens à la surface du globe qu'aucun de ceux qu'ils relient à titre d'intermédiaires. Ici la théorie
n'explique pas seulement des faits difficiles à interpréter, elle
détermine en outre l'époque relative où ils ont dû apparaître.

La morphologie générale et l'anatomie philosophique présentent souvent avec la doctrine de Darwin un accord non moins
saisissant.

Chacun sait que les membres antérieurs de l'homme, du lion,
du cheval, de la chauve-souris, sont composés d'éléments identiques au fond. Les invertébrés présentent des faits encore plus
frappants peut-être. Dans la trompe si longue et si flexible du
papillon, on retrouve les pièces qui composent la courte et
robuste armature de la bouche chez les coléoptères. Tous ces
faits ne sont au reste que des applications particulières d'une loi
générale, de la loi d'économie, si bien mise en lumière par
Milne Edwards. Lorsque, partant des types inférieurs, on étudie
comparativement des organismes de plus en plus élevés, on ne
les voit jamais se perfectionner brusquement. Surtout, même
alors que les fonctions augmentent en nombre, les instruments
anatomiques chargés d'y subvenir ne présentent pas pour cela
d'emblée une multiplication correspondante. Il semble que, peu
impérieux au début, chaque besoin physiologique nouveau peut
être satisfait par la simple adaptation d'un organe déjà existant.
Parfois les fonctions les plus générales, les plus nécessaires à
l'entretien de la vie, s'accomplissent de cette manière. La respiration se fait longtemps par la peau seule; elle se localise
ensuite sur quelques parties de l'enveloppe générale, sur certains points des organes locomoteurs, jusque dans la partie pos-
térieure du tube digestif, bien avant qu'apparaissent des organes
respiratoires proprement dits, branchies, poumons ou trachées.
De là vient précisément cette gradation, cette progression des
êtres, qui conduit par degrés du plus simple au plus composé,
et qui a donné naissance à l'aphorisme : *Natura non facit saltum.*

Qui ne voit que cette adaptation d'un même organe à l'accomplissement de fonctions diverses, la lenteur avec laquelle apparaissent les organes *nouveaux,* l'économie qui semble présider
sans cesse à la constitution des appareils organiques, le perfectionnement insensible, mais *progressif,* qui résulte de cet

ensemble de causes, pourraient se déduire des lois de la sélection naturelle?

Il y a plus. Dans tout organe composé de plusieurs éléments, les relations anatomiques entre ceux-ci sont à peu près invariables. Geoffroy Saint-Hilaire, qui le premier a formulé ce principe des connexions, disait avec raison : « Un os disparaît plutôt que de changer de place ». Il partait des animaux supérieurs et descendait l'échelle. Procédant en sens inverse, nous dirons : L'intercalation d'un élément nouveau peut seule rompre les rapports des éléments préexistants. De la palette natatoire des tortues marines à l'aile des oiseaux et aux bras de l'homme lui-même, cette loi se vérifie aisément, bien que les fonctions à accomplir soient aussi différentes que possible, et que la forme des éléments osseux varie considérablement.

Ici encore les lois d'hérédité et de caractérisation permanente posées par Darwin expliquent logiquement les modifications subies par les éléments de ces membres. La première accumule les petites différences et produit la divergence; la seconde maintient le plan général. L'esprit, en se figurant la succession des phénomènes, ne voit aucune raison qui puisse amener le déplacement d'un seul os, d'un seul élément organique, quelque raccourcissement, quelque élongation, quelque transformation morphologique qu'il ait subie.

De l'ensemble des règnes organiques, nous arrivons ainsi avec Darwin à l'espèce et à ses représentants adultes. Le savant anglais nous conduit plus loin encore, et rattache à sa doctrine le développement individuel lui-même.

Adoptant à la fois les idées de Serres et celles d'Agassiz, Darwin voit dans l'ensemble des phénomènes embryogéniques la représentation de la genèse des êtres. L'embryon est pour lui l'animal lui-même, moins modifié qu'il ne le sera plus tard, et reproduisant dans son évolution personnelle les phases qu'a présentées l'espèce dans sa formation graduelle. Il rend compte par là de la ressemblance extrême, de l'identité apparente si souvent constatée aux premiers temps de leur existence entre les animaux qui seront plus tard le plus différents, tels que les mammifères, les oiseaux, les lézards, les serpents [1]. L'identité de

1. Darwin cite ici un fait intéressant qu'il emprunte à Baër : « Je possède,

leur structure embryonnaire atteste à ses yeux leur communauté
d'origine. A cette époque de leur vie, ils reproduisent les traits
de quelque ancêtre commun d'où ils descendent tous. Les phases
successives qu'ils ont à traverser pour atteindre à leurs formes
définitives ne sont qu'une manifestation de la loi d'hérédité *à
terme fixe* faisant reparaître chez l'individu, dans l'ordre où ils
ont apparu, les caractères successivement acquis par les variétés,
les races et les espèces qui ont précédé les types actuels. La
même loi rend compte des différences qui distinguent les jeunes
des adultes.

Le développement récurrent lui-même, ce phénomène singulier qui nous montre l'animal parfait très inférieur à sa larve au
point de vue de l'organisation, trouve encore dans cette manière
de voir une interprétation satisfaisante, et révèle les transformations régressives qui ont donné naissance à certains types inférieurs. La larve du taret, par exemple, possède un pied, un
organe natatoire très développé, des yeux ; elle est très agile et
parcourt en tous sens le vase qui la renferme. L'animal adulte
a perdu tous ces organes. Retiré dans une galerie creusée dans
quelque morceau de bois, il reste immobile, se bornant à développer et à contracter ses tubes respiratoires, à exécuter les
mouvements obscurs de rotation nécessaires pour donner à sa
prison les dimensions exactes de son corps. Le taret adulte est
donc anatomiquement et physiologiquement bien au-dessous de
sa larve. Au point de vue de Darwin, celle-ci reproduit pourtant
les traits d'un ancêtre. Si le taret ne lui ressemble pas, s'il a
rétrogradé dans l'échelle des êtres, c'est qu'il a été dégradé par
les nécessités de l'adaptation.

Dans les applications de sa doctrine à l'embryogénie, Darwin
ne compare guère les uns aux autres que les représentants d'une
même classe, et tout au plus ceux de l'embranchement des
vertébrés. Il ne passe pas d'un embranchement à l'autre, et
semble s'arrêter devant une généralisation complète. J'aurais
aimé à voir le savant anglais aller jusqu'au bout, et il le pouvait

dit cet illustre vétéran de la science moderne, deux jeunes embryons pré-
parés dans l'alcool dont j'ai omis d'indiquer les noms, et il me serait
complètement impossible aujourd'hui de dire à quelle classe ils appartiennent. Ce peuvent être des lézards ou de petits oiseaux, ou de très
jeunes mammifères. »

certainement sans se montrer beaucoup plus téméraire que nous
ne l'avons vu jusqu'ici.

Si toute phase embryonnaire semblable ou seulement analogue
atteste entre les animaux les plus différents une descendance
commune, il doit en être à plus forte raison de même lorsqu'il
y a identité au point de départ. Or cette identité, au moins
apparente, existe entre tous les êtres vivants, à la condition de
remonter assez haut. A leur début premier, tous les animaux se
ressemblent et ressemblent aux végétaux : l'œuf, la graine, où
se développera l'embryon et qui le contiennent virtuellement,
débutent partout de la même manière. L'un et l'autre ne sont
d'abord qu'une simple cellule. L'embryogénie nous ramène
donc, soit au *prototype* de Darwin, soit à quelque chose de très
semblable. Pourquoi ne pas voir dans la cellule ovulaire le
représentant de cet ancêtre commun de tout ce qui vit? La loi
d'hérédité à terme, une des plus heureuses inventions de l'auteur, n'est-elle pas là pour expliquer les phases qui séparent
cette forme initiale de la forme indécise du vertébré à peine
ébauché, comme elle a interprété le passage de celui-ci au type
accentué de reptile ou de mammifère? Tel est évidemment le
dernier terme des idées darwiniennes appliquées à l'embryogénie.

La théorie de Darwin ne se borne pas à grouper les phénomènes présents et passés du monde organique, à les interpréter
les uns par les autres. Elle permet encore de jeter un coup d'œil
sur l'avenir, et de prévoir jusqu'à un certain point ce que seront
les faunes, les flores qui succéderont aux plantes, aux animaux
que nous connaissons.

Rappelons-nous les phénomènes généraux du développement
et de l'extinction des êtres et l'interprétation qu'en donne le
savant anglais. En général, les genres qui ne comptent que peu
d'espèces, les espèces représentées par un petit nombre d'individus, sont, d'après lui, en voie de disparaître. Au contraire,
toute espèce largement développée, et à laquelle se rattachent
un grand nombre de variétés, tout genre composé de nombreuses espèces répandues sur de vastes espaces, attestent par
cela même leur vitalité, et réunissent les conditions nécessaires
pour l'emporter dans la bataille de la vie. En vertu des lois que
nous avons exposées, la victoire leur est assurée; tôt ou tard

ils anéantiront leurs rivaux et renouvelleront la face du globe.
Ils se modifieront sans doute et enfanteront de nombreux sous-
types; mais la loi de caractérisation permanente arrêtera tout
écart trop marqué. Les différences ne sauraient guère s'étendre
au delà de ce que nous montrent les dernières époques géologiques. Dès à présent donc, le botaniste, le zoologiste, peuvent
faire une sorte de triage approximatif parmi les types contemporains, prévoir la disparition des uns, l'extension et les évolutions des autres, et se figurer le monde de l'avenir à peu près
comme ils reconstruisent le monde du passé.

Je viens de résumer, en me plaçant autant que possible au
point de vue de l'auteur, la doctrine de Darwin et ses principales applications. Il n'est que juste de reconnaître ce qu'il y a
de remarquable dans cette ingénieuse conception, dans la
manière dont elle a été développée. Certes ce n'est pas un esprit
ordinaire, celui qui, partant de la lutte pour l'existence, trouve
dans la fatalité de ce fait la cause du développement organique;
qui rattache ainsi le perfectionnement graduel des êtres, l'apparition successive de tout ce qui a existé, existe et existera, aux
fléaux mêmes de la nature vivante, à la guerre, à la famine, à
la mort; qui, dans l'évolution embryogénique d'un seul individu, retrouve l'histoire de tout un règne ; qui dépassant
les appréciations des plus hardis géologues, repousse dans
un incalculable passé tous les faits organiques, en même
temps qu'il nous en dévoile la succession et la marche; qui nous
montre un avenir non moins étendu et la nature vivante
sans cesse en progrès, élevant peu à peu vers la perfection tout
don physique ou intellectuel. Je comprends la fascination exercée par ces magnifiques prévisions, par ces clartés qu'une intelligence pénétrante, appuyée sur un incontestable savoir, semblait porter dans l'obscurité des âges. J'ai eu à m'en défendre
moi-même lorsque, pour la première fois, j'ai lu le livre de
Darwin.

Pourtant, au moment même où j'étais le plus sous le charme,
je sentais naître dans mon esprit de nombreuses difficultés, de
sérieuses objections. Je trouvais trop souvent l'hypothèse à côté
du fait, le possible à la place du réel. Le désaccord entre la théorie et les résultats de l'observation se mêlaient trop souvent aussi
aux coïncidences que j'ai signalées. Ce qui m'a toujours écarté

de Lamarck me séparait également de Darwin. L'ensemble des résultats acquis à la science m'a conduit depuis longtemps à admettre dans de très larges limites la *variation* des espèces : la même raison m'a constamment empêché d'en admettre la *transmutation*. Le premier ouvrage de Darwin, ses publications plus récentes, celles de ses disciples, n'ont pu changer mes convictions sur ces questions, beaucoup moins simples qu'on ne le croit souvent. Je dois donner les raisons de ce désaccord, et pour cela j'ai à discuter avec quelque détail les doctrines que je combats. Ce sera le sujet de la seconde partie de ce livre.

DEUXIÈME PARTIE

DISCUSSION DU DARWINISME

CHAPITRE PREMIER

OBSERVATIONS GÉNÉRALES. — NATURE DES PREUVES INVOQUÉES

Pour qui se place au point de vue des hommes qui ont émis les doctrines transformistes, la plupart de ces théories ont quelque chose de séduisant. Presque toutes en appellent d'abord à des faits et semblent s'appuyer sur la réalité seule. Maillet lui-même est, au début de son livre, un géologue très sérieux, bien au niveau de ses contemporains, en avance sur certains points ; les quatre lois fondamentales de Lamarck reposent sur des données positives et des appréciations physiologiques parfaitement justes : les phénomènes embryogéniques et tératologiques invoqués par Geoffroy n'ont rien que de très réel. Enfin, j'ai cherché à faire ressortir tout ce qu'il y a de vrai dans la lutte pour l'existence, dans la sélection naturelle, qui semblent donner à l'édifice théorique de Darwin de si fermes assises. Malheureusement ces doctrines sont fort diverses, et quelques-unes s'excluent mutuellement. Par conséquent, celui-là même qui serait le plus disposé à les accepter sans trop de peine est bien forcé de se dire qu'elles ne sauraient être toutes vraies. La défiance une fois éveillée, il ne tarde pas, à mesure qu'il les examine de près, à être frappé du caractère de plus en plus hypothétique et aventureux qu'elles présentent. Un moment arrive où la théorie ne concorde plus avec les faits. Quelques regrets qu'on éprouve, il faut bien alors renoncer à ces vastes horizons, à ces perspectives profondes qui semblaient toucher aux origines de la nature vivante, et nous en expliquer le développement.

Telle est la conclusion à laquelle m'a toujours conduit l'étude de ces questions, et qu'il me reste à justifier. Je ne me dissimule pas d'ailleurs la difficulté que présente cette partie de mon travail, difficulté qui tient à la fois à la nature du sujet et au mode d'argumentation mis au service des idées que j'ai à combattre.

Qu'on parcoure en effet les divers écrits dont j'ai parlé, on y verra partout les mêmes formules employées à chaque instant et de la même manière pour rendre compte des phénomènes. *Je conçois*, nous dit B. de Maillet, que le poisson se change en oiseau comme la chenille en papillon. *N'est-il pas possible*, répète bien des fois Lamarck, que le désir et la volonté poussent sur un point déterminé les fluides subtils d'un corps vivant, y accumulent par cela même des matériaux de nutrition, et déterminent ainsi l'apparition de l'organe dont le besoin se faisait sentir? La *conviction personnelle*, la simple *possibilité*, sont ainsi présentées comme autant de *preuves* ou tout au moins d'arguments en faveur de la théorie.

Or, pouvons-nous leur reconnaître cette valeur? Évidemment non. L'esprit humain a *conçu* bien des choses; est-ce une raison pour les accepter toutes? A ce compte, il faudrait croire également aux systèmes les plus opposés. Quiconque part d'une hypothèse et raisonne logiquement habitue bientôt son esprit à *concevoir* les conséquences des prémisses qu'il a lui-même posées. Mais que l'hypothèse change, les conceptions changent aussi, les possibilités se transforment et se renversent pour ainsi dire. Voilà comment Geoffroy Saint-Hilaire, partant de la tératologie et de l'embryogénie, *concevait* parfaitement la déviation brusque des types animaux, et déclarait *évidemment inadmissibles* les modifications lentes, *seules concevables*, *seules possibles* dans l'hypothèse de Lamarck. Darwin aussi ne *conçoit* que ces dernières, et il insiste presque à chaque page de son livre sur la *possibilité* de ses transformations.

Il faut évidemment des preuves plus sérieuses. Au fond, sauf ce qui implique contradiction, tout est *possible*. Ce mot a, du reste, dans le langage habituel, des acceptions bien diverses. Il existe des possibilités de différents ordres : il en est un très grand nombre qu'on ne saurait pas plus démontrer que réfuter. Si un naturaliste s'étayant du grand nom d'Oken, de ses principes philosophiques et d'un certain nombre de faits incontestables, admettait dans toute son étendue le *principe de la répétition des phénomènes*; s'il en tirait la conséquence que chaque planète a son Europe avec son Angleterre, et que dans chacune d'elles a existé récemment un Darwin qui a expliqué l'origine des êtres vivants dans Saturne, dans Jupiter, je ne vois pas trop comment ça s'y prendrait pour lui démontrer qu'il se trompe. Incontestablement, la chose est *possible*; l'accepterons-nous pour cela comme *réelle*?

La science moderne est plus exigeante. Avant tout, comme l'a si bien montré M. Chevreul, elle en appelle à l'observation et à l'expérience; elle n'accepte comme preuves que des faits bien définis, et dont l'exactitude a été établie par un contrôle raisonné [1]. Sans doute elle n'interdit pas les inductions logiques conduisant l'intelligence quelque peu au delà des conséquences positives et immédiates des phénomènes constatés; mais elle refuse aux simples *conjectures*, surtout au *sentiment individuel*, le droit de se substituer aux faits et de fournir prétexte à des conséquences. A plus forte raison, ne saurait-elle attribuer une autorité quelconque à des *possibilités*. Bien au contraire, lorsque ces possibilités, reposant sur une doctrine quelconque, se trouvent en opposition avec les phénomènes que présente le monde actuel, avec les lois qui le régissent, la vraie science ne voit plus en elles que des objections à opposer à cette doctrine.

En agissant ainsi, la science est dans son droit. Tout prouve en effet que les lois générales de notre globe n'ont pas varié depuis les plus anciens jours. Si nous ne les connaissons pas toutes, il en est du moins qui sont définitivement constatées, et nous possédons la notion d'un grand nombre de faits précis. Toute théorie, dont les conséquences vont à l'encontre de ces lois, de ces faits doit donc être jugée inadmissible par le naturaliste, comme toute hypothèse conduisant à des conclusions contraires

---

1. On comprend que je me borne à rappeler ces règles. Le lecteur curieux de développements devra consulter avant tout les écrits du savant illustre dont je reproduis ici quelques expressions, et dont la vie entière a été consacrée à propager par son exemple et par ses livres la *méthode à posteriori expérimentale*. Je renverrai en particulier à son dernier ouvrage intitulé : *De la méthode à posteriori expérimentale, et de la généralité de ses applications*, 1870. — M. Chevreul nous apprend par une note qu'il dédiait ce volume à la mémoire de son père et de sa mère, le jour même où il accomplissait sa quatre-vingt-troisième année.

à une vérité démontrée est déclarée fausse par le mathématicien.

Je crois inutile d'insister sur ces considérations générales et d'en faire l'application à la plupart des naturalistes des temps passés. Qui donc aujourd'hui accepterait les *possibilités*, les *convictions personnelles* invoquées par Lamarck et Telliamed pour expliquer l'apparition des tentacules chez un mollusque, ou la transformation d'un poisson ou oiseau? Pour porter sur d'autres êtres, pour s'appliquer à des cas différents, une manière de raisonner ne change pas. Or, *tout autant, peut-être plus qu'aucun* de ses prédécesseurs, Darwin a eu recours à des arguments de la nature de ceux que je combats d'une manière générale. Avec la conscience qui le caractérise toujours, il a voulu faire l'application de ses idées fondamentales à une foule de problèmes particuliers. Par cela même, il s'est vu forcé de multiplier les hypothèses secondaires, d'invoquer les *possibilités* les plus diverses; et il en est de bien difficiles à accepter. Pour que le lecteur puisse en juger par lui-même, je citerai ici quelques exemples en choisissant les plus simples.

Notre mésange à tête noire ou charbonnière (*Parus major*) a attiré spécialement l'attention de Darwin. Dans les premières éditions de son livre, il avait cherché à montrer comment on *pouvait concevoir* la métamorphose de cette espèce en un autre oiseau plus ou moins semblable au casse-noix (*Nucif. nga caryocatactes*), dont il posséderait au moins les instincts caractéristiques.

A propos des critiques que je lui avais adressées à ce sujet [1] il m'écrivit qu'il n'avait pas voulu parler d'une filiation directe, mais seulement « montrer, par un exemple imaginaire, comment ce sont ou bien les instincts ou bien la structure qui peuvent changer en premier [2] ». Néanmoins, il remplaça le casse-noix par la sitelle.

Je crois devoir reproduire et examiner successivement les deux formes sous lesquelles l'auteur a traduit sa pensée. Et si j'insiste sur ce point, c'est que c'est la seule fois où Darwin, dans une des transformations si nombreuses qu'il présente comme possibles, ait quelque peu cherché à montrer comment il com-

1. *Charles Darwin et ses Précurseurs français*, 1re édition, p. 184 et suiv.
2. *Vie et Correspondance*, p. 437.

prend l'enchaînement des phénomènes. Partout ailleurs, plus prudent ou plus réservé que Lamarck et Geoffroy, il n'entre pas dans ces détails et laisse à l'imagination du lecteur le soin de suppléer à son silence.

Tout le monde connaît la mésange à tête noire. Quoique la plus grande de nos espèces indigènes du même genre, elle n'atteint pas aux dimensions d'un moineau. On peut dire qu'elle est omnivore. Elle mange également les pousses des bourgeons, toute sorte d'insectes et jusqu'à la cervelle des jeunes oiseaux qu'elle peut surprendre. Son bec, petit, mais aigu et presque conique, et relativement très résistant, lui sert à leur ouvrir le crâne, aussi bien qu'à casser et à percer des graines fort dures et jusqu'à des noisettes. Le casse-noix, moins commun, moins répandu surtout que la mésange, vit d'ailleurs souvent à côté d'elle. C'est un bel oiseau, à peu près de la taille du geai, à plumage brun foncé, semé par places de taches blanches. Il est armé d'un bec fort, allongé, droit, comprimé sur les côtés, et qui lui permet non seulement de casser les noix et fruits analogues, mais aussi d'ouvrir les cônes des sapins et d'autres arbres résineux pour en tirer les graines. En résumé, l'ensemble des caractères du casse-noix l'a fait placer par tous les naturalistes à côté des corbeaux. Toutefois il se distingue de ces derniers par la conformation des pattes et des pieds, qui en font un oiseau propre à grimper plutôt qu'à marcher ou à se percher, et cette disposition s'accorde avec ses habitudes. Tel est l'oiseau que Darwin a pris d'abord pour terme de comparaison avec celui qui pourrait être le petit-fils de la charbonnière. Ici je crois devoir citer textuellement.

Après avoir rappelé que la mésange brise parfois les graines de l'if pour en manger l'amande, Darwin ajoutait : « L'élection « naturelle ne pourrait-elle conserver chaque légère variation « tendant à adapter de mieux en mieux son bec à une telle « fonction jusqu'à ce qu'il se produisît un individu pourvu d'un « bec aussi bien construit pour un pareil emploi que celui du « casse-noix, en même temps que l'habitude héréditaire, la « contrainte du besoin ou l'accumulation des variations acci- « dentelles du goût rendraient cet oiseau plus friand de cette « même graine? En ce cas, nous supposons que le bec se serait « modifié lentement par sélection naturelle, postérieurement à

« de lents changements d'habitudes, mais en harmonie avec
« eux. Qu'avec cela les pieds de la mésange varient et augmen-
« tent de taille proportionnellement à l'accroissement du bec,
« par suite des lois de corrélation, est-il improbable que de plus
« grands pieds excitent l'oiseau à grimper de plus en plus jus-
« qu'à ce qu'il acquière l'instinct et la faculté de grimper du
« casse-noix [1] ? »

La transformation dont il s'agit ici est certainement une des
plus simples dont parle Darwin. En somme, et malgré le contraste des images que feront naître les noms de mésange et de
corbeau, il s'agit de deux animaux appartenant à la même
classe, au même ordre, et que séparent seulement dans la plupart de nos classifications quelques groupes plus ou moins distincts de l'un et de l'autre. L'hypothèse ne touche d'ailleurs qu'à
quelques organes et aux instincts. C'est bien peu de chose en
comparaison des métamorphoses qu'exige la formation, des
types. Pourtant cet exemple permet de juger assez bien du genre
d'argumentation auquel j'ai à répondre. Nous y voyons une
simple analogie dans quelques actes suggérer la pensée d'une
transformation *possible*. La *possibilité* que l'une des deux espèces
prenne goût à une nourriture particulière sert en quelque sorte
de point de départ, et sert à motiver la *possibilité* des modifications du bec. Celles-ci, par corrélation de croissance, entrainent
le développement des pattes. Acceptons cette conséquence,
qu'autorisent dans une certaine mesure les mensurations prises
par l'auteur sur diverses races de pigeons [2]; la question est-elle
résolue pour cela, et sortons-nous de la pure hypothèse? Comment s'établit cette harmonie entre la friandise croissante de
l'oiseau et son organisation? La sélection naturelle, même telle
que l'entend Darwin, y peut-elle quelque chose? Pour qu'il en
fût ainsi, il faut que l'usage des graines de l'if comme nourriture assure un avantage dans la lutte pour l'existence. Certes,
la chose est *possible*; mais elle n'est encore que cela.

A raison de leur vague même, les arguments de Darwin ne
sont rien moins que faciles à discuter directement. Peut-être le
meilleur moyen de faire apprécier ce qui leur manque est-il de

1. *Origine des espèces*, traduction de Mme Cl. Royer, p. 335.
2. *De la variation des animaux et des plantes*, t. I.

faire voir qu'on peut, avec tout autant de chances d'être dans le vrai, renverser l'ordre de ces phénomènes hypothétiques et montrer que le casse-noix pourrait tout aussi aisément donner naissance à un oiseau plus ou moins voisin de la mésange. Cette hypothèse aurait même l'avantage d'attribuer à la transformation une cause plus plausible, ce me semble, que la friandise accidentellement développée.

Le casse-noix habite d'ordinaire les montagnes plantées d'arbres résineux, dont il recherche les graines. Il en est souvent chassé par la rigueur du froid et le manque de nourriture. Il descend alors vers les plaines, et y arrive dans un état de faiblesse tel qu'on peut parfois l'approcher à la portée du bâton [1]. Pour qui se place au point de vue de Darwin, n'est-il pas *possible* que, dans ces migrations forcées, quelques individus se soient laissé séduire par la douceur du climat et une abondance d'aliments qu'ils n'avaient pas encore connues? N'ayant plus à ouvrir les cônes résistants des sapins, leur bec se sera en partie atrophié par suite du *défaut d'exercice*. La *corrélation de croissance* aura entraîné la *réduction* des pattes et des pieds, et par suite l'oiseau aura perdu ses instincts grimpeurs. Enfin l'instinct qui pousse la charbonnière à s'attaquer à des graines, à des fruits dont la dureté semble défier sa faiblesse, serait dans cette hypothèse un de ces *traits héréditaires* admis par Darwin, espèce de certificats d'origine qui attestent chez les descendants ce que furent leurs ancêtres.

La sitelle commune ou torche-pot (*sitta europea*), que Darwin a prise pour terme de comparaison dans ses dernières éditions, est moins éloignée de la mésange que le casse-noix. C'est un joli oiseau, plus grand que la première, d'un gris bleuâtre en dessous avec une gorge blanche et les flancs d'un roux marron. Son bec est relativement long et fort; les pieds ont le pouce robuste, long et armé d'un ongle très courbé. Ce sont des oiseaux essentiellement grimpeurs qui parcourent le tronc et les branches des arbres en tout sens et se suspendent par les pieds, au lieu de se percher à la manière ordinaire. Ils se nourrissent d'insectes, de graines diverses et, en particulier, de noisettes dont

---

1. Lafresnaye, article CASSE-NOIX, dans le *Dictionnaire universel d'histoire naturelle.*

ils se font les provisions pour l'hiver. Pour en atteindre l'amande ils fixent solidement la noisette dans une fente quelconque et la percent ensuite à coups de bec [1].

Voici comment Darwin comprend que de la charbonnière pourrait sortir une espèce nouvelle plus ou moins voisine du torche-pot. « La mésange, dit-il, tient souvent entre ses pattes, « sur la branche, les graines de l'if qu'elle frappe avec son bec « jusqu'à ce qu'elle arrive au noyau. Or, quelle difficulté y « aurait-il à ce que la sélection naturelle, ayant successivement « conservé toutes les légères variations individuelles survenues « dans la forme du bec et de nature à l'adapter de mieux en « mieux à l'acte d'ouvrir les graines, il en soit finalement « résulté un bec aussi bien conformé dans ce but que celui de la « sitelle; et qu'en même temps par habitude, par nécessité, ou « par un changement spontané du goût, l'oiseau soit devenu de « plus en plus mangeur de graines? Le bec, dans ce cas, est « supposé s'être modifié lentement par sélection naturelle, à la « suite de, mais en concordance avec quelques lents change- « ments dans l'habitude et les goûts. Mais que par exemple, par « corrélation avec le bec ou toute autre cause, les pattes de la « mésange viennent à varier et à grossir, il n'est pas impro- « bable que cette circonstance fût de nature à rendre l'oiseau de « plus en plus grimpeur, et que cet instinct se développant « toujours plus fortement, il finisse par acquérir les aptitudes et « les instincts de la sitelle [2]. »

On le voit, en changeant d'exemple, Darwin n'a modifié en rien son mode d'argumentation. Ici encore une modification des goûts de l'oiseau entraîne de nouvelles habitudes; les variations du bec, en harmonie avec ces tendances, s'accumulent et façonnent un bec de sitelle; la corrélation de croissance développe et modifie les pieds, et la métamorphose se trouve accomplie.

Eh bien, en vertu des mêmes principes et par des raisonne-ments identiques, il est facile de montrer comment la sitelle peut se transformer en mésange. Il suffit de supposer que par un *chan-gement spontané* du goût quelques individus se seront mis à aimer

1. Dumont de Sainte-Croix (*Dictionnaire des sciences naturelles*, article Sitelle).
2. *Origine des espèces*, traduction Moulinié, p. 235.

les bourgeons. Pour les atteindre, il aura fallu se percher ; la *sélection naturelle* aura lentement modifié les pieds et effacé ce que le pouce et son grand ongle, si utiles à un oiseau grimpeur, ont d'incommode pour un percheur ; par corrélation de croissance, le bec se sera réduit, si bien qu'il ne pourra plus fouiller les fentes des écorces pour y saisir les larves d'insectes ; mais il sera resté relativement fort et permettra à l'espèce nouvelle de satisfaire un reste de goût pour les graines dures qu'elle aura hérité de ses ancêtres. Pour employer les expressions de Darwin, voilà comment ce nouvel oiseau, arrière-petit-fils de la sitelle, aura acquis les aptitudes et les instincts de la mésange.

En présence de ces résultats, dont aucun darwiniste sérieux ne contestera la légitimité, en présence de tant d'autres exemples que je pourrais emprunter au même ouvrage, comment accepter la donnée générale qui conduit à regarder comme indifférent le sens dans lequel s'accomplissent les modifications supposées, et qui permet de renverser en quelque sorte la marche des phénomènes ? Nous allons voir tout à l'heure des conséquences du même ordre, mais plus frappantes peut-être, ressortir d'hypothèses analogues et des faits acceptés par Darwin lui-même.

En effet, la difficulté s'accroît à mesure que les phénomènes deviennent plus complexes. Que l'on voie dans le darwinisme une doctrine de progrès ou simplement la théorie de l'adaptation progressive, il n'en résulte pas moins essentiellement que toute modification a sa raison d'être dans l'*utilité* qu'elle présente pour l'*individu*. Darwin et ses disciples reviennent à chaque instant sur cette conséquence immédiate du fait fondamental de la doctrine, savoir la lutte pour l'existence qui seule produit la sélection. Il suit de là que l'existence de toute particularité organique, surtout quand elle est bien accusée ou quelque peu exceptionnelle, doit être justifiée par l'usage même des organes.

Or, tant s'en faut qu'il en soit toujours ainsi. Des exemples du contraire abondent et Darwin est le premier à les signaler. Il cite entre autres l'oie de Magellan et la frégate, qui ont des pieds palmés, et qui pourtant ne s'en servent pas pour nager. Ces palmures sont donc inutiles. Il insiste avec raison sur l'histoire d'un

pic d'Amérique (*Colaptes campestris*) [1], qui, par toute son organisation, par les caractères essentiels au type, comme par des
traits secondaires, accuse son étroite parenté avec notre espèce
commune, et qui cependant ne se sert jamais de ses *pieds de
grimpeur* pour grimper aux arbres. Enfin, l'inutilité de la queue
chez un grand nombre d'animaux terrestres, les inconvénients
mêmes qu'elle peut avoir pour eux en présentant un point d'at-
taque à leurs ennemis, peuvent facilement être appréciés de tout
le monde.

Évidemment il faut chercher l'explication de pareils faits ailleurs que dans la sélection. Darwin s'adresse alors à l'hérédité,
et développe ici toute une théorie spéciale. « Des organes actuel-
« lement insignifiants peuvent avoir eu, dans quelques cas,
« une grande importance chez un ancêtre reculé; et, après
« avoir été lentement perfectionnés à une période antérieure,
« ont continué à se transmettre à peu près dans le même état
« aux espèces existantes, bien que leur utilité ait diminué [2]. »
Voilà, au dire du savant anglais, pourquoi l'oie de Magellan, la
frégate, ont conservé la membrane interdigitale, qui fut jadis
utile à leur ancêtre inconnu; voilà, au dire du savant anglais,
pourquoi tant de mammifères et de reptiles terrestres ont une
queue. Tous ils descendent d'espèces aquatiques. Or, chez
celles-ci, la queue joue souvent un rôle des plus importants
comme organe de locomotion. Bien que désormais à peu près
sans usage et modifiée de diverses manières, elle persiste, trans-
mise par l'hérédité seule et comme un reste du passé.

Darwin ajoute que la sélection naturelle est sans action sur
ces caractères inutiles ou de peu d'importance. Cette proposition sera, ce me semble, difficilement acceptée par quiconque
admet les principes fondamentaux de l'auteur lui-même, qui
voit dans la sélection une sorte de puissance constamment à
l'affût de toute altération accidentellement produite pour choisir
celles qui peuvent être le plus utiles. Il est difficile de croire
qu'un oiseau, fait pour grimper et qui ne grimpe pas, soit réellement adapté à ses conditions d'existence. Évidemment des

1. *Origine des espèces*, p. 197. Darwin a vérifié par lui-même les observations plus anciennes de d'Azara.
2. *Ibid.*, p. 215.

pieds de marcheur ou de percheur lui seraient plus utiles que
ses pieds de grimpeur. Par conséquent, ou bien la théorie est
fondamentalement inexacte, ou bien la sélection devra les
modifier.

Pour expliquer le contraste que présente le pic de la Plata, il
faut donc adopter d'abord l'hypothèse d'un ancêtre ayant eu
les habitudes indiquées par cette organisation spéciale, et ajouter
que son descendant, modifié quant aux mœurs, ne l'est pas
encore quant à la forme. Mais on peut aussi renverser les termes
de l'interprétation, et voir dans l'oiseau dont nous parlons, au
lieu d'une espèce en voie de cesser d'être pic, une espèce qui
tend à le devenir, qui a déjà les pieds caractéristiques de ce
groupe, sans en avoir encore acquis les instincts. Ces deux
hypothèses absolument contradictoires se justifient également
au point de vue de la théorie darwinienne. Mais alors comment
croire à ces généalogies si séduisantes, dont nous entre-
tiennent également Lamarck et Darwin, et dans lesquelles le
même être peut figurer indifféremment comme aïeul ou comme
petit-fils?

Nous venons de voir Darwin déclarer que tout un ordre de
caractères, fort nombreux cependant, échappent à la sélection
et relèvent de l'hérédité seule. Il en appelle de nouveau à l'action réunie de ces deux agents quand il s'agit d'expliquer la
formation des individus neutres qui constituent le plus grand
nombre des habitants de nos ruches, de nos fourmilières et des
sociétés analogues. Ce fait est certainement des plus étranges
aux yeux du physiologiste, et Darwin déclare l'avoir regardé
d'abord comme une difficulté capable de renverser toute sa
théorie. Aussi le discute-t-il avec détail en prenant les fourmis
pour exemple.

La stérilité considérée en elle-même ne l'arrête pourtant pas
si longtemps. Il l'assimile à toute autre structure et à toute
autre « modification un peu frappante de conformation [1] »; il
constate que d'autres insectes vivant isolés à l'état de nature, se
trouvent parfois frappés de stérilité.

« Or, si de tels insectes eussent été sociaux, et qu'il eût été
« avantageux pour la communauté qu'un certain nombre de

---

1. *Origine des espèces*, p. 257.

« ses membres naquissent annuellement aptes au travail, mais
« incapables de procréer, il n'y a aucune difficulté à ce que ce
« résultat ait pu être effectué par la sélection naturelle. »

C'est, il me semble, aller un peu vite. Ici, moins encore que
dans les exemples précédents, on ne peut accepter comme
preuve valable la *possibilité* affirmée avec une *conviction toute
personnelle*. L'auteur n'ajoute rien à la valeur de cet argument
en l'appliquant par comparaison et par une hypothèse de plus
à des espèces qui ne présentent pas le phénomène dont il s'agit.
Certes on trouve des individus isolés frappés de stérilité, non
seulement chez les insectes et les autres articulés, mais jusque
dans les classes élevées du règne animal et chez l'homme. De
ceux-ci on peut dire en effet que l'altération des organes reproducteurs n'a rien de plus étrange que toute autre modification
accidentelle et individuelle de l'organisme.

Mais, ces êtres stériles sont en réalité des *monstres par arrêt
de développement* anatomique ou physiologique, et restent isolés
comme les autres *monstres*.

L'existence des neutres chez les abeilles, les fourmis, etc., est
un fait d'un ordre absolument différent et bien autrement grave.
Il ne s'agit plus de cas accidentels et tératologiques. Il s'agit de
la production régulière, normale, d'individus chez lesquels
l'organisation se transforme de manière à *assurer l'infécondité*,
bien qu'ils proviennent de pères, de mères et d'ancêtres tous
féconds depuis que l'espèce existe. Il y a là une dérogation à
l'une des règles les plus générales du monde organisé. En outre,
au point de vue commun à Darwin et à Lamarck, le fait est en
contradiction flagrante avec la loi la plus fondamentale de l'hérédité.

Ce qu'il fallait montrer avant tout, c'est comment cette
exception a pu se produire, en vertu de la théorie; ou, tout au
moins, comment elle concorde avec elle. Ainsi penseront certainement tous les physiologistes.

Darwin, dont l'argumentation repose à peu près exclusivement sur la morphologie, ne s'arrête pas, on l'a vu, au phénomène essentiel. Il insiste au contraire sur les faits accessoires,
qui le compliquent en effet parfois d'une manière extrêmement
curieuse. Chez les fourmis, les neutres forment une caste à part,
séparée des autres par sa structure propre tout autant que par

ses instincts. Comme chez les abeilles, ce sont les travailleurs
de la société. Mais, tandis que l'abeille ouvrière ressemble en
somme beaucoup aux mâles et aux femelles, les fourmis neutres
se distinguent nettement des autres par la forme de la partie
moyenne du corps; elles n'ont jamais d'ailes, et même parfois
sont privées d'yeux. Chez certaines espèces, il existe plusieurs
catégories de neutres parfaitement distinctes par les formes aussi
bien que par les fonctions qui leur sont dévolues. Chez les éci-
tons, on trouve des ouvriers proprement dits et des soldats; chez
les *Myrmecocystus* du Mexique, les neutres d'une certaine caste ne
quittent jamais la fourmilière, et leur abdomen, extrêmement
développé, sécrète une sorte de miel qui remplace pour cette
espèce celui que les pucerons fournissent à d'autres [1]. Voilà
donc dans le même nid, engendrées par le procédé ordinaire,
quatre formes animales sœurs, mais différentes, et dont deux
sont incapables de se reproduire. Certes le fait est étrange, et
l'explication n'en est pas aisée.

Pour en rendre compte, Darwin recourt comme à l'ordinaire
à l'hérédité et à la sélection. Mais le propre de l'hérédité est de
transmettre et d'accumuler dans les produits les caractères, les
facultés des parents. C'est là un principe que l'expérience justifie, que Darwin invoque, aussi bien que Lamarck, pour expliquer les transformations de toute nature et qui constitue le fond
même de toute doctrine admettant la transmutation lente. La
sélection, telle que Darwin l'a exposée, n'agit et ne peut agir
qu'en vertu de cette loi. Comment donc est-il possible que des
individus *féconds* arrivent à procréer en immense majorité des
individus *inféconds*, c'est-à-dire privés de la faculté la plus universellement attribuée aux êtres vivants et qu'ont nécessairement possédée tous leurs ancêtres?

Il faut bien introduire ici une nouvelle hypothèse, et Darwin
répond à cette difficulté en invoquant l'*utilité des neutres*. Les
premières colonies où ils ont apparu ayant mieux prospéré que
les autres, les mères qui les avaient produites auront transmis
à leurs descendantes la faculté de donner naissance à des êtres

---

1. Darwin. On sait que la plupart des espèces de fourmis élèvent en captivité des troupeaux de pucerons pour se nourrir du suc sucré sécrété par
eux : aussi a-t-on pu dire avec raison que ces petits insectes étaient les
vaches des fourmis.

semblables ; cette faculté, accrue par la sélection, a amené l'état
de choses actuel. Voilà comment Darwin croit « avoir expliqué
« l'origine du cas étonnant de l'existence dans une même colonie
« de deux castes nettement distinctes d'ouvrières stériles, diffé-
« rentes l'un de l'autre ainsi que de leurs parents, et montrer
« que leur formation a dû être aussi avantageuse pour la com-
« munauté sociale des fourmis que la division du travail peut
« être utile à l'homme civilisé [1] ».

Mais, la lutte pour l'existence et la sélection qu'elle entraîne
sont des faits essentiellement individuels, d'après la manière
dont Darwin les a présentés dans ses premiers chapitres. S'ils
peuvent agir par voie d'*hérédité continue* sur les descendants
d'un ancêtre primitif, il est impossible d'en comprendre l'application à des groupes de neutres que rien ne relie entre eux, si
ce n'est la fécondité ininterrompue des pères et des mères. Or,
cette parenté même tend sans cesse, en vertu de la loi d'hérédité,
à effacer la neutralité des enfants. Il y a par conséquent là
quelque chose d'inexpliqué et d'inexplicable, surtout pour qui
n'oublie pas les principes fondamentaux de la théorie.

On voit comment, chez Darwin aussi bien que chez ses devanciers, l'hypothèse entraîne l'hypothèse. Peut-il du moins, à
l'aide de ces théories accessoires, de ces comparaisons, de ces
métaphores, rendre compte de tous les faits ? Non, il le reconnaît lui-même avec une grande bonne foi et à plusieurs reprises.
Il est vrai que, sous une forme ou sous une autre, il ajoute
presque toujours : « Je crois cependant que de telles difficultés
« ne sont pas d'un très grand poids [2] ». Mais cette *conviction*
est-elle une preuve ou même un argument ?

Souvent aussi Darwin proclame hautement ce que le savoir
actuel a d'incomplet. Mais, au lieu de trouver un motif de réserve
dans ce défaut de notions précises et suffisamment étendues, il
semble y puiser une hardiesse nouvelle. Les doctrines reposant
sur l'instabilité des espèces ont été souvent combattues par les
paléontologistes et les géologues. Pour répondre à leurs objections, Darwin consacre un chapitre entier à démontrer l'insuf-

---

1. *Origine des espèces*, p. 262.
2. *Ibid.*, p. 194. Il s'agit ici de la difficulté que présente l'explication des
modifications subies par le membre antérieur chez les chauves-souris.

fisance des documents fournis par les sciences qui ont pour objet le passé de notre globe.

« Quant à ce qui me concerne, dit-il, je considère les certi-« tudes géologiques comme une histoire du globe qui a été « incomplètement conservée, écrite dans un dialecte changeant « et dont nous ne possédons que le dernier volume, traitant de « deux ou trois pays seulement. De ce volume, quelques frag-« ments de chapitres et quelques lignes éparses de chaque page « sont seuls parvenus à nous. Chaque mot de ce langage chan-« geant lentement, plus ou moins différent dans les chapitres « successifs, peut représenter les formes qui ont vécu, sont « ensevelies dans les formations consécutives et nous paraissent « à tort avoir été brusquement introduites. Cette manière de « voir atténue beaucoup, si elle ne les fait pas disparaître, les « difficultés que nous avons discutées dans le présent chapitre [1]. »

A mon tour, je demanderai si cette conclusion est bien légitime. Certes Darwin est dans le vrai quand il refuse à certains naturalistes le droit de dogmatiser en s'appuyant sur des études incomplètes, sur des observations rares et isolées. Est-il pour cela autorisé à présenter comme autant de preuves en sa faveur les *lacunes* mêmes de la science, à en appeler aux volumes, aux feuillets *perdus* du livre de la nature? Évidemment non.

Eh bien! la moindre réflexion suffit pour reconnaître que cet appel à l'inconnu, si franchement énoncé dans le passage précédent, se retrouve au fond de toute argumentation analogue a celle que j'ai essayé de caractériser, chez Maillet comme chez Lamarck, chez Geoffroy comme chez Darwin. Seul, en effet, l'inconnu peut ouvrir ce vaste champ des spéculations, où le possible se substitue au réel, où, malgré le savoir le plus étendu, malgré l'intelligence la plus ferme, on arrive presque fatalement à regarder comme concluant en sa faveur précisément ce qu'on déclare ignorer.

J'ai dû insister quelque peu sur la nature des arguments employés depuis l'époque de Telliamed jusqu'à nos jours en faveur des doctrines que je discute. J'ai dû prendre mes exemples chez Darwin, le représentant actuel le plus avancé de cet ensemble d'idées. En agissant ainsi, je n'ai fait que me défendre. On sait

[1]. *Origine des espèces*, p. 340.

comment ont été traités de tout temps, comment on traite
chaque jour les savants qui se refusent à adopter ces systèmes
aventureux. Je ne parle pas seulement des disciples, toujours
enclins à exagérer. Les maîtres eux-mêmes ont été parfois bien
sévères pour qui ne suivait pas la bannière qu'ils avaient levée.
B. de Maillet, Robinet, déclaraient s'adresser aux *philosophes* et
non à d'autres. Geoffroy, Lamarck, en appelaient aux hommes
exempts de préjugés scientifiques. Darwin, dont les écrits portent
partout l'empreinte de la modération et du calme, déclare savoir
d'avance que sa doctrine sera rejetée par le plus grand nombre
des *hommes de science*, plus enclins à tenir compte des difficultés que des avantages d'une théorie. Il en appelle « aux jeunes
« naturalistes nouveaux, qui pourraient considérer impartiale-
« ment les deux côtés de la question.... Quiconque est conduit à
« admettre que les espèces sont changeantes rendra service en
« exprimant consciencieusement sa conviction; car ce n'est
« qu'ainsi qu'on pourra débarrasser le sujet de tous les préjugés
« qui l'accablent [1]. »

Eh bien! c'est aux juges mêmes invoqués par Geoffroy, par
Lamarck, par Darwin, que je m'adresse. C'est aux esprits
exempts de préjugés et d'opinions préconçues, aux intelligences
ouvertes et impartiales que je demande si, en matière de science,
il est permis de regarder la *conviction personnelle* ou la *possibilité* comme des preuves et l'*inconnu* comme un argument.

Certes, partout ailleurs que lorsqu'il s'agit de ces problèmes
obscurs et des hypothèses qu'ils ont fait surgir, cette question
serait superflue. En physique, en chimie, en physiologie, on de-
manderait avant tout des faits, des observations, des résultats
d'expériences. Hâtons-nous donc de revenir sur ce terrain, véritable domaine de la science sérieuse.

1. *Origine des espèces*, p. 596.

CHAPÎTRE II

OBSERVATIONS GÉNÉRALES. — STABILITÉ DES TYPES
SPÉCIFIQUES. — FAITS PALÉONTOLOGIQUES

Les théories que je combats ont toutes eu leur moment de
succès. Geoffroy Saint-Hilaire, Lamarck, ont eu et ont peut-être
encore leurs disciples. Ceux de Darwin sont bien plus nombreux ;
et parmi eux on compte quelques-uns des naturalistes qui ont
conquis par leurs travaux personnels la plus sérieuse, la plus
légitime autorité. Toutefois ce n'est pas ordinairement sans
réserves que ces hommes d'élite ont accordé leur adhésion au
savant acclamé par la foule comme un révélateur. Bien peu de
semaines après la publication de l'*Origine*, et au plus fort de
son enthousiasme, Huxley faisait à la théorie de celui qu'il acceptait pour maître, une objection fondamentale [1] ; peu après, Carl
Vogt, tout en se déclarant partisan des idées de Darwin, se
séparait de lui sur quelques points d'une sérieuse importance [2] ;
et cette opposition s'est remarquablement accrue depuis lors [3] :
Romanes, l'ami et le commensal de Darwin, après avoir montré
que la sélection était incapable de produire les effets qu'on lui
attribuait, a proposé une théorie nouvelle [4] ; Wallace, qui par-

1. *Lay Sermons*, p. 256. Ce chapitre avait paru sous forme d'article
dans la *Westminster Review* (avril 1860).
2. *Leçons sur l'homme*, 1865. p. 561.
3. *Quelques hérésies darwinistes* (*Revue scientifique*, 1886).
4. *Physiological selection* (*Linnean Society's Journal*, IX, 1886).

tage avec Darwin l'honneur d'avoir eu la première idée de la
lutte pour l'existence et de ses conséquences, s'est absolument
séparé de lui lorsqu'il s'est agi d'en faire l'application à l'homme [1].
Je ne puis aborder aujourd'hui l'exposé de ces dissidences, non
plus que celui des conceptions diverses qui ont été opposées à
celles de Darwin. Comme je l'ai déjà dit, ce sera le sujet d'un
autre ouvrage. Aujourd'hui, je dois me borner à examiner la
doctrine de l'illustre théoricien anglais, en suivant à peu près
l'ordre adopté par lui-même dans le développement de sa
pensée.

Huxley, qui s'est fait en Angleterre le défenseur éminent et
zélé du darwinisme, a pourtant reconnu que cette doctrine ne peut
être reçue qu'à titre provisoire. Il la compare à la théorie qui
attribue la lumière aux ondulations d'un éther mis en mouvement par les vibrations des corps lumineux. « Le physicien phi-
« losophe, dit-il, peut admettre cette théorie, bien que l'exis-
« tence de cet éther soit encore hypothétique. Il en est de même
« de la théorie de Darwin, qui ne pourra être acceptée définiti-
« vement qu'à la condition de montrer que le croisement sélectif
« peut donner naissance à une espèce physiologique [2]. »

Je reviendrai plus tard sur cette grave considération. Je veux
montrer d'abord que, dans la comparaison qu'il vient d'établir,
Huxley attribue au darwinisme une valeur très exagérée.

Sans doute, en dehors de ses manifestations lumineuses, calo-
rifiques, etc., personne ne connaît l'éther, et en réalité nous
ignorons ce qu'est cet agent. Mais, lorsque la théorie des ondulations vint se substituer à celle de l'émission, elle ne rendit pas
seulement compte, bien mieux que sa devancière, de tous les
phénomènes alors connus; elle en fit découvrir de nouveaux;
elle supporta, elle supporte encore tous les jours la rude épreuve
de l'analyse mathématique. Elle a pour elle l'observation et
l'expérience. Sans connaître l'éther en lui-même, le physicien
est donc autorisé à dire : Tout est comme si cet éther existait.

Or, c'est précisément cette preuve expérimentale qui manque à
la doctrine de Darwin comme à celle de Lamarck, comme à

1. *La Sélection naturelle*, traduit de l'anglais par Lucien de Candolle,
1892.
2. *De la place de l'homme dans la nature*, p. 245.

toutes celles qui ont admis ou qui admettront une de leurs hypothèses les plus fondamentales, celle des transformations s'accomplissant avec une lenteur presque infinie. L'auteur français ne
précise rien, il est vrai, quant au temps nécessaire pour obtenir
une espèce nouvelle; il se borne à répéter bien des fois qu'il
s'agit de durées telles, que nos âges historiques s'effacent devant
elles. Le savant anglais, plus explicite, demande au moins mille
générations, tout en déclarant que le chiffre de dix mille lui
paraîtrait préférable [1]. En d'autres termes, dix mille années sont
nécessaires pour transformer une espèce qui peut se reproduire
un an après la naissance; mais il en faut le double, le triple,...
pour celles dont les représentants ne sont adultes que plus tard.
Qu'on juge du nombre de siècles qu'a dû exiger dans cette hypothèse le passage d'un type à l'autre, la réalisation d'un animal,
d'un végétal supérieur dont le premier ancêtre était quelque
chose de moindre et de plus simple que la plupart de nos infusoires, que les spores de nos conferves!

A elle seule, dans l'immense majorité des cas, cette hypothèse
nous rejette fort au delà des temps accessibles à l'expérience, à
l'observation directe. Par conséquent, pour une foule de questions, elle nous conduit sur un terrain absolument différent de
celui qu'exploitent avec tant de succès le physicien et le chi-
miste. En fait, Lamarck, Darwin et tous ceux qui marchent après
eux, se sont placés dans des conditions telles que leurs théories
se trouvent à peu près absolument en dehors de tout *contrôle*. A
quel titre serait-il permis d'assimiler leurs doctrines à celles qui
chaque jour, *sous nos yeux*, en appellent à ce critérium, et permettent, non seulement d'interpréter, mais encore de prévoir
des phénomènes?

Ajoutons que, dans les cas fort rares où l'expérience peut être
interrogée, elle ne paraît pas répondre en faveur des doctrines
que j'examine. Les chiffres mêmes, invoqués par Darwin, permettent une objection que résout, il est vrai, la théorie de Lamarck,
mais que laisse subsister dans toute sa force la doctrine du
savant anglais, quoiqu'il croie l'avoir réfutée. Depuis longtemps,
et surtout depuis qu'elle est facilement accessible aux Européens,
l'Égypte nous a ouvert ses hypogées; la science y a puisé large-

---

1. *Origine des espèces*, p. 122, 124.

ment. En comparant les espèces animales et végétales qu'on y a recueillies à celles qui vivent de nos jours, on n'a jamais trouvé aucune différence. Sur ce point, toutes les études faites par les botanistes aussi bien que par les zoologistes ont confirmé les conclusions de la commission chargée d'examiner les collections rapportées d'Égypte par Geoffroy Saint-Hilaire [1]. Voilà donc six mille ans environ que ces espèces n'ont pas varié, en supposant que les échantillons les plus anciens ne remontent qu'à la quatrième dynastie [2]. Or, soit chez les plantes, soit chez les animaux, on a pu souvent étudier les parties les plus délicates et constater qu'elles n'ont pas changé.

Comment accorder cette constance des formes animales ou végétales avec les théories qui admettent la mutabilité des espèces ?

La réponse de Lamarck est simple et logique. Pour lui, toute modification de l'organisme suppose un besoin nouveau, qui s'est fait sentir et a produit de nouvelles habitudes. Ce besoin lui-même est causé, comme on l'a vu, par un changement dans les conditions d'existence. Que celles-ci restent les mêmes, et l'espèce n'a aucune raison pour se modifier. Voilà, dit Lamarck, pourquoi les animaux, les végétaux de l'ancienne Égypte ressemblent à ceux de nos jours. Dans le système de la *Philosophie zoologique*, cette explication est suffisante, car cette théorie comporte une constance temporaire indéfinie aussi bien que des variations incessantes. A la rigueur, Lamarck aurait pu l'appliquer à la totalité de l'époque géologique actuelle.

Il en est tout autrement de la doctrine de Darwin. Ici la variation dépend de la *sélection*, commandée elle-même par la *lutte pour l'existence*. Or, celle-ci ne s'est pas plus arrêtée sur les bords du Nil que partout ailleurs. La sélection n'a pas pu s'arrêter davantage. Si elle n'a rien produit, c'est qu'elle n'a exercé aucune action pendant la période dont il s'agit. Or les calculs les plus modérés, fondés sur les recherches modernes, semblent

1. *Annales du Muséum*, t. I. Ce rapport, fait par Lacépède, ne parle que des animaux. Pour les végétaux, on peut consulter entre autres le mémoire de Kunth dans les *Annales des sciences naturelles* (1re série, t. VIII), et une lettre de Robert Brown dans le même recueil (t. IX).

2. L'origine de cette dynastie daterait de 4235 ans avant notre ère, d'après Mariette (*Aperçu de l'histoire ancienne d'Égypte*).

permettre d'attribuer à cette période actuelle une durée d'environ trente mille ans.

Mais au delà, vient toute la période quaternaire pendant laquelle vivaient chez nous des mammifères dont les uns habitent encore nos montagnes, comme le bouquetin et le chamois, dont d'autres ont émigré, comme le lemming, en Suède, l'antilope saïga en Sibérie, le bœuf musqué à la baie d'Hudson,... et la comparaison des squelettes a permis d'affirmer l'identité des individus vivants et de leurs ancêtres fossiles.

L'étude des mollusques gastéropodes terrestres a conduit à la même conclusion. Dans les alluvions de la Côte d'Or contenant des ossements de mammouth, M. Jules Baudouin a recueilli les coquilles de treize espèces de ce groupe. Douze de ces espèces vivent encore dans la même localité; et voici ce qu'en dit l'habile conchyliologiste : « Quant aux formes, celles des espèces fossiles « sont semblables dans tous leurs détails à celles de leurs ana- « logues vivantes. Il en est de même de la taille. Elles sont donc « identiques les unes aux autres et ne présentent pas même « de modifications suffisantes pour permettre d'y établir des « variétés [1]. »

Attribuer à la totalité des temps quaternaires une durée égale seulement à celle de la période actuelle, c'est probablement rester bien au-dessous de la vérité. Ainsi, depuis environ soixante mille ans, la sélection aurait été sans action sur ces espèces de mammifères et de mollusques.

Telle est la conclusion inévitable à laquelle conduisent les principes fondamentaux de toute la théorie, et qu'ont vainement cherché à combattre quelques disciples enthousiastes de Darwin. Ils oublient que leur maître lui-même, avec cette loyauté qu'on ne saurait trop signaler, l'accepte comme ressortant des faits. Il est par cela même conduit à insister sur une idée qu'il a d'ailleurs exprimée à diverses reprises, mais qui accroît encore les difficultés. « Le fait du peu ou point de modification effectuée « depuis la période glaciaire aurait quelque valeur contre ceux « qui croient à une loi innée et nécessaire de développement; « mais elle est impuissante contre la doctrine de la sélection natu- « relle, ou de la survivance du plus apte, celle-ci impliquant la

1. *Bulletins de la Société malacologique de France*, t. V, p. 417.

« conservation de toutes variations et différences individuelles
« avantageuses, qui pourraient surgir, ce qui ne peut arriver que
« dans des circonstances favorables [1]. »

Ainsi cette sélection, forcément incessante et universelle, car
la bataille de la vie ne s'arrête jamais ni nulle part ; ces victoires
des plus forts, des mieux doués, conservant, accroissant, accumulant de génération en génération les caractères de supériorité,
n'ont à peu près constamment d'autre effet que de conserver ce
qui est! L'action modificatrice est subordonnée à un accident!
Et cet accident ne s'est pas produit une seule fois, que l'on sache,
chez une seule des centaines d'espèces animales ou végétales
recueillies sur les points les plus divers et qui ont traversé des
milliers d'années. Voilà ce que reconnaît ici Darwin ; et il n'y
voit pas même matière à difficulté. Que penserait-on, se borne-
t-il à répondre avec M. Fawcett, d'un homme qui nierait le sou-
lèvement du Mont-Blanc parce que la chaîne des Alpes n'a pas
grandi depuis trente siècles? La sélection, répète-t-il sous toutes
les formes, n'agit que d'une manière intermittente, par accident,
tantôt sur une espèce, tantôt sur une autre, toujours très rarement. Rien de semblable ne s'est passé, depuis les temps dont il
s'agit, sur aucune de ces espèces, et voilà pourquoi nous les
retrouvons telles qu'elles étaient au début des temps quaternaires.

On comprend que des lacunes aussi considérables dans l'activité transformatrice de la sélection ajoutent considérablement
au temps nécessaire pour l'apparition d'espèces nouvelles, pour
la formation de nouvelles faunes. Aussi ne compte-t-il plus ici
par milliers d'années, mais par millions. De plus il applique ses
évaluations à des populations animales dont il admet l'existence
en dépit des observations les plus précises faites dans les deux
mondes. Au-dessous des couches cambriennes viennent les terrains
primitifs nommés aussi *azoïques* parce qu'on n'y a encore trouvé
aucune trace d'être organisé [2]. La vie se montre au contraire
dans les plus anciens terrains cambriens et y est représentée par

---

1. *Origine des espèces*, p. 526.
2. L'*Eozoon canadense*, que Carpenter avait regardé comme un forami-
nifère gigantesque, a été reconnu pour n'être qu'un accident minéralogique. (De Lapparent, *Traité de géologie*, p. 677.)

des crustacés, par des mollusques à organisation élevée [1]. Or la théorie de Darwin exige des myriades de générations avant que de pareils organismes aient pu se constituer. Sans hésiter, le savant anglais admet qu'il en a bien été ainsi. « Il n'est pas douteux, dit-« il, que les trilobites siluriens descendent de quelque crustacé qui « doit avoir vécu longtemps avant l'époque silurienne.... Si la « théorie est vraie, on ne saurait contester qu'avant que les cou-« ches siluriennes les plus anciennes se soient déposées, il a dû « s'écouler des périodes aussi, sinon plus longues, que peut être « l'intervalle compris entre les époques cambrienne et actuelle, « pendant lesquelles les êtres vivants ont fourmillé sur la terre [2]. » Et il conclut en déclarant que *cent quarante millions d'années* ont été à peine suffisantes pour permettre le développement des animaux qui ont vécu à la fin de la période cambrienne [3]. Or, ces animaux ne sont encore que des mollusques et des crustacés. Qu'on juge du nombre de millions de siècles qui auraient été nécessaires, si la théorie est vraie, pour constituer tous les types de vertébrés et l'homme!

Un éminent physicien anglais, sir William Thompson, a opposé à ces évaluations le résultat de ses calculs fondés sur l'état calorifique actuel du globe et sur la rapidité probable avec laquelle sa chaleur primitive avait dû se dissiper. Il est arrivé à cette conclusion qu'on ne saurait faire remonter au delà de cent millions d'années le moment où notre planète, revêtue d'une écorce suffisamment froide, a pu recevoir les premiers germes de la vie organique [4]; tandis que la chronologie imaginée par Darwin reporterait l'existence des êtres vivants à une époque où le globe était encore en fusion. Darwin a naturellement contesté ce résultat en arguant du peu que nous savons au sujet de la constitution de l'univers et de l'intérieur du globe [5]. Il y a cer-tainement du vrai dans cette observation. Mais du moins Thompson a pris pour point de départ de ses calculs des don-

1. *Trilobites Linguies....* Vogt a insisté plus tard sur ce fait.
2. *Origine,* p. 335.
3. *Ibid.,* p. 336.
4. *Traité de géologie,* p. 1468. M. de Lapparent admet qu'il n'est pas déraisonnable de renfermer entre vingt et cent millions d'années le temps nécessaire au dépôt de tous les terrains de sédiment.
5. *Origine,* p. 582.

nées fournies par l'observation et l'expérience, tandis que Darwin
ne peut invoquer qu'une conception entièrement hypothétique
et en contradiction avec des faits géologiques. A part toute raison,
il y a dans ce fait quelque chose qui milite singulièrement en
faveur du physicien.

Darwin lui-même a bien senti ce que cet ensemble de considérations avait de dangereux pour sa théorie; et il en est con-
venu, avec la bonne foi dont il a donné tant de preuves. En
parlant de l'objection soulevée par Thompson, il déclare que
c'est une des plus graves de toutes [1]. Au sujet de l'absence de
fossiles dans les terrains précambriens, il dit : « Je ne trouve pas
« de réponse satisfaisante à la question de savoir pourquoi nous
« ne rencontrons pas de riches dépôts fossilifères appartenant
« à ces périodes si anciennes [2] »; et il termine par quelques
réflexions en ajoutant : « Le cas reste donc pour le moment
« inexpliqué et peut être avancé comme un argument valable
« contre les idées émises ici [3] ». Il serait superflu d'insister sur la
signification de cet aveu si loyal. Je ferai remarquer seulement
qu'il a gardé toute sa valeur, car les juges les plus compétents
regardent de plus en plus ces terrains primitifs comme étant
vraiment *azoïques* [4].

Remontons maintenant au delà de la période glaciaire, abor-
dons les époques franchement géologiques. Ici s'ouvre devant
nous l'immensité des temps écoulés. Acceptons-la avec toute
l'extension que commandent les théories reposant sur une transformation lente, et que lui attribue Darwin. Cela même devrait
rendre plus facile à montrer ce fait décisif, mais nécessaire, pour
justifier la théorie, savoir : deux espèces bien distinctes reliées
l'une à l'autre par les myriades de formes intermédiaires, passant insensiblement de l'une à l'autre, dont il est si souvent
question dans les écrits de Darwin, comme dans ceux de Lamarck.
Il n'en est rien. Darwin le reconnaît avec une entière franchise;
il dit : « Ce que la géologie ne révèle pas, c'est l'existence passée
« de gradations infiniment nombreuses, aussi nuancées que le

---

1. *Origine des espèces*, p. 582.
2. *Ibid.*, p. 336.
3. *Ibid.*, p. 338.
4. Lapparent, *loc. cit.*, p. 678.

« sont les variétés existantes et reliant aux espèces éteintes
« presque toutes celles qui sont aujourd'hui vivantes [1] ».

Certes on doit lui savoir gré de cet aveu, que n'eût pas fait un
homme d'une bonne foi moins parfaite, ou seulement emporté
par l'esprit de système. Darwin n'a pu ignorer les résultats de
bien des recherches, en particulier ceux qu'a donnés à son compatriote Davidson l'étude des brachiopodes fossiles des îles Bri-
tanniques. Grâce à d'immenses matériaux recueillis avec une
persévérance rare, aux rapprochements qu'il a pu faire, cet
habile et sagace observateur a réduit à cent les deux cent
soixante espèces acceptées jusque-là ; il a ramené à une seule
quinze espèces regardées comme distinctes par ses prédécesseurs [2]. On comprendrait sans peine que Darwin eût invoqué cet
exemple et quelques autres de même nature comme témoignant
au moins de la probabilité de ces transmutations si difficiles à
montrer. S'il n'en a rien fait, c'est que pour lui, comme pour
l'auteur du beau travail que je viens de rappeler, il n'y a là que
la répétition d'un fait qui se produit souvent dans toutes les
grandes collections, et dont notre Muséum a été bien des fois
témoin. Les races, les variétés tranchées d'une espèce très variable
sont prises pour des espèces tant qu'on ne connaît qu'elles ; elles
sont ramenées à leur type spécifique aussitôt qu'on a pu recueillir
les intermédiaires qui les unissent. C'est ce que Davidson a fait
pour les brachiopodes fossiles, comme Valenciennes l'a fait pour
bien des mollusques vivants, grâce à la multiplicité des échantillons dont il disposait. Dans la théorie de Darwin, il s'agit de
tout autre chose, et les développements mêmes qu'il a donnés à
sa pensée prouvent qu'il ne s'y est pas trompé.

Incontestablement les êtres organisés considérés en bloc présentent un progrès organique croissant graduellement des plus
simples aux plus compliqués. Par conséquent, lorsque l'on considère deux termes de cet ensemble quelque peu éloignés, on
constate qu'ils sont reliés l'un à l'autre par des termes intermédiaires. Ce fait avait été reconnu depuis bien longtemps et
exprimé d'une manière heureuse par l'aphorisme de Leibniz :
« La nature ne fait pas de saut ». Mais dès qu'on entre quelque

1. *Origine*, p. 327.
2. Lyell, *Ancienneté de l'homme prouvée par la géologie*, chap. XXII.

peu dans les détails, il faut bien reconnaître que cette appréciation générale doit être modifiée. L'échelle des êtres telle que
l'ont admise Bonnet, Blainville, etc., n'est qu'une conception
théorique fort souvent en désaccord avec la réalité. C'est ce que
Lamarck a bien compris, et nous avons vu qu'il explique par
des modifications *accidentelles* les irrégularités, les hiatus que
l'observation révèle à tout naturaliste. Ces irrégularités n'en
restent pas moins comme autant d'objections sérieuses à la
manière dont il comprend la filiation directe des types.

Par sa conception des *ancêtres communs* à caractères encore
indéterminés, Darwin échappe à cette difficulté; mais il en fait
naître de nouvelles. Plus encore que Lamarck, il devrait montrer les chaînons qui rattachent à un seul et même type un certain nombre de types aujourd'hui distincts; il devrait pouvoir
signaler chez des groupes existant dans la nature des faits comparables à ceux qu'il met si bien en évidence quand il s'agit des
races de pigeons. Or, il déclare à diverses reprises ne pouvoir
le faire. Il avoue franchement qu'il y a là « l'objection la plus
« apparente et la plus sérieuse qu'on puisse opposer à la
« théorie. Je crois que l'explication se trouve dans l'état d'im-
« perfection des documents que la géologie met à notre disposi-
« tion [1]. »

Constatons une fois de plus cet appel à l'*inconnu.*

Remarquons ensuite avec d'Archiac qu'il existe aujourd'hui
bon nombre de terrains bien circonscrits, bien étudiés, dont
nous connaissons sans doute à peu près les fossiles [2]. Ajoutons
avec M. Pictet qu'on découvre très fréquemment de nouveaux
et riches gisements. Si la doctrine de Darwin est fondée, n'est-il
pas surprenant que l'immense majorité des objets journellement récoltés par une foule de collecteurs ardents appartienne
presque toujours aux espèces figurant déjà dans nos collections [3]? Comment se fait-il que les études monographiques les
plus approfondies faites sur des animaux aussi sédentaires
que les oursins viennent encore multiplier les exemples
de ces apparitions brusques d'un type nouveau incompa-

1. *Origine des espèces*, p. 307.
2. *Cours de paléontologie*, deuxième partie, p. 90.
3. Pictet, *Sur l'origine des espèces* (*Bibliothèque de Genève*, 1860).

tibles avec toute théorie fondée sur la transformation lente [1]?

La manière dont Darwin présente ce qui a dû se passer entre les espèces souches et leurs dérivés est bien loin de suffire pour expliquer le contraste frappant que présentent ici sa théorie et les faits. Quelque acharnée qu'ait pu être la lutte entre les *variétés mères* et leurs filles, quelque supériorité qu'on accorde aux descendants sur les ascendants, toujours est-il qu'il a dû se produire d'innombrables intermédiaires entre le moment où une espèce a commencé à varier et celui où les espèces dérivées de cette souche se sont constituées. C'est une des conséquences forcées de la sélection telle que la comprend Darwin, et il l'énonce lui-même à diverses reprises. « Précisément parce que ce procédé « d'extermination (la sélection naturelle) a agi sur une échelle « *immense, le nombre des variétés intermédiaires qui ont autre-* « *fois existé a dû être considérable. Pourquoi donc chaque for-* « *mation géologique, et chacune des couches qui la composent,* « *ne regorgent-elles pas de ces formes intermédiaires* [2]? »

A ces questions qu'il pose lui-même, à bien d'autres de même nature, Darwin répond comme nous avons vu tant de fois, *par l'inconnu.* Dans sa pensée, les terrains superposés et en apparence de formation continue n'ont été déposés qu'à des époques séparées par d'innombrables siècles, tout ce qui s'est passé dans l'intervalle nous échappe : là est pour lui l'explication de la difficulté.

Mais, en vérité, n'est-il pas malheureux pour ses idées que tant de faits témoignant contre elles aient été conservés dans ce qui nous reste du grand livre, et que toujours ceux qui auraient

1. Voyez les résultats généraux que l'étude des échinides fossiles a donnés à M. Cotteau. (*Rapport sur la paléontologie de la France*, par d'Archiac. Les recherches faites depuis cette époque par le même naturaliste ont de plus en plus confirmé ses anciennes conclusions.

2. *Origine*, p. 307. Vogt répondait à cette objection en attribuant au milieu une action directe et rapide produisant les transformations en un petit nombre de générations. Il arguait de ce qui s'est passé en Amérique lorsqu'on a transporté nos animaux domestiques dans ce continent. Mais, d'une part, cette argumentation reposait sur un rapprochement entre la race et l'espèce que je combattrai plus loin; d'autre part, en attribuant une influence aussi grande au milieu, Vogt s'éloignait entièrement des doctrines dont il s'agit en ce moment : il abandonnait Darwin et Lamarck pour Buffon et Geoffroy Saint-Hilaire. (*Leçons sur l'homme*, 16e leçon.) Dès ce moment il laissait voir l'esprit d'indépendance dont il a donné tant de preuves plus tard.

plaidé en leur faveur aient été inscrits dans les volumes égarés, sur les feuillets perdus?

Ce n'est pas que Darwin et ses disciples, tout aussi bien que ses prédécesseurs, n'invoquent jamais de faits précis et parfaitement vrais; mais les conséquences qu'ils en tirent sont loin d'être justifiées. Par exemple, toute découverte d'un être vivant ou fossile qui vient se placer entre deux autres est regardée par eux comme apportant un argument à l'appui de leur doctrine. Nous avons vu Lamarck parler dans ce sens de la découverte, alors récente, de l'ornithorhynque. Dès les premières discussions soulevées par le livre de Darwin, Vogt [1] et Dally [2] tenaient le même langage à propos des genres lepidosiren et protoptère, qui relient les reptiles amphibies aux poissons. Ils citaient en outre avec Darwin les recherches du regrettable Falconer et d'Owen sur les mammifères fossiles. M. Gaudry ajoutait à ces faits déjà nombreux ceux qu'il avait recueillis lui-même à Pikermi; et, tout en s'écartant à certains égards des idées fondamentales de Darwin, il concluait de la même manière et par des raisons semblables. Huxley invoquait en plus l'*Archæopteryx* de Meyer et le *Compsognathus* d'André Wagner, qui sont venus se placer entre les reptiles et les oiseaux [3]. Bien d'autres faits du même genre ont été signalés depuis lors et ont également été invoqués à l'appui des théories darwinistes.

Je reconnais sans peine que ces découvertes ont rempli bien des lacunes dans la classe des mammifères, comme dans le tableau général du règne. Mais, ce résultat et les résultats analogues témoignent-ils, comme on l'affirme si haut, en faveur des idées, soit de Lamarck, soit de Darwin? Non; car ils peuvent être revendiqués comme démonstratifs par quiconque fait intervenir la *loi de continuité*, de quelque façon qu'elle soit comprise.

Certes, combler la distance qui sépare la plante de l'animal a dû sembler à nos pères tout autrement difficile que de trouver des intermédiaires entre le mastodonte et l'éléphant. Or, Leib-

---

1. *Leçons sur l'homme.*
2. *De la place de l'homme dans la nature*, par T. Huxley, Introduction.
3. *On the Animals which are most nearly intermediate between Birds and Reptiles.* (*Royal Institution of Great Britain*, weekly evening meeting, february 7, 1869.)

niz, dont les doctrines différaient fort, on le sait, de celles que
j'examine, avait osé prédire qu'on trouverait un jour un être
tenant à la fois des deux règnes. La découverte de l'hydre d'eau
douce sembla lui donner raison. Bonnet y vit une preuve irrécusable de la justesse de ses propres idées, aujourd'hui pourtant
si universellement, si justement abandonnées [1]. Si le naturaliste
genevois était encore vivant, il ne manquerait pas de tirer la
même conséquence des faits dont il s'agit. Ainsi ferait aussi
Blainville, qui, le premier peut-être, a eu l'idée de placer dans
un tableau unique les animaux vivants et les animaux fossiles,
pour combler les vides les plus frappants de nos cadres zoologiques, et qui employait cet argument pour démontrer la série
animale et une création unique. Blainville, Bonnet, Robinet
lui-même, seraient logiques en agissant ainsi; car, tout autant
que les doctrines de Lamarck et de Darwin, les leurs admettent
ou entraînent à des degrés divers la loi de continuité, bien
qu'étant en opposition absolue avec celles que j'examine en ce
moment.

C'est de cette continuité même que Lamarck et Darwin cherchent à rendre compte. Tous deux ne voient en elle que le
résultat de la transmutation lente, d'où résulterait la filiation
des espèces, rattachées ainsi intimement les unes aux autres.
Voilà donc deux phénomènes nettement définis, invoqués à titre
de causes. Il est clair qu'il faut en démontrer l'existence avant
d'en indiquer le mode d'action. Or, peut-on considérer comme
démontrant cette existence les faits qui inspiraient à Leibniz
son célèbre aphorisme, ou des faits analogues qui ne sont au
fond que la répétition des premiers, et qu'on présentait tout à
l'heure comme étant la conséquence de ces mêmes phénomènes
qu'il s'agit de mettre en évidence? En vertu des théories les
plus différentes et à la seule condition d'admettre la *loi de continuité*, on a pu prévoir, on peut prévoir encore la découverte de
nombreux types intermédiaires. En dehors de toute théorie et
au nom de l'analogie seule, on peut prédire que la science ne
s'arrêtera pas où elle est de nos jours. A la surface des terres
qu'elle n'a pas encore explorées, dans les couches fossilifères
qu'elle n'a pas encore remuées, elle trouvera certainement bien

1. *Considérations sur les êtres organisés.*

des termes à intercaler dans nos séries organiques; elle n'aura pas pour cela dévoilé la cause qui leur donna naissance et régla leurs rapports. Constater la fréquence d'un fait qu'on avait cru rare ou exceptionnel, ce n'est pas l'expliquer.

En définitive, lorsqu'on découvre un nouvel être vivant ou fossile et qu'on veut le classer d'après les rapports naturels indiqués par ses caractères propres, il faut bien le placer parmi les êtres déjà connus. Par cela seul, on comble une lacune et l'on resserre le réseau. Pour qui n'envisage qu'un petit nombre de rapports et dispose les êtres en une seule série, comme Blainville, ce nouveau venu se trouvera inévitablement entre deux autres qui seront ainsi plus intimement reliés; pour qui tient compte des dix et vingt rayons dont parle Cuvier[1], il pourra arriver que ce fossile serve de lien entre des séries multiples, parallèles comme celles d'Isidore Geoffroy, ou ramifiées comme celles de Lamarck, de Darwin.... Quelle que soit la cause à laquelle on rapporte l'existence des êtres organisés dans le passé et dans le présent, ces résultats seront identiquement les mêmes. Ils ne pourraient être en désaccord qu'avec une doctrine admettant que les êtres à découvrir ne sont en rien comparables aux êtres connus. Ils concordent avec toutes les autres, et par conséquent ils ne peuvent être regardés comme témoignant en faveur d'aucune d'elles en particulier.

M. Gaudry, un des premiers parmi les disciples de Darwin, en a jugé autrement. Conformément à une des conceptions du maître, il a cherché, en groupant les résultats les plus sûrs obtenus par ses devanciers, en leur joignant ses nombreuses observations personnelles, à dresser les généalogies d'un certain nombre d'espèces vivantes[2]. Dès cette époque, par exemple, il remontait à travers les périodes passées presque jusqu'aux plus anciens terrains tertiaires, et trouvait dans le paloplothérium de Coucy l'ancêtre commun de quatre genres entièrement éteints et de tous les rhinocéros vivants ou fossiles. Il ramenait de même les chevaux proprement dits et les ânes à l'hipparion

---

1. *Histoire naturelle des poissons*, par G. Cuvier et A. Valenciennes.

2. *Considérations générales sur les animaux fossiles de Pikermi*. M. Gaudry a développé et complété depuis ses idées dans un des trois volumes qu'il a publiés sous le titre de : *Les enchaînements du monde animal dans les temps géologiques; Mammifères tertiaires*, 1878.

de San Isidro. On sait que son exemple a été maintes fois suivi et qu'une des principales préoccupations des paléontologistes transformistes est d'établir la filiation des types dont ils s'occupent.

Ces généalogies soulèvent bien des difficultés. L'intervalle qui sépare les diverses espèces portées sur ces tableaux est loin d'être toujours le même. M. Gaudry était le premier à en prévenir ses lecteurs. Avec la bonne foi du vrai savant, et à l'exemple de son maitre, il signalait lui-même les lacunes parfois très significatives que présentent ces généalogies, et, en parlant des hipparions, il déclarait les avoir joints au genre cheval, « malgré des différences assez notables ». Il est évident qu'on ne franchit ces différences et qu'on ne relie deux *genres* qu'à l'aide d'une hypothèse jusqu'à présent non justifiée. Supposons toutefois que les rapports indiqués soient tous égaux en valeur à ceux que l'on regarde comme les plus étroits, y aurait-il dans ce fait quelque chose autorisant à conclure qu'ils ont la filiation pour cause? Je ne puis le penser, et ici j'en appelle au monde actuel.

Quiconque prendra au hasard dans une famille naturelle quatre ou cinq genres voisins, et disposera ces genres et leurs espèces comme on le fait pour les fossiles, pourra certainement dresser des tableaux fort semblables à ceux qu'on nous présente comme autant de généalogies. Mais, à quelque point de vue qu'on se place et quelle que soit la théorie, personne n'en conclura que ces genres descendent de l'espèce à laquelle ses caractères auront assigné le dernier rang. Or, en pareille matière, on ne peut juger de deux façons différentes, selon qu'il s'agit de ce qui est ou de ce qui a été. Je ne peux donc accorder à ces tableaux la signification qu'on leur attribue.

Ces tableaux ont pour la science un intérêt réel, en ce qu'ils permettent de saisir d'un coup d'œil les rapports multiples que présentent certaines espèces des anciens mondes entre elles et avec leurs représentants actuels; mais ils n'apprennent rien quant à la cause qui a déterminé ces rapports. Il en est d'eux comme de celui qu'avait tracé Lamarck sous l'empire d'idées différentes, et qui devait représenter, dans la pensée de l'auteur, la *filiation* des classes animales. Considéré comme expression des rapports naturels, il a été confirmé sur bien des points, la

même où il est en désaccord avec la dernière pensée de Cuvier[1];
qui donc l'accepterait aujourd'hui comme arbre généalogique
du règne animal?

Il ne faut pas croire d'ailleurs que les rapprochements opérés
par les découvertes même les plus récentes soient aussi étroits
qu'on pourrait parfois le supposer d'après le langage de quelques partisans de Darwin. Pour ramener à leur juste valeur
certaines exagérations, il suffit de jeter un coup d'œil sur ces
tableaux dits généalogiques, de parcourir les commentaires qui
les accompagnent et dont les auteurs n'ont pas cherché à diminuer ce que les faits pouvaient avoir de favorable pour leurs
opinions. L'interprétation la plus large de ces résultats ne saurait y montrer rien qui diffère de ce qui nous entoure. La nature
vivante fourmille de genres aussi voisins et souvent bien plus
rapprochés que ne le sont ceux qui y figurent; nos espèces sont
tout aussi voisines et souvent bien davantage, à coup sûr. Qui
ne distingue à première vue un âne d'un cheval, un zèbre de
tous les deux et d'une hémione? Or Lartet lui-même déclarait
que toutes ces espèces se ressemblent tellement par le squelette,
qu'on ne saurait les déterminer d'après les caractères ostéologiques seuls. Si elles venaient à être ensevelies ensemble, les
paléontologistes futurs n'en feraient qu'une.

C'est la répétition dans le genre *cheval* de ce que le Dr Lund
avait constaté au Brésil pour le genre *rat*. Avant de s'être procuré les espèces vivantes, il en avait ramassé les débris rejetés
par une espèce de chouette (*Strix perlata*); il avait comparé les
os ainsi obtenus, et n'avait pu distinguer par ce moyen que
deux, ou tout au plus trois espèces. Ses recherches ultérieures
lui apprirent qu'il en existe huit[2].

L'étude isolée du squelette tend donc à rapprocher, parfois
jusqu'à la confusion, des espèces d'ailleurs très distinctes. Par
conséquent, lorsqu'elle nous montre des « différences assez
« notables » entre le type des hipparions et celui des chevaux,
il est permis d'en conclure que la distance réelle a dû être sen-
siblement plus grande qu'on ne peut en juger par l'examen des

---

1. En particulier pour les cirripèdes, que Cuvier plaçait parmi les mollusques, et que Lamarck rattachait avec raison à la série des annelés.
2. *View of the Fauna anterior to the last Geological Revolution (Maga-
zine of Natural History*, 1841).

fossiles. En réalité, il existe entre ces deux genres un de ces hiatus incompatibles avec la doctrine de Darwin aussi bien qu'avec celle de Lamarck. Pour le combler, il faut encore en appeler à l'inconnu. Peut-être cet inconnu répondra-t-il demain en faisant découvrir un nouveau terme intermédiaire. Mais, guidé par l'analogie et par l'ensemble des faits connus jusqu'à ce jour, on peut prédire que jamais l'hipparion ne sera réuni au cheval par un nombre de formes suffisant pour fournir aux doctrines de la filiation lente rien qui ressemble à une preuve quelque peu démonstrative. Car, qu'on ne l'oublie pas, ces doctrines exigent pour passer d'une espèce à une autre, de l'âne au cheval par exemple, au moins mille générations et supposent par conséquent une de ces séries que Darwin reconnaît n'avoir jamais été vues, qu'il cherche à montrer être à peu près impossibles à découvrir, tout en affirmant qu'elles ont existé.

Les réflexions précédentes s'appliquent à plus forte raison aux intermédiaires placés entre deux types plus éloignés que ne le sont entre eux les genres et les familles. Malgré la juste autorité du nom de Huxley, je ne puis, par exemple, souscrire aux conclusions qu'il a tirées des découvertes de Meyer et d'André Wagner [1]. L'*Archæopteryx*, le *Compsognathus*, présentaient certainement des formes fort singulières, à en juger par leurs squelettes. A tout prendre, ils ne faisaient pourtant que relier les reptiles aux oiseaux, à peu près comme l'ornithorhynque les rattache aux mammifères et le lepidosiren aux poissons. Or, d'une part, ces types de transition sont encore fort loin de n'importe quelle espèce appartenant franchement à l'une de ces trois classes; de l'autre, le fait de leur existence peut être invoqué, comme nous l'avons vu plus haut, par des doctrines fort différentes. Leibniz, aussi bien que Lamarck, n'eût pas manqué d'y trouver autant de preuves en sa faveur; Robinet s'en serait emparé comme d'une démonstration; il suffit de lire avec quelque soin les écrits de Geoffroy Saint-Hilaire pour reconnaître qu'il les eût accueillis avec joie comme diminuant le bond qu'aurait dû faire la nature en sautant brusquement d'un type bien défini à l'autre. Pour s'autoriser de ces faits, pour y trouver des arguments, il

1. *On the Animals which are most nearly intermediate between Birds and Reptiles.*

n'est pas nécessaire d'admettre d'une manière absolue la loi de continuité, telle qu'elle ressort rigoureusement des idées de Lamarck et de Darwin et telle qu'ils l'ont professée. Il suffit de l'accepter d'une manière générale, et d'être, n'importe à quel titre et à quel degré que ce soit, *évolutionniste* comme Huxley et M. Gaudry [1], *dérivatiste* comme Owen, ou *transformiste* comme M. Vogt et Dally. Mais on peut aussi croire à la création et à la série animale, telles que les entendait Blainville; ou admettre la préexistence des germes, soit à la façon de Bonnet, soit à la manière de Robinet..., etc.

En somme il n'est pas possible de concevoir que l'on trouve une espèce animale, un type animal n'ayant aucun rapport avec ceux que nous connaissons. Que les espèces, les types nouvellement découverts soient anciens ou récents, et à quelque cause qu'ait été due leur apparition, ils n'en auraient pas moins les mêmes rapports avec les êtres précédemment connus. Evidemment, l'hipparion aurait été créé d'hier et de toutes pièces, qu'il n'en faudrait pas moins le placer à côté de nos chevaux. Cette simple observation doit faire comprendre que l'existence intermédiaire n'a aucun rapport avec leur mode de formation. Voilà pourquoi ces faits que l'on emprunte à leur histoire trouvent leur place dans les doctrines les plus diverses, parfois les plus opposées. Mais, par cela même, tout juge désintéressé reconnaîtra qu'ils ne peuvent venir en aide d'une manière spéciale à aucune d'elles.

1. *Cours annexe de paléontologie, Leçon d'ouverture.* M. Gaudry a employé le mot d'*évolution* comme Huxley; mais il me semble se rapprocher bien plutôt d'Owen par la manière dont il envisage les questions dont il s'agit ici. Au reste l'éminent paléontologiste, tout en affirmant ses croyances transformistes, s'est constamment tenu en dehors de toutes les écoles qui se rattachent à la doctrine de la transmutation et a déclaré ne rien savoir au sujet des causes de modification des êtres (*Mammifères tertiaires*, p. 257).

CHAPITRE III

J'ai dû suivre la doctrine de la transformation lente sur le terrain des espèces éteintes, dans ce champ de mort où elle va chercher quelques-uns des arguments qu'elle croit les plus sûrs; je crois avoir montré suffisamment ce qu'il faut en penser et je me hâte de rentrer dans les domaines de la vie, bien plus instructifs assurément.

La paléontologie ne nous révèle que des formes. Par suite elle ne permet de voir que le côté morphologique des problèmes complexes posés par l'existence et l'origine des espèces. En outre, ces formes sont forcément incomplètes; car le polypier, la coquille, le squelette, ont perdu les parties molles qu'ils protégeaient ou qui les enveloppaient. Si des analogies plus ou moins exactes permettent parfois de concevoir approximativement ce qu'étaient les animaux perdus, toujours est-il qu'en réalité nous ne les connaissons pas. Par cela seul, et même à ne tenir compte que de la forme, bien des éléments d'appréciation sont perdus pour nous. Le genre cheval, si instructif à tant de titres, nous en a fourni un exemple frappant.

Par-dessus tout, dans les animaux, dans les plantes, il y a autre chose à considérer que la matière modelée par la vie. Il faut tenir compte de la vie elle-même, ou mieux de ses manifestations. A côté de la morphologie et de l'anatomie vient se placer la physiologie ; et, s'il est un phénomène essentiellement physiologique, essentiellement vital, c'est celui de la reproduction, de la filiation des êtres. Comment aborder les problèmes qui touchent de près ou de loin à ceux qui nous occupent, si l'on se place dans des conditions telles qu'on ne puisse utiliser ce qui, dans notre savoir, a le plus de rapport avec eux? Pour quiconque entend rester sur le terrain de la science, les diverses théories transformistes sont avant tout des questions de physiologie générale. C'est principalement à ce point de vue que nous les envisageons dans le reste de ce livre.

Constatons d'abord que, considérées à ce point de vue, toutes les théories transformistes se partagent naturellement en deux groupes bien distincts.

Les unes veulent que la transformation s'opère brusquement, sans transition, et que la modification puisse être d'emblée assez considérable pour faire apparaître non seulement une espèce nouvelle, mais même un type inconnu jusque-là. Dans le passé, Maillet regardant comme possible la métamorphose d'un poisson en oiseau, Geoffroy Saint-Hilaire faisant naître directement celui-ci d'un reptile, représentent cet ordre d'idées, quelles que soient d'ailleurs les différences énormes qui les séparent. De nos jours, la même doctrine générale a été reproduite sous des formes diverses par Owen et Mivart, en Angleterre ; par Naudin, en France ; par Kölliker, en Allemagne [1]....

Dans les théories qui admettent la *transformation brusque*, le temps n'intervient en rien ; l'hérédité n'agit qu'en transmettant les caractères subitement apparus. Dans cette hypothèse, par conséquent, un assez petit nombre de générations auraient suffi pour donner naissance à toutes les formes que nous connaissons, alors même qu'elles descendraient toutes, soit de quelques types initiaux, soit d'un seul prototype premier. La doctrine de Geoffroy en particulier se prêterait parfaitement à cette dernière conclusion.

Dans les théories du second groupe, dont nous nous occupons surtout, les choses se passent bien différemment. Les espèces engendrées ne se détachent des espèces parentes que par degrés

1. Je ferai connaître ces conceptions, souvent fort différentes les unes des autres, dans l'ouvrage dont j'ai déjà parlé.

à peine marqués. Pour s'élever ou s'abaisser, elles ont à gravir ou à descendre des pentes tellement insensibles qu'elles échappent à toute observation. D'innombrables générations doivent donc se succéder avant qu'un changement réellement appréciable ait été réalisé. Lamarck et Darwin sont les représentants les plus élevés de cet ordre d'idées; et le dernier est le chef incontesté de l'école qui a compté, qui compte encore tant de disciples éminents. Il est même difficile de les séparer, malgré les différences qui existent entre eux sur quelques points essentiels, malgré la supériorité de la conception du savant anglais. A chaque instant, en effet, l'étude de l'un réveille le souvenir de l'autre, et cela presque autant par les contrastes que par les analogies de la pensée et de l'expression.

Dans les théories qui partent de la *transformation lente*, le temps devient un élément nécessaire à l'accomplissement du phénomène, et se compte par centaines, par milliers de siècles. L'hérédité joue un rôle important; elle ne se borne pas à transmettre les modifications acquises, elle les conserve toutes et les accumule, amenant ainsi peu à peu des différences que rien n'eût permis de prévoir et dont les origines sont d'ordinaire impossibles à retrouver.

Lamarck et Darwin, partant des êtres les plus élevés en organisation, signalent la dégradation progressive présentée par l'ensemble des règnes, et arrivent ainsi aux formes les plus simples. Tous deux voient dans ces dernières les représentants, au moins extrêmement voisins, des formes initiales d'où proviennent toutes les espèces supérieures. Mais ici l'accord cesse entre les deux savants.

On a vu comment le naturaliste français cherche à rendre compte de l'existence de ces proto-organismes, de leur persistance dans le temps et dans l'espace. Il trouve une explication facile et logique de ces faits dans la génération spontanée, à laquelle il rattache l'apparition des premiers êtres vivants, et qu'il regarde comme s'accomplissant encore journellement sous l'empire des forces physico-chimiques. Celles-ci, pense-t-il, organisent constamment et de toutes pièces les premières ébauches animales et végétales; la différenciation des deux règnes est le résultat de leur action uniforme, mais s'exerçant sur des éléments quelque peu différents. Dans cette hypothèse, la prosence, partout reconnue, des infusoires les plus simples, des algues les plus rudimentaires, n'a plus rien d'étrange. Le monde inorganique fournit incessamment des matériaux qui, vivifiés par la chaleur, la lumière, l'électricité, se transforment en organismes élémentaires constituant pour chaque règne une sorte de fonds de réserve chaque jour renouvelé, et où la nature trouve toujours à puiser pour enfanter des formes nouvelles. Mais, la nature n'est pas, pour Lamarck, une puissance indépendante. Dans ses actes, elle est assujettie à des lois, « expression de la volonté suprême qui les a établies » [1]. Par conséquent elle ne peut s'égarer, et voilà comment ses productions rentrent toutes dans ce cadre dont la paléontologie, malgré ses immenses progrès, n'a pas eu à multiplier les cases principales.

Darwin ne remonte pas aussi haut que Lamarck. Il ne cherche nullement à expliquer l'existence de son prototype, et nous avons vu comment il s'exprime au sujet de la génération spontanée. Cette réserve a été blâmée par quelques-uns des partisans aussi bien que par certains adversaires du savant anglais. On lui a reproché de laisser sa théorie incomplète, de ne pas tenir ce que promettait le titre de son livre en reculant devant la question d'origine première. Je ne puis m'associer à ces critiques, quel que soit le sentiment qui les ait dictées. Tout homme a bien le droit de fixer lui-même les limites où s'arrête son savoir.

D'ailleurs la déclaration de Darwin en ce qui concerne la génération spontanée est pleine de mesure et de sens. Il tient ici le langage du vrai savant. Sans doute la science n'a pas démontré l'*impossibilité* de la formation d'un être vivant sous la seule action des forces physico-chimiques. Toutefois, en présence des recherches modernes, en présence des faits acquis très récemment encore, quiconque aura suivi attentivement les discussions soulevées par la question des générations spontanées, quiconque

---

1. *Histoire naturelle des animaux sans vertèbres*, Introduction. Quelques pages plus haut, Lamarck s'exprime ainsi : « Parmi les différentes confu- « sions d'idées auxquelles le sujet que j'ai ici en vue a donné lieu, j'en cite- « rai deux comme principales... et celle qui fait penser à la plupart des « hommes que la *nature* et son *suprême auteur* sont pareillement syno- « nymes. » J'ai déjà cité d'autres passages analogues.

aura présent à l'esprit le détail des expériences invoquées des deux côtés, n'hésitera point à regarder ces générations sans père ni mère comme un phénomène étranger à notre monde actuel. Dès lors, comment admettre qu'il s'est produit à un moment quelconque de l'existence de notre planète, à moins de recourir encore à une de ces *possibilités* dont on ne saurait ni démontrer ni réfuter la réalisation?

Or, la génération spontanée manquant, la théorie de Lamarck perd tout point de départ. Darwin, en se refusant à expliquer l'origine de la vie, en prenant l'être vivant comme un fait primordial, échappe de ce côté à toute difficulté.

En revanche, pour être accepté, ce fait hypothétique doit évidemment concorder avec les faits réels, ou tout au moins ne pas être en désaccord avec eux. Or, ici la conception de Darwin soulève à son tour une objection des plus sérieuses. Au fond, elle consiste à admettre qu'une *cause inconnue quelconque* a joué à la surface du globe le rôle d'une puissance créatrice, et cela une seule fois, pendant un temps limité et d'une seule manière.

Eh bien! c'est là une supposition impossible à accepter et qui doit répugner surtout à quiconque se place exclusivement au point de vue scientifique. Aucun des groupes de phénomènes étudiés par n'importe quelle science ne nous présente un fait semblable; aucune des causes de phénomènes ayant reçu un nom ne s'est comportée, ne se comporte ainsi. Pour si loin qu'on les ait poursuivies et en tant qu'elles se prêtent à l'observation, on les a constamment trouvées à l'œuvre, accusant leur action énergique ou faible, intermittente ou continue, par des effets multipliés et divers. La cause qui a produit les êtres vivants a-t-elle procédé d'une tout autre manière? S'est-elle manifestée à l'origine des choses et a-t-elle ensuite disparu, ne laissant comme trace de son passage qu'une seule et unique empreinte? N'a-t-elle agi un instant sur notre terre que pour engendrer un archétype et s'arrêter ensuite à tout jamais? Cette hypothèse absolument arbitraire a contre elle toutes les analogies tirées de l'histoire de toutes les branches du savoir humain. L'homme de science ne peut donc accepter le fait initial admis par Darwin.

Mme Royer adopte ici une partie des idées de l'auteur qu'elle

a traduit, tout en se séparant de lui sur un point capital. Elle
admet de la manière la plus large la multiplicité des organismes
primaires. Le fait d'un ancêtre unique lui paraîtrait un miracle.
« Si cet ancêtre a existé, dit-elle, ce ne peut être que la planète
« elle-même », qui, « à l'une des phases de son existence, aurait
« eu le pouvoir d'élaborer la vie ». La surface de la terre, alors
baignée « par les eaux, aurait produit en nombre immense des
« germes sans aucun doute tous semblables [1] ». Dally a fait
remarquer avec raison que ce caprice subit de la « matrice universelle » constituerait un miracle non moins incompréhensible
que celui qui répugne à Mme Royer [2]. De cette hypothèse découlent d'ailleurs des conséquences fort graves, qu'accepte sans
hésiter le traducteur de Darwin. « La multiplicité infinie des
« germes, dit Mme Royer, dut nécessairement produire à l'ori-
« gine la multiplicité infinie des races, et de cette infinité de
« races ont surgi de nombreuses séries indépendantes les unes
« des autres, ayant toutes leur point de départ dans les pre-
« mières formes des êtres primitifs [3]. »
    Ici le traducteur s'est mis en opposition formelle avec la
pensée du maître. Si l'on donne pour point de départ aux êtres
organisés un seul parent, la loi de caractérisation permanente
rend compte du plan général conservé dans l'empire organique
depuis les plus anciens temps jusqu'à nos jours. Ce parent était
vivant; il a transmis à tous ses descendants la vie avec tout ce
qu'elle entraîne de phénomènes généraux communs aux animaux
comme aux plantes. Après une période d'indécision dont nous
trouvons encore les traces, un premier partage a eu lieu parmi
ses fils; les deux règnes ont pris naissance, et à partir de ce
moment tous les dérivés de la première algue ont été des végétaux, tous les petits-fils du premier infusoire ont été des animaux.
La caractérisation successive des embranchements, classes,
ordres, familles, a toujours eu les mêmes conséquences. Le
premier zoophyte n'a eu que des zoophytes pour enfants et
petits-enfants; le premier vertébré, fût-il inférieur en organisation à l'*Amphioxus*, n'a produit que des vertébrés, et parmi

1. *Origine des espèces*, p. 670, note.
2. *De la place de l'homme dans la nature*, Introduction.
3. Cart Vogt, M. Gaudry... sont arrivés à des conclusions analogues;
mais je n'ai pas à m'occuper ici de ce qu'ils ont écrit à ce sujet.

ceux-ci le premier mammifère a engendré tous les autres. Ainsi a pris naissance et a grandi, selon Darwin, « le grand « arbre de la vie dont les branches mortes et brisées sont empor- « tées dans les couches de l'écorce terrestre, pendant que ses « magnifiques ramifications vivantes et sans cesse renouvelées, « en couvrent la surface [1] ». De ce mode de développement résulteraient très naturellement, comme je l'ai déjà dit, les rap- ports qui existent entre tous les êtres vivants, entre leurs grou- pes, quelque multipliés qu'ils soient, quelque éloignement que le temps et l'espace aient interposé entre eux.

Si le développement du monde organique a eu lieu autrement et par séries indépendantes, comment se fait-il que les repré- sentants de ces séries rentrent tous dans le cadre que les natu- ralistes ont pu tracer à l'aide de la nature vivante seule, et dont la paléontologie n'a fait que subdiviser les cases principales? Comment ces formes, « ayant une généalogie à part qui les « rattache en ligne directe à la cellule primordiale », trouvent- elles si naturellement leur place non seulement dans les mêmes règnes, embranchements ou classes, mais bien souvent en outre dans les mêmes ordres, les mêmes familles? Mme Royer attribue ce résultat à « l'unité de la loi organique à la surface du globe [2] ». Elle ne dit pas quelle est cette loi.

Or, on ne peut invoquer ici ni la sélection résultant de la lutte pour l'existence, ni la divergence des caractères dépendants de l'hérédité, car toutes deux ont pour conséquence forcée de multiplier et d'accentuer les différences. Une « infinité de germes » obéissant à ces lois seules aurait nécessairement engendré une infinité d'êtres divergeant en tout sens. Pour que ces « lignées indépendantes », isolées, et dont la loi de caracté- risation permanente n'a pas réglé les rapports, eussent pu s'harmoniser à travers le temps et l'espace dans le tout que nous connaissons, il aurait fallu de toute nécessité que leurs écarts eussent des bornes imposées par quelque chose de supé- rieur. Mme Royer fait intervenir ici ce qu'elle appelle le paralé- lisme des destinées qui, pour elle, est le résultat de l'identité ou des analogies des conditions de la vie [3]. Elle subordonne ainsi

1. *Origine*, conclusion du chapitre IV, p. 148.
2. *Ibid.*, p. 672.
3. *Ibid.*, p. 173.

au milieu toutes les lois de Darwin. On voit qu'après s'être singulièrement rapprochée de Lamarck par la conception d'une genèse primitive qui n'est qu'un grand acte de génération spontanée, elle en vient à être bien plus près de Buffon et de Geoffroy que du théoricien dont elle se dit le disciple.

L'hypothèse d'un point de départ unique pour tous les êtres vivants n'est pas seulement une extension, une conséquence logique, mais d'importance secondaire, qu'on puisse accepter ou rejeter sans toucher au reste de la théorie, comme Darwin semble l'admettre à diverses reprises [1]. Elle est en réalité le point de départ obligé de toute la doctrine, et la résume pour ainsi dire. Toutes les raisons invoquées en faveur de la sélection considérée comme cause de la dérivation lente et de la caractérisation des embranchements, des classes, même des genres et des espèces, s'appliquent rigoureusement à la différenciation des règnes. Toutes les objections qu'on adresserait à celle-ci retomberaient sur celles-là. Si les ressemblances passagères des embryons d'une même classe témoignent en faveur de l'origine commune des êtres qu'elle comprend, la ressemblance fondamentale des corps reproducteurs, la motilité de certaines spores végétales, accusent l'origine commune des animaux et des végétaux. Si l'existence de quelques termes intermédiaires ou d'un petit nombre d'espèces ambiguës peut être invoquée à titre de preuve par le darwinisme quand il s'agit de montrer que tous les vertébrés descendent d'un ancêtre commun, l'existence de groupes entiers que se disputent ou se renvoient les botanistes et les zoologistes témoigne bien plus encore que les plantes et les animaux ont eu le même parent primitif. Darwin l'a bien compris. Aussi, malgré ses réserves plus apparentes que réelles, s'exprime-t-il toujours en monophylétiste quand il résume sa pensée, comme lorsqu'il parle du *grand arbre de la vie*.

Darwin était donc bien logique lorsque, malgré l'opposition que lui faisaient sur ce point la plupart de ses amis, il reportait

---

[1]. Il dit entre autres dans les dernières pages de son livre : « Cette « déduction étant surtout fondée sur l'analogie, il est indifférent qu'elle « soit acceptée ou non ». (*Origine des espèces*, p. 508.) Darwin faisait là une véritable concession à ceux qui ne pouvaient accepter son archétype. Il nous apprend lui-même que Huxley seul partageait sa manière de voir sur cette question. (*Vie et Correspondance*, t. II, p. 114.)

à un type unique l'origine de tous les êtres vivants. Mais il ne dit nulle part si pour lui ce prototype a été représenté par un seul individu apparu sur un point privilégié du globe, ou bien par une infinité d'individus identiques répandus dans toutes les mers qui, à cette époque, devaient couvrir la terre entière. Or, un de ses disciples les plus éminents, Carl Vogt, a clairement démontré que cette dernière hypothèse est inacceptable [1]. Que Darwin s'en soit ou non rendu compte, tous les principes qu'il invoque, toute son argumentation, conduisent à donner pour ancêtre à tous les êtres organisés un individu unique, cellule, amibe ou monère.

Sans doute, l'existence d'un pareil être n'a en soi rien de rigoureusement impossible. Mais il faut bien reconnaître que cette hypothèse est absolument gratuite, qu'elle est en opposition flagrante avec l'analogie scientifique, c'est-à-dire avec le seul guide qui puisse nous diriger dans l'appréciation de ces questions obscures. Elle ne peut donc être acceptée par quiconque entend rester sur le terrain de la science seule.

Mais, sous peine d'être inconséquent, le darwinisme est bien forcé de l'admettre.

Prenons-le donc tel que Darwin nous le donne, comme un être primordial, ne se rattachant à rien, dont l'existence, inexpliquée et inexplicable, serait en désaccord avec tout ce que nous savons; en d'autres termes, acceptons ce prototype comme un *mystère*, et suivons-le dans ses transformations. Ici un premier fait se présente, et doit nous arrêter d'autant plus, que Darwin lui-même a bien compris qu'il constituait une objection sérieuse à sa théorie, surtout quand on veut voir en elle la *doctrine du progrès*.

Rien ne prouve que le prototype soit réalisé de nos jours encore par des descendants demeurés stationnaires. Peut-être se cache-t-il dans la foule de ces êtres ambigus dont Bory de Saint-Vincent composait son *règne psychodiaire* [2]. Mais nous le ren-

---

1. *Leçons sur l'homme*, p. 616.
2. Bory de Saint-Vincent avait proposé l'adoption d'un règne spécial destiné à recevoir les êtres qu'il regardait comme tenant à la fois de la plante et de l'animal. Cette division nouvelle du monde organique n'a été adoptée par aucun naturaliste, que je sache; mais les causes qui en avaient suggéré la pensée à Bory subsistent toujours.

contrerions sous le microscope, que nous ne pourrions le reconnaître, faute de renseignements. En revanche, nous pouvons
affirmer que la science moderne a découvert un certain nombre
de ses dérivés les plus immédiats. Les dernières conferves, les
infusoires les plus simples, et surtout bon nombre de ces êtres
dont nous ne savons encore que faire, ne diffèrent probablement
pas beaucoup de cet ancêtre putatif commun.

Ce n'est pas la petitesse des organismes inférieurs qui autorise
ce langage. L'esprit, appuyé sur quelques notions élémentaires
de mathématiques, conçoit des êtres infiniment plus petits que
la dernière des monades, que le plus imperceptible des vibrions.
Il n'en est pas de même de la simplicité d'organisation. Celle-ci
a des limites. Quand nous voyons l'être vivant réduit à une
simple cellule, à un corpuscule d'apparence homogène dont il
est impossible de dire s'il est ou non isolé du monde ambiant
par une enveloppe propre, nous pouvons affirmer que nous
sommes peu éloignés des confins de la structure organique.
Comment des êtres d'une simplicité pareille peuvent-ils coexister
avec leurs descendants graduellement perfectionnés, avec ceux
qui occupent le premier rang dans les deux règnes?

Dans la doctrine de Lamarck, la réponse à cette question est
à la fois facile et logique. L'existence simultanée des extrêmes
de complication organique et de tous les intermédiaires est la
conséquence naturelle d'une génération spontanée journalière,
entretenant ce fonds général d'ébauches vivantes où les espèces
nouvelles ont pris et peuvent à chaque instant prendre naissance.
Les plus anciennes, celles dont les circonstances ont stimulé les
besoins et multiplié les *habitudes*, occupent aujourd'hui le premier rang; les autres se trouvent naturellement étagées selon la
date de leur naissance et l'énergie ou la faiblesse des stimulants
qu'elles ont rencontrés.

Il est fâcheux que cette explication repose sur une erreur que
reconnaîtront, je pense, les plus hardis partisans actuels de l'hé-
térogénie. Il est bien évident que, si la génération spontanée
était un phénomène aussi constant, aussi régulier, aussi incessant que le croyait Lamarck, la réalité en eût été depuis longtemps mise hors de doute.

La persistance des types inférieurs est bien plus difficile à
expliquer pour quiconque se place à un point de vue analogue

à celui de Darwin. Il y a dans ce fait comme une protestation contre la généralité de l'application des principes mêmes de la doctrine. Le savant anglais l'a bien senti lui-même. C'est ici surtout qu'il laisse de côté le *progrès organique*, qu'il se rattache au principe de l'*adaptation*, et formule relativement aux conséquences de l'élection naturelle, des restrictions bien peu d'accord, il me semble, avec le langage qu'il tient ailleurs. « Quel avan-« tage y aurait-il, autant que nous pouvons en juger, pour un « animalcule infusoire, un ver intestinal, ou même un lombric, à « acquérir une organisation supérieure? S'il n'y en a pas, la sélec-« tion naturelle n'a aucune prise sur ces formes, qui resteront ce « qu'elles sont et pourront demeurer indéfiniment dans leur état « inférieur actuel. La géologie nous apprend que quelques formes « très inférieures, comme les infusoires et les rhizopodes, ont vécu « pendant d'immenses périodes à peu près à leur état présent [1]. »

Tel est le langage de Darwin lui-même, tels sont les faits qu'il accepte. A plus forte raison admettrait-il que les êtres plus simples et à caractère indécis dont je parlais tout à l'heure ont traversé sans grand changement « d'immenses périodes ». Comment se fait-il qu'en dépit de la lutte pour l'existence et de la sélection, ils aient conservé, à travers ces époques, à travers les changements de conditions d'existence qu'elles ont présentées, à travers les centaines de millions de siècles qu'elles comprennent d'après lui, une simplicité d'organisation qui fait songer au prototype? C'est, répond Darwin : « par suite de causes diverses et, « dans quelques cas, par l'absence de toute variation ou différence « individuelle favorable que la sélection naturelle ait pu con-« server et accumuler [2] ».

Ce que Darwin dit au sujet des *causes diverses*, dont il a été question, se réduit en réalité à admettre que des groupes d'animaux qui n'entrent pas en concurrence, peuvent vivre à côté les uns des autres, ce qui ne me semble pas expliquer l'état stationnaire des types inférieurs. Quant aux *variations utiles*, il répète maintes fois qu'elles se produisent dans des *circonstances favorables indéterminées*. Voilà donc l'*inconnu*, l'*accident*, en d'autres termes ce que nous appelons le *hasard*, accepté comme

1. *Origine des espèces*, p. 132.
2. *Ibid.*, p. 133.

dominant ces lois qui semblaient d'abord si fortement, si logiquement enchaînées, ou tout au moins reconnu nécessaire pour
que ces lois puissent s'exercer. Au delà de cette hypothèse
extrême, on ne peut évidemment plus rien supposer.

Suffit-elle au moins pour rendre compte des variations premières du prototype, pour expliquer le premier partage accompli
à l'origine des choses entre les animaux et les végétaux, pour
éclairer les premiers pas faits « vers l'amélioration et la diffé-
« renciation des parties »? Ici Darwin se borne à dire quelle
serait probablement la réponse d'Herbert Spencer et ajoute :
« Mais en l'absence de faits pour nous guider, toute spéculation
« sur ce sujet est inutile ».

Je me garderai bien d'ajouter un seul mot à ces aveux si
loyaux, mais en même temps si graves pour la doctrine entière,
qui se trouve ainsi reposer sur l'existence d'un prototype que
l'homme de science pure ne saurait accepter, en même temps
que ses lois les plus fondamentales sont subordonnées à l'*accident*, au *hasard*.

1. *Origine des espèces*, p. 131.

CHAPITRE IV

L'ESPÈCE ET LA RACE. — HYBRIDATION ET MÉTISSAGE. — ATAVISME

Lamarck ne s'est pas laissé arrêter par la nécessité d'admettre, comme point de départ de l'évolution lente telle qu'il la comprenait, un phénomène universel, incessant, et que pourtant nul n'a pu constater. Darwin ne s'est pas inquiété davantage des difficultés fondamentales de sa conception. « Nous ne devons pas « être surpris, dit-il, de ce qu'il reste tant de points encore « inexpliqués sur l'origine des espèces, si nous réfléchissons à la « profonde ignorance dans laquelle nous sommes quant aux « rapports mutuels qui ont existé entre les habitants du globe « dans les époques passées de son histoire [1]. »

Il passe outre après cette réflexion, et, laissant en plein inconnu les premières évolutions du type organique fondamental, c'est aux types secondaires déjà accusés, aux espèces déjà caractérisées, qu'il applique sa théorie. C'est donc à elles que s'adresse en particulier l'hypothèse des *variations fortuites*, qui seules permettent à la sélection d'entrer en jeu et d'enfanter des espèces nouvelles. A vouloir suivre pas à pas le savant anglais, je devrais aborder dès maintenant l'examen des causes qu'il assigne à ces accidents dont l'influence est si grande. Mais, pour apprécier ce qu'il dit à ce sujet, j'aurais à opposer l'*espèce* à la *race*, et je

1. *Origine*, p. 134.

dois rappeler d'abord combien diffèrent en réalité ces deux
choses si souvent confondues.

Isidore Geoffroy Saint-Hilaire, après avoir comparé dans les
moindres détails les doctrines émises relativement à l'espèce
depuis Linné et Buffon par les botanistes et les zoologistes les
plus éminents, résume sa remarquable discussion en des termes
qui, dans la bouche du fils d'Étienne Geoffroy, ont une importance qu'on ne saurait méconnaître, une signification trop souvent oubliée. « Telle est l'espèce et telle est la race, dit-il, non seu-
« lement pour une des écoles entre lesquelles se partagent les
« naturalistes, mais pour toutes; car la gravité de leurs dissenti-
« ments sur l'origine et les phases antérieures de l'existence des
« espèces ne les empêche pas de procéder toutes de même à la
« distinction et à la détermination de l'espèce et de la race. Tant
« qu'il s'agit seulement de l'état actuel des êtres organisés
« (accord d'autant plus digne de remarque qu'il n'existe guère
« qu'ici), tous les naturalistes pensent de même, ou du moins
« agissent comme s'ils pensaient de même [1]. »

Ces paroles posent nettement la question, et renferment un
grave enseignement. Elles nous rappellent que souvent il y a
pour ainsi dire deux hommes dans le même naturaliste, selon
qu'il étudie le monde organique avec la seule intention de le
connaître tel qu'il est, ou qu'il s'efforce d'en scruter les origines
pour l'expliquer. Elles nous apprennent que les écoles existent
seulement lorsqu'on se place en dehors des temps et des lieux
accessibles à l'observation, qu'elles s'effacent dès qu'on rentre
dans la réalité. Dans ce dernier cas, « de Cuvier à Lamarck lui-
« même, il n'y a plus qu'une manière de concevoir l'espèce [2] ».
C'est que les faits s'imposent aux esprits les plus prévenus; c'est
qu'en présence de *ce qui est*, il n'est pas possible d'arguer de *ce
qui pourrait être.*

Or, à moins de supposer dans les lois générales du monde
organique des changements que rien n'indique, il faut bien
admettre que les choses se sont passées autrefois comme elles
se passent aujourd'hui, et, par conséquent, que l'espèce et la
race sont de nos jours ce qu'elles ont toujours été. Pour savoir

1. *Histoire naturelle générale des règnes organiques*, t. III, chap. xi, sect. 7.
2. Isidore Geoffroy.

ce que sont ces deux choses telles que les ont comprises Linné
comme Buffon, Cuvier aussi bien que Geoffroy Saint-Hilaire et
Lamarck, interrogeons donc le présent. Lui seul peut nous
éclairer quelque peu sur le passé. Comme j'ai, du reste, abordé
cette question ailleurs avec détail, comme elle a été traitée
ex professo par divers auteurs [1], je serai bref, j'insisterai seulement sur quelques considérations nées des controverses auxquelles ont donné lieu quelques faits d'un intérêt spécial.

D'après M. Büchner, qui reproduit ici une opinion exprimée
par un éminent professeur de Heidelberg, G. Bronn, « l'idée
« d'espèce ne nous est pas donnée par la nature même » [2]. S'il
en était ainsi, on ne trouverait pas un si grand nombre d'espèces
portant des noms particuliers chez les peuples les plus sauvages
et chez nos populations les plus illettrées. La notion générale de
l'espèce est au contraire une de celles qu'on ne peut pas ne point
avoir, pour peu qu'on regarde autour de soi. La difficulté est de
la formuler nettement, de lui donner la précision scientifique.

Cette difficulté est très réelle. Elle tient à ce que l'idée générale repose sur deux ordres de faits de nature fort différente et
qui semblent assez souvent être en désaccord. Présentez au premier paysan venu deux animaux entièrement semblables, sans
hésiter il les déclarera de même espèce. Demandez-lui si les
petits d'un animal quelconque sont de même espèce que ses
pères et mère, il répondra oui, à coup sûr. L'immense majorité
des naturalistes pense et parle au fond comme le paysan. Un
bien petit nombre seulement n'a vu avec Jean Ray et Flourens
que le côté *physiologique* de la question ; d'autres, un peu plus
nombreux, entraînés par les habitudes ou forcés par la nature
de leurs travaux à ne voir que la forme, se sont placés, à la
suite de Tournefort, exclusivement au point de vue *morphologique* et parmi eux nous rencontrons surtout quelques botanistes,
entomologistes et paléontologistes.

Quant aux naturalistes proprement dits, quant à ceux qui s'oc-

---

1. *Revue des cours scientifiques*, 1868 ; *Unité de l'espèce humaine* ; *Cours
d'anthropologie*, fait au Muséum en 1866. Je dois renvoyer aussi le lecteur
à l'ouvrage de M. Faivre, intitulé : *La variabilité des espèces et ses limites* ;
surtout à l'excellent ouvrage de M. Godron, *De l'espèce et des races dans
les êtres organisés*, et à celui d'Agassiz, *De l'espèce et de la classification en
zoologie.*

2. *Science et nature*, traduction d'Auguste Delondre.

cupent essentiellement de l'ensemble des espèces, les étudient à l'état vivant, et sont par suite amenés à tenir compte de tout, ils sont ici remarquablement d'accord. Lorsqu'ils ont voulu définir l'espèce, ils se sont tous efforcés de faire entrer dans leurs formules les deux notions de la ressemblance et de la filiation. Ainsi ont fait Buffon et de Jussieu, Lamarck et Blainville, Cuvier et Candolle, Isidore Geoffroy et A. Richard, Bronn lui-même et Ch. Vogt, J. Müller et Chevreul [1].

[1]. Pour mettre le lecteur à même de juger par lui-même, je reproduis un certain nombre de définitions données par les principaux naturalistes :

J. Ray : « Sont de la même espèce toutes les plantes issues de la même semence et qui peuvent se produire par semis ». (*Historia plantarum.*)

Illiger : « L'espèce est l'ensemble des êtres qui donnent entre eux des produits féconds ». (*Versuch einer Terminologie.*)

Flourens : « L'espèce est la succession des individus qui se perpétuent ». (*Analyse raisonnée des travaux de Georges Cuvier.*)

Ces définitions, on le voit, n'embrassent que la notion de filiation.

Tournefort nomme *espèces* « les plantes qui se distinguent dans le *genre* par quelque caractère particulier ». (*Institutiones rei herbariæ.*)

Lacordaire : « On entend par *espèce* une collection ou un groupe d'animaux qui possèdent en commun certaines particularités d'organisation dont l'origine ne peut être attribuée à l'action des causes physiques connues ». (*Introduction à l'Entomologie, t. II.*)

Endlicher et Unger : « L'espèce est la réunion des individus qui concordent entre eux dans tous les caractères invariables ». (*Grundzüge der Botanik.*)

Ces trois exemples suffisent pour montrer ce qu'est l'espèce aux yeux de ceux qui tiennent exclusivement compte de la notion de ressemblance.

Voici maintenant les définitions données par les savants qui se sont efforcés de réunir dans leur formule les deux notions :

Linné n'a pas donné de définition ; mais ses idées, très nettement exprimées, ont été en réalité formulées de la manière suivante par Antoine-Laurent de Jussieu : « L'espèce doit être définie une succession d'individus entièrement semblables perpétués au moyen de la génération ». (*Genera plantarum.*)

Buffon a donné trois définitions revenant à très peu près l'une à l'autre. Voici la plus explicite : « L'espèce n'est autre chose qu'une succession constante d'individus semblables et qui se reproduisent ». (*Histoire générale et particulière des animaux, t. IV.*)

Lamarck : « On appelle *espèce* toute collection d'individus semblables qui furent produits par des individus pareils à eux ». (*Philosophie zoologique.*)

Je n'ai pas besoin de rappeler les réserves faites par Lamarck dès qu'il considérait l'espèce dans l'ensemble des temps.

Cuvier : « L'espèce est la réunion des individus descendus l'un de l'autre ou de parents communs, et de ceux qui leur ressemblent autant qu'ils se ressemblent entre eux ». (*Règne animal.*)

Candolle : « L'espèce est la collection de tous les individus qui se ressemblent plus entre eux qu'ils ne ressemblent à d'autres ; qui peuvent,

Sans doute les termes employés diffèrent. Mais cette variété d'expressions qu'on a voulu présenter comme une divergence de doctrines n'a rien que de très naturel. On sait combien une bonne définition est difficile à trouver, lors même qu'il s'agit des choses les plus simples, combien la difficulté s'accroît à mesure qu'il s'agit d'embrasser un plus grand nombre de faits ou d'idées. Or, la notion de l'espèce est des plus complexes. Il est donc fort aisé de comprendre que des hommes éminents, essentiellement

par une fécondation réciproque, produire des individus fertiles, et qui se reproduisent par la génération, de telle sorte qu'on peut par analogie les supposer tous sortis d'un seul individu ». (*Théorie élémentaire de la botanique.*)

BLAINVILLE : « L'espèce est l'individu répété et continué dans le temps et l'espace ». (*Leçons orales*, citées par Is. Geoffroy Saint-Hilaire.)

ACHILLE RICHARD : « L'espèce est l'ensemble de tous les individus qui ont absolument les mêmes caractères, qui peuvent se féconder mutuellement et donner naissance à une suite d'individus se reproduisant avec les mêmes caractères ». (*Précis de botanique.*)

DRAKS : « L'espèce est un type idéal de formes, d'organisation, de mœurs, auquel on peut rapporter tous les individus qui se ressemblent beaucoup et se propagent avec les mêmes formes ». (*Traité de physiologie comparée*, t. I.)

BRONN : « L'espèce est l'ensemble de tous les individus de même origine et de ceux qui leur sont aussi semblables qu'ils le sont entre eux ». (*Handbuch der Geschichte der Natur.*)

CH. VOGT : « L'espèce est la réunion de tous les individus qui tirent leur origine des mêmes parents, et qui redeviennent par eux-mêmes ou par leurs descendants semblables à leurs premiers ancêtres ». (*Lehrbuch der Geologie und Petrefactenkunde.*)

CHEVREUL : « L'espèce comprend tous les individus issus d'un même père et d'une même mère : ces individus leur ressemblent le plus qu'il est possible relativement aux individus des autres espèces; ils sont donc caractérisés par la similitude d'un certain ensemble de rapports mutuels existant entre des organes de même nom, et les différences qui sont hors de ces rapports constituent des variétés en général. » (*Rapport sur l'Ampélographie du comte Odart, suivi de Considérations générales sur les variations des individus qui composent les groupes appelés en botanique et en zoologie, variétés, races, sous-espèces et espèces.*)

JEAN MULLER : « L'espèce est une forme de vie représentée par des individus, qui reparaît dans les produits de la génération avec certains caractères inaliénables, et qui se reproduit constamment par la procréation d'individus similaires ». (*Manuel de physiologie*, t. II.)

ISIDORE GEOFFROY SAINT-HILAIRE : « L'espèce est une collection ou une suite d'individus caractérisés par un ensemble de traits distinctifs dont la transmission est naturelle, régulière et indéfinie, dans l'ordre actuel des choses ». (*Histoire naturelle générale des règnes*, t. II.)

On trouvera dans l'ouvrage d'Isidore Geoffroy la plupart des définitions précédentes et un grand nombre d'autres que j'ai cru inutile de reproduire.

d'accord sur les points fondamentaux, aient varié dans la traduction des idées accessoires. D'ailleurs les sciences marchent, et il
faut bien tenir compte des progrès accomplis. Voilà surtout
pourquoi j'ai cru pouvoir, moi aussi, proposer une définition
de plus, sans me séparer pour cela de mes illustres devanciers.

Les deux idées qui concourent à former l'idée générale d'espèce ne sont nullement simples elles-mêmes. Dès le début, et
à ne tenir compte que des phénomènes les plus communs, les
seuls connus au temps de Linné et de Buffon, l'idée de ressemblance fut nécessairement complexe. Elle dut embrasser la
famille physiologique entière avec les différences que comportent les sexes et les âges. Le père et la mère ne se ressemblent
pas; pendant une période plus ou moins longue de la vie, les
fils et les filles diffèrent quelquefois beaucoup de l'un et de
l'autre. Le faon se distingue au premier coup d'œil du cerf et de
la biche. Les métamorphoses de certains insectes offraient à nos
prédécesseurs un premier degré de complication: il y a une
énorme distance de la larve à l'insecte parfait, de la chenille au
papillon. De nos jours, le nombre et la diversité des formes
comprises dans une seule famille physiologique se sont multipliés d'une façon qu'il était impossible de prévoir. Il a bien fallu
tenir compte des faits nouveaux acquis à la science. Le premier,
Vogt eut le mérite de comprendre dans sa définition de l'espèce
la notion des phénomènes de *généagenèse*. Mais il laissa en
dehors ceux qui se rattachent au *polymorphisme*, dont divers
travaux récents, en particulier ceux de Darwin [1], ont montré la
haute importance.

Quelque inattendus qu'aient été pour nous ces phénomènes,
quelque étranges qu'ils puissent paraître, il ne faut pas s'en exagérer la signification. Au fond, considérés au point de vue où
nous sommes placés en ce moment, il ne faut qu'élargir de plus
en plus l'idée qu'on se faisait autrefois de la famille physiologique.

Dans les cas de généagenèse même les plus compliqués, nous
trouvons en effet toujours, à l'ouverture d'un cycle de généra-

---

1. *Des effets de la fécondation croisée et directe dans le règne végétal*,
traduction du docteur Hæckel, professeur à la Faculté des sciences de
Marseille; — *Des différentes formes de fleurs, dans les plantes de la même
espèce*, traduit par le même.

tions, un père et une mère caractérisés par la présence des éléments reproducteurs. Une *méduse femelle* pond des œufs que féconde une *méduse mâle*. De chacun de ces œufs sort un être semblable à un infusoire, *fils immédiat* des parents. Celui-ci se fixe et se transforme en une sorte de polype qui produit par bourgeonnement un nombre indéterminé d'individus sans sexe. A son tour, l'un de ces individus se métamorphose et se fractionne en méduse chez laquelle reparaissent les éléments nécessaires à une nouvelle fécondation. Il est évident que tous les individus sortis du même œuf, quelles que soient leurs formes, quel que soit l'ordre dans lequel ils se succèdent, sont les *fils médiats* de la mère qui a pondu l'œuf, du père qui l'a fécondé. Ils sont au même titre les frères de tous les individus produits par une même ponte. Les rapports physiologiques n'ont pas changé de caractère. La famille s'est agrandie, elle s'est pour ainsi dire fractionnée; mais elle est au fond restée la même [1].

Bien que compliquant parfois d'une manière étrange les phénomènes de la reproduction ordinaire et même ceux de la généagenèse, le polymorphisme ne change rien à cette conclusion. Dans une ruche, les neutres et les femelles, issus de la même reine mère fécondée par un seul père, appartiennent à la même famille. Il en est de même dans une termitière pour les grands rois et les grandes reines, les petits rois et les soldats, ailés ou non [2].

Des modifications morphologiques non moins remarquables ont été signalées chez les végétaux et ne peuvent être envisagées que de la même manière. Darwin en a rencontré jusque chez quelques-unes de nos plantes les plus communes, la primevère, le lin, les plantains, la salicaire. Dans ces espèces, les graines fournies par une seule et même plante mère donnent naissance à des plantes sœurs dont les organes floraux essentiels, le pistil et les étamines, diffèrent d'une manière très marquée [3]. Certaines fleurs

1. J'ai résumé les phénomènes les plus généraux de la reproduction animale et insisté sur ceux de la généagenèse dans un petit ouvrage intitulé : *Métamorphoses de l'homme et des animaux.*
2. Ces diverses expressions sont celles qu'a employées M. Lespés dans son beau mémoire sur le *termite lucifuge.* (*Annales des sciences naturelles,* 1856.)
3. *De la variation des animaux et des plantes,* t. II, chap. xix. — *Mémoire sur l'hétéromorphisme des fleurs.* (*Annales des sciences naturelles,* BOTANIQUE, 4ᵉ série, t. XIX.)

d'orchidées poussent sur le même pied, et sont cependant si diverses d'aspect, qu'on les avait regardées comme caractérisant deux genres distincts, tant qu'on ne les avait vues que sur des plantes séparées. Enfin des phénomènes bien plus complexes ont été découverts chez les champignons parasites par Tulasne et les botanistes entrés après lui dans cette nouvelle voie de recherches [1]. La généagenèse et le polymorphisme se compliquent ici d'une façon en apparence toute nouvelle. Ils se rattachent à des migrations et à des changements de sol et de milieu d'une manière qui a dû surprendre les premiers observateurs. Cependant ils ne présentent au fond rien de plus étrange que les phénomènes de la reproduction des vers intestinaux [2].

Ces végétaux, qu'on a pu attribuer à des genres, parfois à des familles taxonomiques différentes, ces animaux tellement dissemblables qu'on les a longtemps placés dans des classes distinctes, n'en doivent pas moins être mis à côté les uns des autres et avec leurs parents dans la même famille physiologique. Celle-ci embrasse donc toutes les générations médiates, parfois nombreuses, toutes les formes d'évolution souvent très disparates qu'enfantent la généagenèse et le polymorphisme. Dans le monde étrange où règnent ces deux phénomènes, la ressemblance disparaît du père et de la mère aux enfants, du frère au frère, lorsqu'ils apparaissent à des époques différentes du cycle; elle n'existe qu'entre les descendants plus éloignés et les collatéraux; mais elle reparaît toujours terme à terme dans toutes les *familles physiologiques*, quelque éloignées qu'elles soient. Au point de vue de l'espèce, ces familles apparaissent donc comme un élément fondamental dont il faut tenir le plus grand compte.

Voilà pourquoi, sans m'écarter des conceptions de tant d'illustres prédécesseurs, j'ai cru devoir introduire le terme de *famille* dans la définition que j'ai proposée. Pour moi, « l'espèce est

---

1. Voyez surtout les ouvrages suivants: *Selecta fungorum carpologia*, par L. et R. Tulasne, et *Traité de botanique*, par P. Duchartre. On peut consulter aussi les mémoires de M. Bary dans les *Annales des sciences naturelles* (BOTANIQUE), 5e série, et l'ouvrage de M. Faivre : *la Variabilité; ses espèces et ses limites.*

2. J'ai traité cette question spéciale avec quelque détail dans la *Revue des Deux Mondes*, 15 juin 1856, et dans mes *Métamorphoses de l'homme et des animaux.*

« l'ensemble des individus plus ou moins semblables entre eux
« qui sont descendus ou qui peuvent être regardés comme des-
« cendus d'une paire primitive unique par une succession inin-
« terrompue et naturelle de familles [1] ».

En atténuant dans cette formule l'idée de ressemblance, je ne
songeais pas seulement aux phénomènes que je viens de rappeler. J'avais aussi en vue des faits bien plus simples et journaliers. Blainville lui-même, pour qui l'espèce n'était que l'individu se répétant dans l'espace et dans le temps, acceptait par
cela même la possibilité de modifications morphologiques considérables; car, chez tous les êtres organisés, l'individu subit des
métamorphoses plus ou moins étendues, depuis le moment de sa
première formation jusqu'à celui de sa mort. Avec tous les naturalistes, il a reconnu l'existence des *variétés*, il a admis la formation et la durée des *races*. Sur ces deux points, l'accord
entre toutes les écoles, entre les botanistes et les zoologistes,
est aussi complet que possible, et les définitions en font foi [2].

Mes idées sont aussi celles de tous mes confrères, et, dans mes
propres formules, j'ai seulement cherché à préciser plus que
mes devanciers la notion d'origine. — « *La variété*, ai-je dit, est
« un individu ou un ensemble d'individus appartenant à la
« même génération sexuelle, qui se distingue des autres repré-
« sentants de la même espèce par un ou plusieurs caractères
« exceptionnels. — La *race* est l'ensemble des individus sembla-
« bles appartenant à une même espèce, ayant reçu et transmet-
« tant par voie de génération les caractères d'une variété primi-
« tive [3]. »

Ainsi l'*espèce* est le point de départ; au milieu des *individus*

---

1. *Unité de l'espèce humaine.*
2. Buffon définit la race « une variété constante et qui se conserve par
génération ». — « Il y a certaines variétés constantes, dit le botaniste
Richrad, et qui se reproduisent toujours avec les mêmes caractères par le
moyen de la génération; c'est à ces variétés constantes qu'on a donné le nom
de *races*. » (*Dictionnaire classique d'histoire naturelle*, art. MÉTHODE.) Bory
Saint-Vincent, comme Frédéric Cuvier, Blumenbach, Godron, etc., ont ou
adopté ces définitions, ou formulé dans des termes presque semblables
exactement les mêmes idées. Enfin, pour J. Müller : « La variété prend
le nom de *race* quand elle devient permanente ». Je crois inutile de multiplier ces citations.
3. J'ai motivé ces deux rédactions dans mon ouvrage sur l'*Unité de l'espèce humaine.*

qui composent l'espèce apparaît la *variété* quand les caractères
de cette variété deviennent héréditaires, il se forme une *race*.
Tels sont les rapports qui, pour tous les naturalistes, règnent
entre ces trois termes, et qu'on doit constamment avoir présents
à l'esprit dans l'étude des questions qui nous occupent.

De là résulte premièrement que la notion de ressemblance,
très amoindrie dans l'espèce, reprend dans la race une importance absolue. De là il suit également qu'une espèce peut ne
comprendre que des individus assez semblables pour qu'on ne
distingue pas même chez eux de variétés; qu'elle peut présenter
des variétés individuelles dont les descendants rentrent dans le
type spécifique commun; enfin, qu'elle peut aussi comprendre
un nombre indéfini de races. Toute exagération, toute réduction, toute modification suffisamment tranchée d'un ou de plusieurs caractères normaux constituent en effet une variété, et
toute variété peut donner naissance à une race.

En outre, chaque race sortie directement de l'espèce peut à
son tour subir de nouvelles modifications se transmettant par la
génération. Elle se transforme alors; une série nouvelle prend
naissance, distincte de la première par certains caractères et
méritant au même titre le nom de race. Ainsi se forment les
races secondaires, tertiaires, etc., toutes appartenant d'ailleurs à
l'espèce de laquelle s'est détachée la race primaire et remontant
à la variété qui a servi de point de départ. On peut se figurer les
espèces dont le premier type n'a pas varié comme un de ces
végétaux dont la tige est tout d'une venue et ne présente aucune
branche, et les espèces à races plus ou moins nombreuses
comme un arbre dont les branches mères se subdivisent en
branches secondaires, en rameaux, en ramuscules plus ou moins
multipliés. A travers quelques différences de langage, il est
facile de reconnaître que tous les naturalistes s'accordent encore
sur les points que je viens d'indiquer.

Par cela même qu'on accepte l'existence des races, on reconnaît que le type spécifique est variable. La discussion ne peut
porter que sur le plus ou le moins d'étendue qu'atteint la variation. Sur ce point encore, on est bien près de s'entendre.

Sans doute, emporté par l'ardeur des polémiques, Cuvier
n'avait pas assez apprécié la valeur des modifications que présentent nos animaux domestiques. Cependant il reconnaissait

que, chez le chien, la distance de race à race égale souvent celle qui dans un genre naturel sépare les espèces les plus éloignées[1]. Ses disciples les plus fidèles ont compris qu'il fallait aller plus loin.

Il est impossible, en effet, de méconnaître aujourd'hui que les dissemblances tant extérieures qu'anatomiques, existant parfois entre animaux *de même espèce*, mais *de races différentes*, sont telles que, rencontrées chez les individus sauvages, elles motiveraient l'établissement de genres distincts et parfaitement caractérisés. Les chiens, chez les mammifères, pouvaient déjà servir d'exemple. Le magnifique travail de Darwin sur les pigeons a prouvé que dans cette espèce le champ de la variabilité n'est pas moins étendu. Certainement, si l'on ne connaissait leur origine commune, aucun naturaliste n'hésiterait à placer dans des genres différents le *messager anglais* et le *grosse-gorge*, dont Darwin nous a donné les portraits et fait connaître l'organisation[2].

Là, toutefois, paraissent s'arrêter les modifications. Du moins on ne connaît encore aucun exemple d'une race assez éloignée de son point de départ pour présenter les caractères d'une famille taxonomique naturelle à part.

Constatons dès à présent un fait d'une grande importance et dont nous aurons à rechercher plus tard la signification. Chez les espèces sauvages, on ne rencontre que bien rarement des variations comparables à celles qui viennent d'être indiquées, et ce fait ne se produit guère que chez les animaux inférieurs et les végétaux. En tout cas, lorsque la même espèce compte des représentants restés sauvages et des représentants cultivés ou domestiques, ceux-ci varient dans une proportion infiniment plus considérable que les premiers.

On pourrait citer ici à titre d'exemple toutes celles de nos plantes potagères dont l'origine est connue. Les animaux offriraient des faits semblables. Assez souvent, des races naturelles de mammifères ont été prises d'abord pour des espèces dis-

---

1. *Recherches sur les ossements fossiles*, t. I.
2. *De la variation des animaux et des plantes*, t. I. Pour les variations de la forme extérieure et des couleurs chez les pigeons on devra consulter avant tout le magnifique ouvrage de MM. Fulton et Ludlow. J'ai reproduit quelques-unes de ces figures avec d'autres empruntées à Darwin, dans mon *Introduction à l'étude des races humaines*, 1889.

tinctes, parce qu'on ne connaissait pas les termes intermédiaires; jamais on n'a eu la pensée de les placer dans des genres
différents. De l'Inde au Sénégal, le chacal a changé sans
atteindre même le degré de variation qu'admettait Cuvier. L'hé-
lice lactée, espèce d'escargot comestible très estimée des Espagnols, originaire d'Espagne et du nord-ouest de l'Afrique, a été
transportée dans notre département des Pyrénées-Orientales, et
en Amérique jusqu'à Montevideo. Elle a donné naissance à des
races bien caractérisées, et la race montévidéenne surtout aurait
été certainement regardée comme une espèce distincte, si l'on
n'eût connu son origine; mais elle n'a pas franchi pour cela les
bornes qui séparent les hélices proprement dites des genres les
plus voisins.

On voit que la ressemblance entre individus représentants
d'un même type spécifique n'est que relative; en d'autres termes,
on voit que l'*espèce* est *variable* dans des limites assez étendues
et quelque peu indéterminées. La *variété* et la *race* ne sont autre
chose que l'expression de cette variabilité s'accusant par des
caractères individuels dans la première, héréditaires dans la
seconde. Au contraire, l'idée de ressemblance est le fondement
même de la *race*, puisque, les caractères venant à varier, il se
forme une race nouvelle, se rattachant à l'espèce par l'intermédiaire de toutes les races apparues avant elle.

Toute race fait donc partie de l'espèce dont elle est dérivée;
et réciproquement, toute espèce comprend, indépendamment
des individus qui ont conservé les caractères primitifs du groupe,
tous ceux qui appartiennent aux races primaires, secondaires,
tertiaires, dérivées du type fondamental. Pour citer un exemple
frappant, aujourd'hui incontestable, grâce au travail de Darwin [1],
il n'est pas un de nos pigeons qui ne descende du biset; et cette
espèce, le *Columba livia* des naturalistes, se compose à la fois de
tous les bisets sauvages et des cent cinquante races distinctes,
ayant reçu des noms particuliers, qu'a étudiées le savant anglais.
Dans ce chiffre ne sont pas comprises, bien entendu, les variétés
individuelles qui se produisent fréquemment et dont Darwin fait
connaître de nombreux et curieux exemples.

Quand il s'agit de l'espèce, la notion de filiation se présente

---

1. *De la variation des animaux et des plantes*, t. I.

avec un caractère bien plus précis que la précédente, quoique
les discussions aient porté et portent encore principalement sur
elle. Évidemment, entraînées par leurs doctrines, les écoles opposées se sont laissé aller sur ce point à des exagérations en sens
contraire, dont se préserve aisément quiconque étudie les faits
sans parti pris.

Constatons d'abord que personne ne croit plus à la fécondité
du croisement entre animaux appartenant à des classes ou à
des familles différentes. Réaumur, fût-il encore témoin des
étranges amours d'une poule et d'un lapin, n'espérerait plus en
voir naître « ou des poulets vêtus de poils, ou des lapins cou-
« verts de plumes », pas plus que je n'ai cru qu'il résulterait un
être intermédiaire de celles d'un chien et d'une chatte que j'ai
moi-même constatées. En revanche, si Frédéric Cuvier vivait
encore, il ne dirait plus, en exagérant les doctrines de son
illustre frère : « Sans artifice ou sans désordre dans les voies de
« la Providence, jamais l'existence des hybrides n'aurait été
« connue [1] ». Duvernoy n'écrirait plus : « L'animal a l'instinct
« de se rapprocher de son espèce et de s'éloigner des autres,
« comme il a celui de choisir ses aliments et d'éviter les poi-
« sons [2] ».

Le fait est que de genre à genre des unions sont fort rarement
productives. Entre espèces de même genre, quelque voisines
qu'elles soient par l'ensemble des caractères morphologiques, la
très grande majorité des mariages sont inféconds. Lorsque le
croisement est possible, la fécondité est d'ordinaire amoindrie,
et parfois dans une mesure notable.

Tels sont les faits incontestés que présente tout d'abord
l'*hybridation*, c'est-à-dire le croisement entre individus faisant
partie d'*espèces différentes*, et cela chez les végétaux aussi bien
que chez les animaux. Ils contrastent déjà d'une manière remarquable avec les phénomènes qui accompagnent le *métissage*,
c'est-à-dire le croisement opéré entre individus *de même espèce*,
mais *de races différentes*. Ici, quelque opposés que soient les
caractères morphologiques, les unions sont faciles et toujours
fécondes. Les expériences faites au Muséum par Isidore Geoffroy

---

1. *Histoire naturelle des mammifères* : Sur un mulet de macaque.
2. *Dictionnaire univ. d'hist. naturelle*, art. PROPAGATION.

ne peuvent laisser de doute sur ce point, quand il s'agit des animaux [1]. Les faits recueillis par une foule de botanistes, et en particulier par M. Naudin [2] et par Darwin lui-même [3], sont tout aussi concluants en ce qui touche aux végétaux.

Les premiers pas faits dans l'étude du croisement établissent donc entre l'espèce et la race des différences qui grandissent et se précisent rapidement lorsqu'on examine non plus les parents, mais les fils.

Quelque rapprochées que soient les deux *espèces croisées*, quelque régulièrement féconde que soit leur union, l'*hybride* qui en résulte peut rarement se reproduire. Tel est le mulet, fils de l'âne et de la jument. La fécondité est au moins presque toujours considérablement réduite; elle diminue encore rapidement dans les enfants de l'hybride de premier sang, et disparaît au bout d'un fort petit nombre de générations. C'est ce que savent fort bien les innombrables expérimentateurs, hommes de science ou simples amateurs, qui ont tenté le croisement entre des espèces d'oiseaux, entre le serin des Canaries, par exemple, et le chardonneret.

Les *métis*, au contraire, ces enfants de *races* différentes d'une même espèce, sont tout aussi féconds, parfois plus féconds que leurs parents, et transmettent d'une manière indéfinie à leurs descendants les facultés reproductrices dont ils jouissent eux-mêmes.

Tels sont les faits généraux. Ils suffiraient pour établir entre l'espèce et la race, au point de vue physiologique, une profonde et très sérieuse distinction. Les exceptions apparentes ne font que confirmer cette conclusion par des phénomènes nouveaux.

Remarquons toutefois que ces exceptions ne portent nullement sur la fécondité des métissages, c'est-à-dire des croisements entre *races* d'une même espèce. Darwin lui-même accepte franchement le fait, quelque contraire qu'il soit à ses doctrines.

1. Les expériences d'Isidore Geoffroy ont porté sur les races les plus diverses des espèces chien, chèvre, porc, poule, et surtout sur les races ovines.

2. *Mémoire sur les caractères du genre Cucurbita* (*Annales des sciences naturelles*, BOTANIQUE, 4° série, t. VI). Les observations de M. Naudin ont porté sur plus de 1200 individus en une seule année.

3. *Origine des espèces*, chap. IV, section 5.

« Je ne connais, dit-il, aucun cas bien constaté de stérilité dans
« des croisements de races domestiques animales, et, vu les
« grandes différences de conformation, qui existent entre quel-
« ques races de pigeons, de volailles, de porcs, de chiens, ce fait
« est assez extraordinaire et contraste avec la stérilité qui est si
« fréquente chez les espèces naturelles les plus voisines, lors-
« qu'on les croise [1]. » Il cite bien un fait emprunté à Youatt, et
d'où il résulterait que dans le Lancashire, le croisement des bes-
tiaux à cornes longues et courtes aurait été suivi d'une diminution notable dans la fécondité à la troisième ou quatrième
génération ; mais, avec cette bonne foi que n'imitent pas toujours
ses disciples, il oppose à ce témoignage celui de Wilkinson, qui
a constaté sur un autre point de l'Angleterre l'établissement
d'une race métisse provenant de ce même croisement. Il rapporte
et interprète dans le même esprit un certain nombre d'observations faites sur des végétaux. Sa discussion, où l'importance de
quelques faits me semble pourtant exagérée, ne peut le conduire
au delà de cette conséquence, que le croisement entre certaines
races de plantes est moins fécond que celui qui s'opère entre
certaines autres. Cette conclusion, qu'accepteront certainement
tous les naturalistes aussi bien que tous les éleveurs, n'a, on le
voit, rien qui soit en désaccord avec le fait général indiqué plus
haut.

Le croisement entre animaux de même espèce, mais de races
différentes, provoque l'apparition de certains phénomènes parmi
lesquels il en est qui doivent arrêter notre attention. Chacun des
deux parents apportant à peu près la même tendance à transmettre ses caractères propres aux enfants, il s'ensuit chez ceux-
ci une sorte de lutte qui s'accuse par des modifications diverses,
par la fusion, la juxtaposition plus ou moins complète des
traits spéciaux aux deux races. Pendant quelque temps, on
constate des *oscillations* plus ou moins étendues, et ce n'est
qu'au bout d'un nombre indéterminé de générations que la race
métisse s'assied et s'uniformise. Mais, quelque constance qu'elle
acquière dans son ensemble, il arrive presque toujours que quelques individus reproduisent à des degrés divers, parfois avec
une surprenante exactitude, les caractères de l'un des ancêtres

1. *De la variation des animaux et des plantes*, t. II, chap. XVI.

primitivement croisés. C'est là ce que les physiologistes français
ont désigné par le mot d'*atavisme*, ce que les Allemands appellent d'une manière très pittoresque le *coup en arrière* (*Rücks-
chlag*).

L'atavisme se produit souvent au milieu des races les plus
pures en apparence et à la suite d'un seul croisement remontant
à plusieurs générations. Darwin cite un éleveur qui, après avoir
croisé ses poules avec la race malaise, voulut ensuite se débarrasser de ce sang étranger. Après quarante ans d'efforts, il
n'avait pu encore y réussir complètement; toujours le sang
malais reparaissait dans quelques individus de son poulailler.
L'histoire de toutes nos races domestiques présenterait des faits
analogues. Nos moutons, nos bœufs, nos chiens en fourniraient
de nombreux exemples. En voici un qui, pris chez les insectes,
atteste l'universalité de la loi et aussi combien la sélection la
plus attentive et la plus prolongée est parfois impuissante à en
empêcher les effets.

Les cocons blancs produits par la race de vers à soie de Valle-
raugue descendent primitivement d'une race déjà blanche prise
dans le Liban au commencement du xvIIᵉ siècle. Depuis cette
époque, on a choisi avec grand soin les cocons les plus beaux et
les plus blancs pour propager la race; et pourtant, à chaque
récolte, on trouvait quelques cocons jaunes dans toutes les
chambrées avant que la pébrine eût anéantie cette race, qui
n'est pas encore remplacée. Ici la sélection s'était poursuivie
pendant plus de cent générations.

Tels sont les résultats généraux qui ressortent de milliers
d'expériences et d'observations faites sur le croisement, et dont
les premières remontent presque aussi haut que l'histoire elle-
même. Nous aurons à y revenir plus loin avec quelque détail;
mais nous devons appeler d'abord l'attention sur quelques
autres phénomènes plus récemment acquis à la science, et par
cela même moins connus, bien qu'ils soient également de la
plus haute importance.

CHAPITRE V

L'ESPÈCE ET LA RACE. — VARIATION DÉSORDONNÉE. — LOI DE RETOUR

L'hybridation présente parfois des phénomènes exceptionnels qui pourraient faire croire au premier abord qu'entre certaines *espèces* les choses se passent comme entre *races*, et qu'on peut obtenir des *races hybrides*. Dans quelques rares unions croisées de ce genre, on a vu la fécondité de la mère se conserver, puis persister chez les fils et chez les petits-fils, qui peuvent s'unir entre eux et donner naissance à de nouveaux produits. Plus fréquemment surtout, on a obtenu un résultat analogue en croisant les hybrides de premier lit avec des individus appartenant à l'une des espèces parentes. Ces hybrides, qui eussent été inféconds entre eux, retrouvent par ce procédé, en partie ou entièrement, la faculté de se reproduire, et donnent naissance à des *quarterons* qui possèdent trois quarts de sang de l'une des espèces et seulement un quart de sang de l'autre. Ceux-ci sont plus ou moins féconds entre eux, et transmettent à leur postérité la faculté qu'ils ont retrouvée.

Tels sont les faits acceptés aujourd'hui par tous les naturalistes sérieux, mais dont on a singulièrement faussé la signification réelle, lorsqu'on les a invoqués comme démontrant la possibilité d'obtenir des *races hybrides*. Ceux qui s'expriment ainsi semblent n'avoir connu qu'à demi les expériences. Ils ne tiennent pas compte de deux phénomènes, les plus frappants

peut-être de tous ceux qu'engendre l'hybridation. Ils oublient la
variation désordonnée qui se manifeste dès la seconde génération, et qui enlève toute communauté de caractère à ces descendants d'espèces différentes. Ils oublient surtout qu'après quelques générations, ordinairement fort peu nombreuses, ces
hybrides perdent leurs caractères mixtes, et *retournent* en totalité à l'une des espèces parentes ou se partagent entre les deux
souches mères, si bien que toute race d'hybridation disparaît.
Comme il s'agit ici de faits fondamentaux, il est nécessaire de
citer quelques exemples pris dans les deux règnes et de résumer
quelques observations trop souvent tronquées dans les citations
qu'on en a faites.

Quand il s'agit de l'hybridation chez les végétaux, on ne saurait invoquer une autorité plus sérieuse que celle de M. Naudin.
Ses premières recherches sur ce sujet datent de 1853. Depuis
cette époque, il n'a guère cessé pendant bien des années de
multiplier des expériences dont la précision et l'importance ont
placé son nom à côté de ceux de Kœlreuter et de Gœrtner.
Voici une de celles qu'on peut citer comme exemple de ce qu'il
a nommé si justement la *variation désordonnée.*

M. Naudin croisa la linaire commune avec la linaire à fleurs
pourpres. Il obtint de cette union un certain nombre d'hybrides
dont il suivit sept générations sur plusieurs centaines de plantes.
Les fils immédiats des espèces croisées, les *hybrides de premier
sang,* furent presque intermédiaires entre leurs parents et présentèrent une remarquable uniformité de caractères. Mais, dès
la seconde génération, il n'en fut plus ainsi; les différences
s'accusèrent de plus en plus. A chaque génération, plusieurs
individus reproduisaient les caractères de l'espèce paternelle ou
maternelle, c'est-à-dire obéissaient à la *loi de retour aux types
parents.* Les autres, extrêmement dissemblables entre eux, ne
ressemblaient pas davantage aux hybrides de premier sang. A
la sixième ou septième génération, ces plantes présentaient la
confusion la plus étrange. « On y trouvait tous les genres de
« variation possibles, de tailles rabougries ou élancées, de feuil-
« lages larges ou étroits, de corolles déformées de diverses
« manières, décolorées ou revêtant des teintes insolites, et de
« toutes ces combinaisons il n'était pas résulté deux individus
« entièrement semblables. Il est bien visible qu'ici encore nous

« n'avons affaire qu'à la *variation désordonnée*, qui n'engendre
« que des individualités [1]. »

Cette dernière observation de l'éminent naturaliste est d'une
haute importance. Elle établit entre les variétés qui se manifestent spontanément dans une espèce et les formes plus ou moins
disparates produites par l'hybridation une différence physiologique radicale. Les premières seules se transmettent et forment
des races. Cette distinction ne pouvait échapper à M. Naudin, et
il y revient en terminant son beau mémoire. « Les espèces, dit-
« il, lorsqu'elles varient en vertu de leurs aptitudes innées, le
« font d'une manière bien différente de celle que nous avons
« constatée dans les hybrides. Tandis que chez ces derniers la
« forme se dissout, d'une génération à l'autre, en variations
« individuelles et sans fixité, dans l'espèce pure, au contraire, la
« variation tend à se perpétuer et à faire nombre. Lorsqu'elle
« se produit, il arrive de deux choses l'une : ou elle disparaît
« avec l'individu sur lequel elle s'est montrée, ou elle se trans-
« met sans altération à la génération suivante. Et dès lors, si
« les circonstances lui sont favorables et qu'aucun croisement
« avec le type de l'espèce ou avec une autre variété ne vienne la
« troubler dans son évolution, elle passe à l'état de race carac-
« térisée, et imprime son cachet à un nombre illimité d'indi-
« vidus. »

En d'autres termes, les espèces proprement dites peuvent
seules donner des *races*; les hybrides ne produisent que des
variétés, et l'uniformité ne s'établit dans leur descendance « qu'à
« la condition que celle-ci reprenne la livrée normale des
« espèces »; en d'autres termes, qu'elle subisse la *loi de retour
au type*.

Nous venons de voir le retour au type des parents s'effectuer
partiellement et pendant plusieurs générations successives. On
peut montrer, par un autre exemple intéressant, ce même phénomène s'effectuant brusquement, après avoir été précédé des
particularités qui caractérisent d'ordinaire l'hybridation.

M. Naudin avait choisi cette fois le *Datura stramonium* dont
la plupart de nos lecteurs connaissent sans doute la belle tige

[1]. *De l'hybridation considérée comme cause de variabilité dans les végétaux.* (*Comptes rendus de l'Académie des sciences*, séance du 21 novembre 1864.)

arborescente, et le *Datura ceratocaula*, espèce « à tige traînante,
« ordinairement simple et probablement celle de tout le genre
« qui a le moins d'affinité avec le *Datura stramonium* ». Le premier jouait le rôle de mère. Dix fleurs furent préparées avec les
soins nécessaires, et furent fécondées artificiellement avec le
pollen du *Datura ceratocaula*. L'opération réussit sur toutes, et
l'expérimentateur put récolter dix capsules mûres; mais aucun
de ces fruits n'avait la grosseur normale. Les plus développés
atteignaient à peine à la moitié du volume ordinaire de la *pomme
épineuse*. Le développement des graines était en outre fort iné-
gal : une bonne moitié avait avorté, et n'était représentée que
par des vésicules aplaties et ridées; d'autres, bien conformées
extérieurement, quoique plus petites que les graines normales,
ne contenaient pas d'embryon, et par conséquent étaient infer-
tiles. En somme, les dix capsules ne fournirent à M. Naudin
qu'une soixantaine de graines paraissant arrivées à un complet
développement, au lieu de plusieurs centaines qu'il aurait recueillies sur l'une ou sur l'autre espèce non croisée.

Ces soixante graines produites par le croisement furent toutes
semées. Il n'en germa que trois.

L'un des hybrides ainsi obtenus périt; les deux autres se développèrent avec une vigueur supérieure à celle des deux plantes
parentes. En revanche, la fécondité se trouva remarquablement
diminuée [1]. Un grand nombre de fleurs, ou ne se formèrent pas,
ou avortèrent au sommet et dans le bas de la tige. Celles qui se
développèrent produisirent des fruits de grandeur normale et des
graines parfaitement conformées. Ces graines furent mises en terre
en deux fois les années suivantes; plus de cent pieds sortirent de
ces deux semis. *Tous* présentèrent, sous le rapport du développement et de la fécondité des organes floraux, exactement les mêmes
caractères que les *Datura stramonium* cultivés à côté d'eux comme
terme de comparaison. D'un seul bond, toute cette postérité des
deux hybrides était revenue à l'espèce maternelle primitive [2].

1. C'est là chez les hybrides un fait général, dont le mulet offre un
exemple chez les animaux. Les organes et les fonctions de la vie individuelle semblent gagner en activité et en énergie ce que perdent les organes
et les fonctions de propagation de l'espèce. C'est un cas très remarquable
d'application de la loi du balancement organique et physiologique.

2. *Observations concernant quelques plantes hybrides cultivées au Muséum. (Annales des sciences naturelles*, BOTANIQUE, 4e série, t. IX.)

Le retour n'a pas toujours lieu avec cette brusquerie. Il exige parfois plusieurs générations. Souvent aussi la descendance des premiers hybrides se répartit entre les deux espèces parentes; mais en résumé, nous dit M. Naudin, « les hybrides fertiles et se « fécondant eux-mêmes reviennent tôt ou tard aux types spéci-« fiques dont ils dérivent, et ce retour se fait, soit par le déga-« gement des deux essences réunies, soit par l'extinction gra-« duelle de l'une des deux [1] ».

Les expériences de ce genre sont généralement plus longues et par cela même plus difficiles à exécuter chez les animaux que chez les plantes. Toutefois les oiseaux offrent aux expérimenta-teurs des facilités que plus d'un naturaliste, et Darwin entre autres, a su mettre à profit. Parmi les invertébrés, un certain nombre de groupes se prêteraient aussi très bien sans doute à cet ordre de recherches. Ce qui s'est passé au Muséum est de nature à encourager ceux qui seraient disposés à entrer dans cette voie.

En 1839, M. Guérin-Méneville eut l'idée de croiser les papil-lons du ver à soie de l'ailante (*Bombyx Cynthia*) avec ceux du ver à soie du ricin (*Bombyx Arrindia*). Ces unions furent fécon-des. Les œufs qui en résultèrent furent déposés au Muséum dans le local destiné aux reptiles vivants, et élevés par Vallée, gar-dien de cette partie de la ménagerie. Grâce à des soins intelli-gents, ces hybrides se propagèrent pendant huit années. Mal-heureusement la dernière génération périt, dévorée tout entière par les ichneumons. Voici les faits qu'a présentés cette expé-rience, comparable à tous égards à celles qu'on a exécutées sur des végétaux.

Tout en réunissant des caractères empruntés aux deux espèces, les hybrides de premier sang tenaient plus du bombyx de l'ai-lante que de celui du ricin. Ce cachet général se retrouvait dans les papillons et jusque sur les cocons. Ils étaient d'ailleurs assez semblables entre eux. « Il n'en a pas été de même, dit M. Guérin-« Méneville, des métis (*hybrides*) issus de l'alliance des métis « (*hybrides*) entre eux. Les produits de cette génération ont « montré un mélange dans la couleur des cocons et des papil-

1. *Nouvelles recherches sur l'hybridité. (Annales des sciences naturelles,* BOTANIQUE, 4ᵉ série, t. XIX.)

« lons, qui est allé en augmentant à mesure que les générations
« entre métis se succédèrent. Ainsi, chez les derniers, ceux de la
« troisième génération entre métis, il s'est trouvé la variété la
« plus grande possible, et le phénomène le plus intéressant a
« été de voir des métis prendre entièrement le caractère, soit du
« type ailante, soit du type ricin [1]. »

Nous retrouvons ici, on le voit, dès la seconde et la troisième
génération, la *variation désordonnée* et le *retour* que nous avions
vus se manifester chez les plantes. Ces phénomènes se sont
développés de plus en plus chez ces hybrides d'invertébrés. En
même temps l'empreinte du ver de ricin s'est de mieux en mieux
accusée, et a fini par prendre si bien le dessus que la dernière
éducation a donné presque en totalité des cocons appartenant
au type qui semblait d'abord avoir été presque effacé [2].

Les expériences d'hybridation chez les vertébrés ont été bien
plus nombreuses que dans l'autre sous-règne. Il est peu d'amateurs d'oiseaux qui n'en aient tenté quelqu'une. Malheureusement
nous n'avons pas sur cette classe d'observations précises et propres à éclaircir les questions qui nous occupent en ce moment.
Il en est autrement pour les mammifères. Nous rencontrons
chez eux un certain nombre de faits qui sont fort loin toutefois de
présenter le même intérêt, et dont quelques-uns sont évidemment apocryphes. Isidore Geoffroy avait déjà fait justice du pré-
tendu croisement fécond entre le taureau et l'ânesse, entre la
chevrette et le bélier [3]. Les renseignements qu'a bien voulu me
donner M. de Khanikof montrent qu'il faut mettre dans la même
catégorie celui du dromadaire et du chameau [4]. Les fameuses
expériences de Buffon sur le croisement du loup et du chien ont
malheureusement été interrompues avant qu'elles pussent permettre de conclure. Les détails précis manquent sur quelques

1. *Bulletin de la Société impériale d'acclimatation*, séance du 6 janvier
1860.
2. Ce renseignement m'a été donné par Vallée, employé du Muséum,
qui a dirigé ces éducations avec assez de soin et d'intelligence pour mériter
une récompense publique décernée par la Société d'acclimatation.
3. *Histoire naturelle générale des règnes organiques*, t. III, chap. x.
4. *Unité de l'espèce humaine*, et *Revue des cours scientifiques*, 1868. J'ai
examiné avec détail dans ce livre, et surtout dans ces leçons, tous les principaux cas d'hybridation invoqués en faveur de la prétendue existence des
races hybrides.

autres faits cités par divers auteurs; et la seule conséquence
qu'on puisse en tirer, c'est que chez un certain nombre d'animaux, comme chez le chien qu'on marie au loup, le croisement
des espèces n'annihile pas la fécondité dans les descendants pendant trois ou quatre générations, ainsi qu'on l'avait soutenu à
tort. Or il n'y a là rien qui dépasse les résultats fournis bien des
fois par le croisement des espèces végétales.

Cependant deux expériences ont été poussées assez loin pour
qu'on puisse en tirer des conclusions précises. Ce sont celles qui
ont porté sur le croisement de la chèvre et du mouton, d'où
résultent les *chabins* ou *oricapres*, et sur le mariage du lièvre et
du lapin, qui donne naissance aux *léporides*. Toutes deux ont souvent été invoquées à l'appui de doctrines opposées à celles que
je défends. On le pouvait peut-être à l'époque où Broca publiait
son livre sur l'hybridité [1]; car on ne possédait pas encore un
certain nombre de faits que le temps seul a permis de constater.
Il n'en est pas de même aujourd'hui. Quiconque examinera sans
parti pris l'ensemble des données maintenant recueillies reconnaîtra que les chabins et les léporides, malgré la prédominance
de l'un des deux sangs [2], présentent exactement les mêmes phénomènes que les végétaux et les papillons.

L'histoire des premiers est aujourd'hui complète. Déjà on
avait le témoignage de Gay, attestant que chez eux le retour
aux espèces primitives s'effectue après quelques générations, et
qu'on est obligé de recommencer la série de croisements assez
compliquée qui donne à ces hybrides la proportion des deux
sangs nécessaires pour atteindre le but industriel qu'on se propose [3]. Un éminent zootechniste, Goubaux, a complété, par ses
études anatomiques, ces renseignements qui portaient seulement sur les caractères extérieurs. Grâce à mon confrère et

1. *Recherches sur l'hybridité animale en général et sur l'hybridité humaine en particulier*, 1860. Broca a donné avec détail la marche suivie
pour obtenir les chabins, d'après les notes que lui avait remises le savant
voyageur Gay, alors membre de l'Académie des Sciences.

2. Les chabins ont 3 huitièmes de sang de bouc et 5 huitièmes de sang
de brebis. Au Pérou, on renverse le rôle des espèces, et l'on croise le
bélier avec la chèvre, tout en conservant la proportion des deux sangs.
Les léporides ont 3 huitièmes de sang de lapin et 5 huitièmes de sang de
lièvre.

3. La toison des chabins présente un poil à la fois long et souple, ce qui
fait employer la peau tannée de ces hybrides à une foule d'usages.

collègue, M. Alphonse Edwards, il a pu étudier et disséquer un
chabin et une chabine. Voici ce qu'il m'écrivait à ce sujet peu
de jours avant sa mort : « Les résultats de mes études ont été
« que ces deux animaux présentaient tous les caractères de l'es-
« pèce de mouton, et ne présentaient aucun caractère de l'espèce
« de la chèvre. » L'étude anatomique vient donc confirmer les
conclusions qu'autorisait déjà la vue des changements qui se
passent extérieurement, d'une génération à l'autre, chez les chabins. Il est évident que la loi de retour se manifeste ici chez les
mammifères, « exactement comme chez les végétaux », ainsi
que me le disait Gay lui-même en répondant à mes questions.

L'histoire des léporides est aussi complète, plus complète
peut-être même que celle des chabins. Le travail de Broca a eu
le double mérite d'éveiller l'attention du monde savant en rappelant des faits oubliés, en faisant connaître ceux qu'on obser-
vait à ce moment même loin de Paris, de provoquer des expériences nouvelles et d'amener des aveux décisifs. Quelques détails
sont donc ici nécessaires.

Le croisement du lièvre et du lapin a été tenté sur bien des
points du globe et par bien des hommes de science ou de loisir.
Il a généralement échoué, par exemple au Muséum, à diverses
reprises, entre les mains de Buffon et d'Isidore Geoffroy. Le premier exemple connu de cette hybridation remonte à 1774, et fut
constaté près du bourg de Maro, situé entre Nice et Gênes. Une
jeune hase, élevée avec un lapereau de son âge par l'abbé Domi-
nico Cagliari, s'accoutuma si bien à son compagnon, qu'elle en
eut deux fils qui semblent s'être partagé les caractères extérieurs du père et de la mère. Ainsi prit naissance une famille
hybride dont les membres, livrés à eux-mêmes, se reprodui-
sirent pendant un certain nombre de générations. Examinée en
1780 par l'abbé Carlo Amoretti, naturaliste d'un certain mérite,
elle montra une grande variété de teintes et de mœurs. On y
voyait des individus blancs, d'autres noirs, d'autres tachetés,
Les femelles blanches creusaient des terriers pour mettre bas à
la manière des lapins, les autres laissaient leurs petits à la surface du sol, comme font les lièvres. Ces renseignements permettent de constater que chez les léporides de l'abbé Cagliari,
la variation désordonnée s'était produite comme chez les végé-

taux étudiés par M. Naudin, comme chez les hybrides de papillons obtenus par Guérin-Méneville.

Broca cite trois autres observations qu'il reconnaît être ou douteuses ou trop peu complètes pour mériter une attention sérieuse. Il s'arrête avec raison aux expériences de M. Roux, président de la Société d'agriculture de la Charente. Il s'agit ici, en effet, d'une hybridation élevée à l'état de pratique industrielle, et comparable, à ce point de vue, au croisement de la chèvre et du mouton. Dès 1850, paraît-il, M. Roux avait été amené par ses propres expériences à croiser le lièvre et le lapin, précisément dans la proportion que nous avons vue être la plus favorable à la production des chabins. Ses léporides avaient trois huitièmes de sang de lapin, cinq huitièmes de sang de lièvre. Dans ces conditions, d'après les détails donnés sur place à Broca, ils se propageaient régulièrement. Les portées étaient de cinq à huit petits, qui s'élevaient sans difficulté, et acquéraient à la fois un poids plus considérable que celui de leurs ancêtres, lièvres ou lapins, une chair qui, quoique blanche comme celle de ces derniers, était bien plus agréable au goût, une fourrure supérieure en qualité à celle du lièvre lui-même. Ces avantages réunis donnaient aux léporides de M. Roux, sur le marché d'Angoulême, une valeur double de celle des plus beaux lapins domestiques. Enfin, l'avenir de cette industrie paraissait assuré, car en 1859, époque du voyage de M. Broca, dix générations de léporides s'étaient déjà succédé sans manifester, au dire du producteur, la moindre tendance à retourner soit à l'une, soit à l'autre espèce.

Ces faits semblaient bien établis, et l'on comprend qu'ils aient motivé quelques assertions fort exagérées sans doute, mais qui du moins paraissaient reposer sur des données précises. Cependant, dès 1860, Isidore Geoffroy déclarait que les léporides « retournent assez promptement au type lapin, si de nouveaux « accouplements avec le lièvre n'ont pas lieu [1] ». Cette déclaration avait d'autant plus de portée que, dans son livre d'*Histoire naturelle générale*, Isidore Geoffroy avait émis avec pleine confiance les faits attestés par M. Roux. Il était allé jusqu'à dire

1. *Bulletin de la Société zoologique d'acclimatation*, séance du 28 décembre 1860.

que « le moment ne semblait pas éloigné où une véritable race
« hybride serait issue de deux animaux dont les naturalistes ont
« dit si longtemps et redisent encore : leur accouplement même
« est impossible [1] ». Le retour au type maternel venait démentir
cette prévision ; mais, en homme de science et de bonne foi, Isidore Geoffroy n'hésitait point à constater tout le premier le fait
qui condamnait une opinion prématurément émise.

Au reste, le doute ne fut bientôt plus possible. A mesure que
les documents devinrent plus nombreux et plus précis, on apprit
que l'industrie des léporides était loin d'atteindre l'importance
qu'on lui avait prêtée ; on apprit que la mortalité était chez
eux considérable. Le fait du retour fut reconnu au Jardin
d'acclimatation, qui possédait deux léporides, fils de ceux
qu'avait élevés M. Roux lui-même [2]. A la Société d'agriculture
de Paris, un de ces hybrides fut examiné avec soin, puis mangé
dans un repas de corps : il parut ne pas différer d'un simple
lapin [3]. M. Roux, interpellé à diverses reprises et mis officiellement en demeure de s'expliquer par la Société d'acclimation, se
renferma d'abord dans un silence qui fut sévèrement interprété.
Il paraît s'être décidé plus tard à reconnaître lui-même ce
qu'avaient eu d'exagéré et d'inexact ses premières assertions [4].

Pour avoir à peu près échoué au point de vue industriel,
l'expérience de M. Roux n'en était pas moins intéressante. Il
était à désirer qu'elle fût reprise, et divers expérimentateurs
tentèrent de la reproduire. M. Gayot seul, croyons-nous, y a
réussi. Il en a communiqué plusieurs fois les résultats à la Société
d'agriculture : il mit entre autres sous les yeux des membres de
cette société, le 11 mars 1868, un individu, fils d'une femelle

1. *Histoire naturelle générale des règnes organiques*, t. III, chap. x, section 14. Ce volume porte la date de 1862. On sait que l'impression n'en fut
terminée qu'après la mort de l'auteur, qui n'a même pu l'achever. Les
retards inévitables en pareil cas expliquent la date inscrite sur le titre :
mais Isidore Geoffroy nous apprend lui-même qu'il écrivait le passage cité
en 1859, et qu'il empruntait les faits qui semblaient motiver sa prévision
au mémoire encore inédit de Broca.

2. Jean Reynaud, *Note sur les lapins-lièvres*, (*Bulletin de la Société d'acclimatation*, séance du 12 décembre 1862.)

3. Cette expérience culinaire, répétée à Paris par Decaisne sur un des
léporides que M. Roux faisait vendre au marché, donna lieu à la même
appréciation.

4. E. Faivre, *la Variabilité des espèces et ses limites*, chap. viii.

demi-sang croisée avec un mâle lièvre pur. Ce léporide avait
donc trois quarts de sang de lièvre et un quart seulement de
sang de lapin. Son pelage présentait quelque analogie avec
celui de son père. Pourtant il ressemblait tellement au lapin
sous tous les autres rapports, que la Société jugea nécessaire de
le faire examiner de près et par comparaison. Florent Pré-
vost, dont la vie entière s'est passée à la ménagerie du Muséum,
et qui joignait à l'expérience d'un aide-naturaliste émérite celle
d'un chasseur, fut chargé de ce soin. « Occupé de cette intéres-
« sante question, dit-il dans son rapport, j'ai quitté de bonne
« heure la Société pour aller dans plusieurs marchés et chez
« quelques personnes examiner tous les lapins, morts ou vivants,
« que j'ai pu rencontrer, pour les comparer à celui qui occupait
« la Société. Sur le grand nombre d'individus que j'ai observés,
« huit ou dix avaient les mêmes caractères que ceux que j'avais
« remarqués sur celui auquel je venais de les comparer, et cepen-
« dant ce n'étaient que des lapins domestiques [1]. »

Ainsi, dès la seconde génération et malgré ses trois quarts de
sang de lièvre, ce léporide était redevenu en tout semblable à
un lapin pur, au jugement d'un homme dont la compétence en
pareille matière est certainement indiscutable.

M. Gayot a publié depuis de nouvelles observations, et per-
sista à penser qu'il a bien obtenu une race de léporides s'entretenant par elle-même, en croisant le lièvre et le lapin sauvage. Sans se prononcer formellement à cet égard, la Société
d'acclimatation, par l'organe de sa commission des récompenses
pour 1870, semble adopter cette manière de voir, en décernant
au persévérant expérimentateur le prix qu'elle avait proposé
pour ce croisement, bien que le nombre des générations ne fût
que de trois mois. Peu après, M. Sanson ayant observé ces animaux vivants et s'étant procuré des squelettes constata que les
uns étaient déjà revenus au lapin, que les autres oscillaient encore
mais se montraient « incapables de constituer une population
« homogène d'individus présentant tous les mêmes caractères
« intermédiaires entre ceux de leurs deux espèces ascendantes [2] ».

1. *Bulletin des séances de la Société impériale et centrale d'agriculture
de France*, mars 1868.
2. *Bulletin de la Société d'anthropologie de Paris*, 2ᵉ série, t. II, p. 331.
M. Sanson a eu entre les mains les léporides de sixième génération seulement.

L'histoire du croisement du lièvre et du lapin est donc aujourd'hui bien complète. Des faits que je viens de résumer il résulte que ce croisement est difficile à obtenir, mais qu'il s'accomplit sous l'empire de conditions encore indéterminées ; que les hybrides de premier sang sont féconds entre eux ; que leurs descendants présentent la variation désordonnée ; que le retour à l'espèce lapin se fait parfois très vite, malgré une proportion plus considérable de sang de lièvre ; que c'est à la première de ces espèces que les léporides semblent devoir retourner peut-être toujours ; enfin que l'on n'a pas encore obtenu une race assise de léporides.

Ce phénomène du retour aux types parents, que nous retrouvons chez les animaux invertébrés ou vertébrés comme chez les végétaux, mérite toute notre attention. Seul il explique un fait qui sans cela serait fort étrange.

Le nombre des hybrides féconds est sans doute extrêmement restreint ; pourtant il est loin d'être nul. Comment se fait-il donc qu'il ait été jusqu'ici impossible de produire une seule race hybride, c'est-à-dire une suite de générations reproduisant d'une manière plus ou moins complète les caractères mixtes empruntés à deux espèces différentes analogues à celles qu'avec un peu de soin on obtient si facilement entre races ? Malgré les efforts de tant d'expérimentateurs, on n'en connaît pas un seul exemple chez les animaux ; chez les végétaux qui se prêtent bien plus aisément à l'expérimentation on a cru avoir réussi une seule fois et il a fallu reconnaître plus tard qu'on s'était trompé. Je reviendrai plus tard sur cette expérience remarquable. Je me borne pour le moment à constater que la loi de retour aux types parents vient constamment contre-balancer la loi de l'hérédité, en dépit de la sélection, en dépit même de la prédominance d'un des deux sangs, comme chez le léporide de M. Gayot.

Ce dernier fait, celui que j'empruntais plus haut aux expériences de M. Naudin sur les *Datura*, une foule d'exemples pareils que l'on trouverait dans les écrits du même expérimentateur, dans ceux de M. Lecoq et de leurs émules, conduisent à une conséquence qu'il me semble difficile de repousser : c'est que le *retour* aux espèces primitivement croisées est *complet*. On ne peut évidemment ici invoquer la *dilution* de l'un des deux sangs ; on ne peut assimiler ce qui se passe chez ces demi-sang, chez ces quarterons, à la transformation progressive produite par des croisements successifs, opérés toujours dans le même sens, et qui conduiraient de génération en génération, d'un type à l'autre, expérience qu'on a aussi faite bien souvent. Dans ce dernier cas, pourrait-on dire, la prédominance de l'un des deux sangs en arrive à masquer l'existence de l'autre, bien que celui-ci persiste. Il n'y a rien de pareil dans ces *Datura stramonium*, dans ces lapins, fils d'hybrides, qui reproduisent pourtant en totalité le type d'une seule des espèces croisées. La brusquerie du phénomène nous en révèle la nature.

Il est évident qu'il y a ici, soit rejet et expulsion, soit absorption ou destruction, en tout cas annihilation par un procédé physiologique quelconque de l'un des deux sangs dont l'association anormale donnait à l'hybride ses caractères mixtes.

La physiologie, venant ici à l'appui de la morphologie, confirme de tout point cette conclusion, et montre tout ce qu'il y a de radical dans ce retour aux types. On ne connaît pas un seul cas d'atavisme par hybridité. L'observation chez les animaux est pourtant déjà ancienne. Les Romains savaient produire des chabins, et distinguaient par des noms spéciaux le produit du croisement, selon que le père ou la mère étaient empruntés à l'espèce ovine ou à l'espèce caprine [1]. Cependant, en Italie comme dans le midi de la France, la loi de retour les a ramenés entièrement aux deux espèces primitives, et les effets du croisement ont totalement disparu. Jamais on n'a parlé d'agneaux nés d'une chèvre et d'un bouc, pas plus que d'un chevreau fils d'un bélier et d'une brebis. Certes un pareil fait, fût-il même fort rare, n'eût pas manqué d'éveiller l'attention, et l'on peut dire qu'ici l'observation négative équivaut à une affirmation.

Quant aux végétaux, l'expérience directe a répondu dans le même sens. « J'ai plusieurs fois semé les graines des hybrides « entièrement revenus aux types spécifiques, m'écrivait à ce sujet « M. Naudin, et il n'en est jamais sorti que le type pur et simple

---

1. Isidore Geoffroy cite les deux vers suivants empruntés à Eugenius, auteur du VIIe siècle, qui a écrit une très curieuse pièce de vers : *De ambigenis.*

    Titirus ex ovibus oritur hircoque parente
    Musmonen capra verveco semine gignit.

(*Histoire naturelle générale des règnes organiques*, t. III, chap. x, p. 5.)

« de l'espèce à laquelle l'hybride avait fait retour. Jusqu'ici je
« ne vois rien qui puisse me faire supposer que, dans cette pos-
« térité revenue à une des espèces productrices, il puisse jamais
« se trouver un individu reprenant, par atavisme, les caractères
« de l'autre espèce. » Darwin lui-même déclare que, soit dans le
règne animal, soit dans le règne végétal, jamais il ne s'est produit un fait de ce genre [1].

Quelque étrange que puisse paraître le phénomène de retour,
il n'est pas sans analogie avec un fait bien connu des physiciens
et des chimistes. Sans vouloir établir une comparaison rigoureuse et surtout une assimilation, on peut rapprocher ce qui se
passe dans la succession des générations hybrides de ce que
présente une dissolution de deux sels, tous deux cristallisables,
mais à des degrés différents. On sait que, pour les séparer, il
suffit d'opérer un certain nombre de cristallisations successives,
et que ce procédé, d'un usage courant dans les laboratoires,
permet d'obtenir des produits d'une très grande pureté. Le
retour aux formes parentes, surtout quand il se manifeste brusquement et en faveur d'un seul type, pourrait tenir à quelque
chose d'analogue. Il suffirait d'admettre que l'un des types,
ayant la faculté de se réaliser plus promptement que l'autre,
l'emporte par cela même sur son antagoniste, à peu près comme
dans un gazon, les plantes vigoureuses et précoces étouffent les
espèces plus faibles et tardives.

Le phénomène de retour se trouverait ainsi ramené à un
simple fait de *lutte pour l'existence*, et rentrerait par conséquent
dans l'ordre de ceux qu'ont si bien expliqués les belles recherches de Darwin.

On a voulu comparer à la variation désordonnée et au retour,
tel qu'on l'observe dans l'hybridation, quelques-uns des phénomènes présentés par le métissage. On a, par exemple, assimilé
à la première la lutte entre les caractères des deux races
parentes observée à peu près toujours chez les métis. Pour montrer combien ce rapprochement est peu fondé, il n'est pas même
nécessaire de recourir aux nombreux faits de détail qu'on pourrait invoquer. Il suffit de rappeler la pratique industrielle journalière.

---

1. *De la variation des animaux et des plantes*, t. I, chap. VIII, *le paon*.

A chaque instant, on voit des éleveurs croiser des races parfois très différentes, tantôt pour relever un type inférieur, tantôt pour obtenir une race intermédiaire entre deux autres. Ils n'agiraient certainement pas de cette façon si ces croisements avaient pour résultat de produire un désordre comparable, même de bien loin, à celui que signale M. Naudin. Ils s'attendent sans doute à des irrégularités plus ou moins accentuées dans les premières générations métisses; mais ils savent aussi qu'après quelques oscillations, la race s'assoira. Ces oscillations pourront aller jusqu'à ramener quelques descendants des premiers métis à l'une des deux races parentes. Est-ce un véritable retour? Non, car le sang de l'autre race reparaîtra bien souvent parmi les fils ou petits-fils de ces individus.

Ici encore les exemples abonderaient au besoin. J'en ai emprunté un tout à l'heure à Darwin [1]; j'aurais pu rappeler également les expériences de Girou de Buzareingues [2] et en particulier la généalogie qu'il a donnée d'une famille de chiens dans laquelle s'étaient mélangés, par portions, paraît-il, à peu près égales, le sang du braque et celui de l'épagneul. Un mâle *métis*, mais entièrement braque par ses caractères, uni à une chienne braque *de race pure*, engendra des épagneuls. Ce dernier sang, on le voit, n'avait point été annihilé, et le retour n'était qu'apparent.

Je me borne à indiquer ces cas. Ils permettent de conclure que le vrai retour au type et la véritable variation désordonnée n'ont encore été constatés comme règle générale que dans l'hybridation, et qu'en revanche l'atavisme ne s'est montré que dans le métissage.

On peut ramener à un petit nombre de propositions simples et brèves les deux ordres de faits que je viens de résumer. — L'espèce est variable, et cette variabilité s'accuse par la production des variétés et des races. — Les races, simples démembrements d'un type spécifique, restent physiologiquement unies entre elles et au type qui leur a donné naissance. — Ce lien physiologique se montre dans le métissage par la facilité et la

---

1. On en trouvera un grand nombre d'autres empruntés à l'histoire des pratiques agricoles des Anglais dans le dernier ouvrage du même auteur. (*De la variation des animaux et des plantes*.)

2. *De la génération*, 1828.

fécondité des unions entre les races les plus différentes de formes [1], par la persistance de la fécondité chez les métis, par les
phénomènes de l'atavisme. — Entre les espèces, le lien physiologique fait défaut ; et de là résultent dans l'hybridation l'extrême
difficulté et l'infécondité habituelle des unions, la stérilité de la
plupart des hybrides, les phénomènes de variation désordonnée
et de retour, l'absence d'atavisme chez les descendants d'hybrides revenus au type spécifique. — Les races métisses se forment aisément, spontanément, en dehors de l'action de l'homme
et parfois malgré ses efforts ; elles durent indéfiniment ; nos
champs, nos basses-cours, nos chenils en sont peuplés. — En
dépit d'innombrables tentatives, l'homme n'a pu encore obtenir
une seule race hybride indéfiniment durable.

Voilà les *faits* que présente la nature *actuelle*. Évidemment on
ne saurait les perdre de vue lorsqu'on aborde d'une manière
quelconque les problèmes qui touchent à l'origine, à la constitution des espèces ; car ils représentent tout ce que l'expérience
et l'observation nous ont appris sur ces sujets difficiles. Ce sont
eux qui nous serviront de guides dans l'appréciation des doctrines transformistes dont nous allons reprendre l'examen.

---

1. Je n'ai guère parlé ici que des *formes* intérieures ou extérieures.
Quand il s'agit de comparer l'espèce et la race, cet ordre de caractères est
ordinairement seul pris en considération ; mais on sait que, chez les animaux et les végétaux, des modifications fonctionnelles devenues héréditaires caractérisent fort bien certaines races, et qu'il en est de même chez
les animaux pour les *modifications* de l'*instinct*, des habitudes, etc.

CHAPITRE VI

LE CROISEMENT DANS LA THÉORIE DE LA TRANSFORMATION LENTE. — PLANTES ET ANIMAUX DOMESTIQUES. — PIGEONS. — CHIENS. — LE BLÉ ET LES ÆGILOPS

Dans les théories qui reposent sur l'idée d'une transformation lente, toute espèce nouvelle est représentée d'abord par un individu possédant quelque caractère qui le distingue du type spécifique antérieur. Ce caractère, à peine sensible d'abord, s'affermit et s'accuse de génération en génération. Lamarck répète bien souvent que ce procédé de transformation est seul en harmonie avec les lois de la nature; Darwin n'insiste pas moins pour montrer qu'il est la conséquence forcée de la sélection.

En d'autres termes, ils admettent l'un et l'autre que toute *espèce* a son origine dans une *variété* et passe par l'état de *race* avant de s'isoler, de prendre rang dans le tableau général des êtres. De là à considérer la race et l'espèce comme deux choses identiques, ou peu s'en faut, il n'y a qu'un pas. Aussi Lamarck a-t-il admis franchement que les espèces ne sont en réalité que des races, et emploie-t-il même de préférence ce second terme dans ses ouvrages dogmatiques. Il en est de même de Darwin. Dans maint passage de ses livres, sous une forme ou sous une autre, il exprime la pensée que les races ne sont que des *espèces* en voie de formation [1], et il conclut à chaque instant des unes aux autres.

1. Cf. *Origine*, p. 61.

Or, cette assimilation entraîne une autre conséquence facile à prévoir. J'ai montré plus haut comment la notion de l'espèce relève à la fois de la morphologie et de la physiologie, combien la forme est variable dans certains cas, sans que l'unité spécifique puisse être mise en discussion. J'ai rappelé comment au contraire les races se caractérisaient par leurs formes mêmes. Du moment qu'on substitue l'idée de race à celle d'espèce, du moment qu'on assimile ces deux choses, la morphologie doit nécessairement faire oublier, ou tout au moins placer à un rang très subordonné les considérations physiologiques. Cette tendance se retrouve en effet dans tous les écrits transformistes. On a vu plus haut combien peu Lamarck s'est arrêté aux phénomènes de la reproduction et comment partout il ne parle que de la forme. Quant à Darwin, voici comment il résume celui de ses chapitres où *il a plus particulièrement traité la question.* « Les variétés (*races* [1]) ne peuvent donc, en définitive, être dis-« tinguées des espèces que premièrement, par la découverte des « formes intermédiaires qui les relient entre elles; et seconde-« ment, par une certaine somme, peu définie, de différences qui « existent entre les unes et les autres... Mais on ne saurait « définir nettement quelle est la somme de différences qu'on « estime nécessaire pour attribuer à deux formes données le « rang d'espèces [2]. »

On voit à quelle impasse conduisent fatalement la confusion de l'espèce et de la race, et la notion purement morphologique de l'espèce. Un seul moyen reste pour en sortir, c'est de nier l'existence de l'espèce même. Nous avons vu Lamarck en arriver là. Darwin a fait de même. Voici comment il s'exprime dans ses dernières conclusions : « Bref, nous aurons à traiter l'espèce; « de même que les naturalistes considèrent actuellement le « germe, comme une simple combinaison artificielle, nécessaire « pour la commodité... Nous serons au moins débarrassés de ces « vaines recherches pour découvrir l'essence, encore non trouvée « et introuvable, de la notion d'espèce [3] ».

1. Les Anglais emploient indifféremment ce mot, qu'il s'agisse d'une variété *individuelle* ou d'une variété *héréditaire* (race). De là résulte parfois une certaine obscurité ou tout au moins de l'incertitude.

2. *Origine*, p. 63.

3. *Ibid.*, p. 509. — Il est curieux de voir qu'Agassiz, adversaire constant

Ainsi Darwin écrit un livre pour expliquer l'*origine des espèces*, il développe longuement sa théorie; puis, à la fin de ce même livre, il déclare que ces espèces n'existent pas en réalité et ne sont qu'une conception de notre esprit. Il me semble difficile de pousser plus loin la contradiction.

Le savant anglais ajoute que la notion d'espèce est *non trouvée* et *introuvable*. Il y a dans cette assertion une erreur de fait que les chapitres précédents ont, j'espère, réfutée d'avance. Les définitions que j'ai reproduites, bien d'autres que j'aurais pu ajouter, démontrent jusqu'ici l'évidence que, depuis Buffon, les maîtres les plus illustres et des écoles les plus différentes, en botanique comme en zoologie, se sont fait de l'*espèce en général* une idée fondamentalement identique. Darwin avait le droit de la déclarer fausse et inacceptable; il n'aurait pas dû en méconnaître l'existence.

Or ce n'est ni d'emblée, ni par un *a priori*, ni par une sorte de convention arbitraire que tant de savants de tout pays sont arrivés à cette conception. L'observation et l'expérience les y ont conduits pas à pas. Pendant bien longtemps les naturalistes s'en tinrent à ce sujet aux appréciations vagues que nous trouvons encore habituellement chez les personnes étrangères à ces études. Lorsque, pour la première fois, Jean Ray posa nettement la question : « Que signifie le mot espèce? » il y répondit en tenant compte seulement de la filiation , c'est-à-dire de la donnée *physiologique*. Tournefort à son tour s'arrêta aux considérations *morphologiques*. Puis vint Buffon qui comprit que pour avoir une notion complète de ce groupe fondamental, il fallait trouver ces deux ordres de données; et on a vu comment il a été suivi par tout ce que les sciences naturelles comptent de plus illustres maîtres.

Ce qui s'était passé au sujet du monde organique s'est reproduit lorsque la même question s'est posée à propos du monde inorganique. Là aussi il y a eu des oscillations lorsqu'on s'est demandé ce qu'était l'*espèce minéralogique*. Haüy la ramena uniquement aux formes cristallines; Beudant ne tint guère compte que de la composition chimique. Mais Dufrénoy montra que, en

des théories darwinistes, est arrivé exactement aux mêmes conclusions. C'est que lui aussi est purement morphologiste. (*De l'espèce et de la classification en zoologie*, 1869.)

minéralogie, pour avoir la notion complète de l'espèce, il fallait
tenir compte de ces deux ordres de considérations [1]. Aujourd'hui
tous les minéralogistes ont compris qu'il en est bien ainsi et tous
sont sous ce rapport de l'école de Dufrénoy.

Ainsi, dans les deux empires qui se partagent la nature entière,
la notion de l'espèce repose sur des données empruntées à deux
ordres de faits bien distincts; dans l'un et dans l'autre la forme
a une importance que l'on ne saurait méconnaître. Toutefois,
dans l'*espèce minéralogique* les caractères chimiques sont una-
nimement considérés comme étant d'une valeur supérieure;
et, dans les cas douteux, par exemple, lorsqu'il s'agit de reconnaître si un cristal donné doit constituer une espèce à part, ou
bien s'il n'est qu'une *variété* d'une *espèce* déjà connue, c'est
l'analyse chimique qui décide en dernier ressort.

De même, lorsqu'il s'agit de l'*espèce organique*, il me semble
impossible de ne pas accorder aux caractères physiologiques
tirés des phénomènes de reproduction une importance tout autre
qu'à ceux qu'on peut emprunter à la forme. Nous voyons chaque jour celle-ci varier entre les mains de nos éleveurs, de nos
jardiniers, de nos simples maraîchers, sans que jamais homme
de science ou de pratique ait la pensée de faire une *espèce* à part
des produits les plus aberrants, lorsque la filiation en est connue. L'autorité des faits l'emporte alors sur toutes les théories
et ramène à des conclusions identiques les esprits les plus diver-
gents. On ne regardera pas davantage comme appartenant à la
même espèce, quelque voisines qu'elles semblent être, des formes héréditaires entre lesquelles il est impossible d'obtenir des
unions fécondes. En pareil cas encore, la réalité domine toutes
les subtilités d'école. En présence des faits de cette nature, les
morphologistes les plus ardents acceptent la supériorité des
caractères physiologiques empruntés à la fonction qui perpétue
les êtres vivants. C'est donc à eux qu'il faut s'adresser dans ces
cas douteux.

Dans toutes les questions soulevées par les théories de
Lamarck et Darwin, le problème fondamental est de reconnaître
au juste jusqu'à quel point l'expérience peut nous éclairer sur
la nature des deux sortes de groupes désignés par les mots

1. *Traité de minéralogie*, 1844.

d'*espèce* et de *race*. Le croisement est le seul mode d'expérimentation connu. La question revient donc à savoir jusqu'à quel point sont constants les phénomènes de l'hybridation et ceux du métissage.

Darwin ne s'y est pas trompé. Sans doute dans son livre sur l'*espèce*, il a, comme Lamarck, parlé des espèces douteuses qui embarrassent les naturalistes par l'incertitude des caractères morphologiques [1]; il a invoqué surtout le témoignage des botanistes, et cité le nombre assez considérable des types qui, en Angleterre seulement, ont été considérés tour à tour comme espèce et comme race. Toutefois il insiste assez peu sur cet ordre de considérations, tandis qu'il consacre en entier un de ses quatorze chapitres à la seule question de l'hybridité [2]. Dans son second ouvrage, cinq chapitres sont employés à exposer les résultats du croisement, à en apprécier les conséquences [3], indépendamment des études particulières consacrées à diverses espèces animales domestiques ou à des plantes cultivées, et dans lesquelles ses questions sont bien souvent examinées.

Évidemment un travail de cette nature fait par un naturaliste qui regarde les *races* comme des *espèces en voie de formation*, devait avoir pour but de montrer : d'un côté, que le croisement entre races n'est pas toujours possible; de l'autre, que le croisement entre espèces peut donner naissance à des races hybrides. Telle est en effet la tendance générale de l'ouvrage. Mais telle est aussi la parfaite loyauté de l'auteur, qu'il est souvent le premier à montrer ce qu'ont d'insuffisant les faits qui pourraient le plus être invoqués en faveur de ses doctrines générales, et que pour le combattre, on n'a le plus souvent qu'à lui emprunter des armes.

Quand il s'agit du croisement des *espèces* entre elles, Darwin ne cite et ne pouvait citer *aucun exemple* de race hybride fourni par l'histoire des espèces sauvages animales ou végétales, livrées à elles-mêmes. Il tire surtout ses arguments de quelques animaux modifiés par la domestication, de végétaux transformés par la culture ou soumis aux pratiques de l'hybridation artificielle. Suivons-le donc sur ce terrain.

1. *Origine*, p. 49.
2. *Ibid.*, chap. VIII.
3. *Variation des animaux et des plantes*, t. II, chap. XV-XIX.

Parmi les animaux domestiques, les chiens, les moutons, les
bœufs, les porcs, sont issus, pense-t-il, de plusieurs espèces.
Cette opinion a été déjà bien souvent soutenue, et la grande,
l'unique raison invoquée, est toujours la différence de caractères
morphologiques existant d'une race à l'autre. Darwin apporte
peu de considérations nouvelles à l'appui de cette opinion ; il en
fournit de bien sérieuses propres à la renverser. Son admirable
travail sur les pigeons montre que cette espèce domestique
compte au moins cent cinquante races bien assises, ayant reçu
des noms spéciaux, et pouvant se diviser en quatre groupes fondamentaux, comprenant onze divisions principales. Cependant,
par l'exam n approfondi d'une masse énorme de faits, par un
ensemble de considérations et de déductions qui se contrôlent
et se confirment mutuellement, il en est arrivé à montrer de la
manière la plus irrécusable que toutes ces formes, aujourd'hui
héréditaires, ont pour ancêtre commun une forme spécifique
unique, notre biset, le *Columba livia* des naturalistes. Sans dis-
poser de matériaux aussi nombreux, mais par l'application de
sa méthode, il ramène même toutes nos races gallines au *Gallus
bankiva* [1].

Certainement, si Darwin eût fait de même pour les mammifères domestiques, auxquels il accorde une origine multiple, il
aurait conclu tout autrement qu'il ne l'a fait. Je ne puis entrer
ici dans une discussion détaillée ; je me borne à indiquer quelques faits, en prenant pour guide mon éminent adversaire lui-
même [2].

Les principales raisons données par Darwin pour ramener au
biset tous nos pigeons domestiques peuvent se résumer de la
manière suivante.

Les races les plus éloignées se rattachent les unes aux autres
par des intermédiaires. — Si les races principales ne résultent
pas de la variation d'une seule espèce, si leurs caractères essentiels sont dus à la descendance de plusieurs espèces distinctes,

1. *De la variation des animaux et des plantes*, t. I.
2. J'ai examiné une à une les principales espèces animales domestiques,
et donné avec quelque détail les raisons qui m'engagent à attribuer à chacune d'elles une origine unique, dans diverses publications, et surtout
dans le cours dont j'ai déjà parlé. (*Revue des cours scientifiques*, 1868-
1869.)

il faut admettre une douzaine de souches. — Il faut admettre
aussi que ces douze espèces primitives avaient toutes les mêmes
mœurs, les mêmes instincts. Or, l'état actuel de l'ornithologie
permet d'affirmer que ces espèces n'existent pas aujourd'hui. —
On serait ainsi conduit à supposer qu'après avoir été domestiquées, elles ont entièrement disparu; hypothèse absolument gratuite. — Ces espèces supposées auraient dû être extrêmement
différentes de toutes les espèces du genre actuellement vivantes, et présenter même certains caractères qu'on ne retrouve
peut-être dans aucun oiseau. A l'exception des différences caractéristiques, toutes les races de pigeons ont dans la manière de
vivre, dans la manière de nicher, dans leurs goûts, dans leurs
allures au temps des amours, la plus grande ressemblance entre
elles et avec le biset. — Spontanément ou par suite du croisement des races bien tranchées, on voit reparaître souvent certaines particularités de plumage et de teintes rappelant exactement ce qui existe chez le biset.

Les arguments qui précèdent reposent essentiellement sur des
considérations morphologiques. Mais Darwin en a appelé aussi
à la physiologie, et c'est sur ce terrain surtout que nous aimons
à le suivre. Le savant anglais rappelle d'abord combien il s'est
fait de tentatives depuis deux ou trois siècles pour domestiquer
de nombreux oiseaux, sans qu'on ait ajouté en réalité un seul
nom à la liste des espèces apprivoisées. Si nos pigeons actuels
provenaient de souches multiples, à en juger du nombre de ces
souches par les caractères morphologiques, on aurait dû dès le
début soumettre à la domestication une douzaine d'espèces distinctes; et cela si complètement, qu'elles fussent devenues aptes
à se croiser sans difficulté aucune en produisant des hybrides
aussi féconds que leurs parents [1]. Cette hypothèse serait, il faut
bien l'avouer, bien peu d'accord avec l'expérience.

Dès qu'il touchait aux considérations physiologiques, Darwin
ne pouvait méconnaître l'importance des résultats fournis par le
croisement. Il cite un nombre considérable de tentatives faites
pour croiser diverses *espèces* du genre pigeon, soit entre elles,

1. Ici, et dans plusieurs autres passages de son livre, Darwin admet la
doctrine de Pallas, et pense que la domestication a pour résultat de faci-
liter les croisements et d'en accroître la fécondité, hypothèse toute gratuite.

soit avec les pigeons domestiques, et toujours les unions ont été infécondes ou n'ont donné que des individus incapables de se reproduire. Tout au contraire, les mariages entre pigeons domestiques, quelque éloignées que soient les *races*, se montrent toujours féconds, et les produits ne laissent rien à désirer sous ce rapport. Darwin cite ici ses expériences personnelles à la fois nombreuses et décisives. Dans l'une d'elles, il a par des croisements successifs réuni dans un seul oiseau le sang des cinq races les plus distinctes, sans que les facultés reproductives aient subi la moindre atteinte. Darwin attache avec raison une grande importance à ce côté de son argumentation en faveur de l'unité spécifique de toutes les races de pigeons [1].

Appliquons maintenant ces mêmes considérations à celui de nos mammifères domestiques qui présente les races les plus nombreuses, les plus diversifiées, les plus opposées par leurs caractères [2]. Voyons si, étudiés à ces divers points de vue, nos chiens doivent être regardés comme issus d'une seule souche, ou bien si plusieurs espèces ont confondu leur sang pour former un être complexe, le *Canis familiaris*.

Buffon a admis la première de ces deux opinions. Récusera-t-on son témoignage en disant que ce n'est là de sa part qu'une conception théorique et le résultat de ses idées générales sur la variabilité limitée, mais encore indéterminée, de l'espèce? Je répondrai que Frédéric Cuvier, après s'être occupé pendant bien des années de ce sujet, est arrivé à la même conviction. Or, la pression des faits a pu seule le conduire à une conclusion pareille ; car, disciple de son frère, dont il exagérait parfois les doctrines, il a toujours défendu l'invariabilité de l'espèce. L'évidence seule a donc pu le contraindre à accepter dans ce cas particulier une opinion qui pouvait le faire accuser d'inconséquence. Aussi la motive-t-il à diverses reprises, et plusieurs de ses arguments sont précisément ceux qu'invoque Darwin à propos des pigeons [3].

1. *Ibid.*, p. 203.
2. A la première exposition des races canines, faite à Paris par le Jardin d'acclimatation, on avait réuni 180 races parfaitement distinctes, et cependant toutes les races européennes n'y étaient pas représentées à beaucoup près, et les races exotiques manquaient presque toutes.
3. *Recherches sur les caractères ostéologiques du chien.* (*Annales du Mu-*

Ainsi, Frédéric Cuvier fait remarquer que « les modifica-
« tions les plus fortes n'arrivent au dernier degré de dévelop-
« pement que par des gradations insensibles », et il appuie cette
proposition sur l'examen détaillé des caractères extérieurs et
ostéologiques. — Il montre que, si l'on veut voir dans les caractères de races les signes d'autant d'espèces primitives, il faut
admettre environ cinquante souches distinctes, multiplicité qui
dépasse de beaucoup, on le voit, celle que Darwin regarde déjà
comme inacceptable lorsqu'il s'agit des pigeons. — Ajoutons que
presque toutes ces espèces premières auraient dû disparaître sans
que la paléontologie même nous ait encore rien révélé sur leur
prétendue existence. — Ajoutons encore que certains caractères
des races canines les plus tranchées, tels que ceux de la tête du
bouledogue, le pelage du barbet, etc., ne se trouvent ni chez
aucune espèce des genres voisins, ni même peut-être chez aucun
animal sauvage. — Comme pour les pigeons d'ailleurs, ces cinquante espèces-souches auraient dû avoir essentiellement les
mêmes instincts, surtout celui de la domestication.

On voit que tous les arguments morphologiques invoqués par
Darwin à l'appui de l'unité spécifique des races colombines
s'appliquent rigoureusement aux races canines.

Les similitudes entre les pigeons et les chiens considérés au
point de vue physiologique ne sont pas moins frappantes. Le
temps de la gestation est le même pour toutes les races de même
taille [1]. — Toutes paraissent être susceptibles d'apprendre à
aboyer, et semblent également exposées à perdre cette voix
factice par l'isolement et quelques autres conditions encore mal
connues [2]. — Toutes enfin se croisent avec une facilité dont nos
rues et nos chenils ne témoignent que trop. Personne n'a pré-
tendu que ces unions faites au hasard, et souvent en dépit

séum d'histoire naturelle, t. XVIII, 1811.) — Dictionnaire des sciences naturelles, article CHIEN, 1817.

1. Isidore Geoffroy, Histoire naturelle des règnes organiques.
2. Deux chiens de la rivière Mackenzie, amenés en Angleterre, restèrent
muets comme leurs ancêtres ; mais leur fils apprit à aboyer. Les descendants des chiens espagnols abandonnés dans l'île de Juan-Fernandez
avaient oublié l'aboiement au bout d'une trentaine de générations. Ils le
reprirent peu à peu en compagnie de chiens restés domestiques. Les
chiens amenés sur certains points de la côte d'Afrique perdent de même
la faculté d'aboyer.

de la surveillance la plus attentive, aient jamais été impro-
ductives ou aient donné naissance à des individus inféconds.
Évidemment, si la fécondité du croisement entre les races a
quelque autorité quand il s'agit des pigeons, à plus forte raison
doit-elle conduire à la même conséquence quand il s'agit des
chiens, dont la variété supposerait un nombre d'espèces-souches bien plus considérable.

Si Darwin avait fait avec quelque détail l'examen comparatif
que je me borne à esquiser, s'il y avait apporté son esprit de
critique impartiale ordinaire, il serait certainement arrivé à une
conclusion tout autre que celle qu'il a admise; car son livre
ne renferme en réalité qu'une seule objection à laquelle ne
réponde pas ce court parallèle entre les pigeons et les chiens.
J'entends parler de la ressemblance que présentent en divers
pays, principalement en Asie et en Amérique, les chiens plus ou
moins domestiques et d'autres animaux sauvages vivant à côté
d'eux ou dans le voisinage. Darwin regarde ces derniers comme
autant de souches, et il arrive ainsi à en reconnaître de six à
huit, sans compter, ajoute-t-il, peut-être une ou « plusieurs espè-
« ces éteintes ». Il reconnaît d'ailleurs lui-même que, même en
admettant le croisement de ces nombreuses espèces, on ne peut
expliquer l'existence des formes extrêmes telles que celles des
lévriers, des bouledogues, des épagneuls, des blenheim [1].

Ici Darwin oublie un fait important, négligé, il est vrai, par
tous les autres naturalistes aussi bien que par lui, mais sur
lequel j'ai appelé l'attention à diverses reprises et dont il faut
pourtant tenir compte. Je veux parler de l'existence des *races
marronnes* en général, et en particulier des *chiens marrons*.

Au milieu des populations les plus civilisées, dans les cam-
pagnes les plus cultivées, dans les villes les plus populeuses, il
existe des chiens errants dont la police ne peut entièrement nous
débarrasser. A mesure que les conditions d'une existence libre
se multiplient, ces chiens errants échappent de plus en plus à
l'empire de l'homme. On sait comment ils ont pullulé dans les
villes d'Orient, et ont reconquis, sans abandonner les rues, une
indépendance à peu près complète. Un pas de plus, et il est clair
qu'au lieu d'un animal domestique, on aura une vraie bête sau-

1. *Ibid.*, p. 36.

vage. Évidemment, partout où l'homme a conduit le chien, celui-ci a tendu à enfanter des races marronnes, toutes les fois qu'il a trouvé à vivre loin de son maître. Or, l'homme a amené partout le chien avec lui. On ne peut guère en douter en voyant les Polynésiens eux-mêmes le transporter jusqu'à la Nouvelle-Zélande [1].

Par conséquent, dans toutes les contrées où les conditions d'existence l'ont permis, il a dû inévitablement se développer des chiens marrons. A peine est-il besoin de rappeler qu'il en a été ainsi en Amérique depuis l'époque de la découverte, et que les descendants de nos chiens domestiques forment aujourd'hui de nombreuses hordes de chiens sauvages, aussi redoutables que si leurs ancêtres n'avaient jamais été domestiqués. Or, si depuis moins de trois siècles, nos chiens européens se sont transformés en bêtes féroces, quelle raison peut-on invoquer pour nier que les chiens qui les avaient précédés aient pu et dû en faire autant? Ne serait-ce pas conclure en dépit de toutes les analogies? Évidemment tout conduit à admettre qu'à côté des chiens domestiqués par les Mexicains et les Péruviens, à côté de ceux qui suivaient les tribus de l'Orénoque, de l'Amazone, du Rio de la Plata, nous devons trouver les races marronnes correspondantes. L'Asie méridionale, avec ses jungles et ses vastes espaces à peine habités par des tribus demi-sauvages, offrait au même point de vue les conditions les plus favorables. Il est évidemment impossible que les choses ne se soient pas passées là comme au Brésil et au Paraguay, et, en effet, tout tend à prouver que c'est une des contrées où le fait s'est produit le plus fréquemment.

Or, en recouvrant leur liberté, les animaux reprennent, on le sait, la plupart des caractères propres aux types sauvages; mais ils n'en conservent pas moins en partie l'empreinte particulière qu'ils avaient reçue de l'homme et qui distinguait leur race domestique. Les observations de Roulin [2] et de Martin de

1. *Polynesian Mythology and ancient traditional History of the New-Zealand Race,* par sir George Gray. J'ai rapporté les passages les plus importants de ce livre si instructif dans un de mes propres ouvrages : *Les Polynésiens et leurs migrations.*
2. *Sur quelques changements observés chez les animaux domestiques transportés dans le nouveau continent.* (*Mémoires des savants étrangers,* t. VI.)

Moussy [1], comparées aux descriptions malheureusement trop rares de quelques autres voyageurs, ne peuvent laisser de doute à cet égard. Il résulte de là qu'en disséminant le chien sur toute la surface du globe, l'homme a semé pour ainsi dire en même temps des *races marronnes* forcément plus ou moins différentes les unes des autres. Ce sont les descendants d'individus soumis jadis à l'homme qui forment ces bandes de chiens sauvages souvent assez semblables aux races domestiques des mêmes contrées. Pour voir dans ces dernières les filles et non les mères des races ambiguës vivant en liberté, il faut oublier ce qui s'est passé en Amérique, ce qui se passe au milieu de nous et jusque dans Paris. Sans doute on ne peut le plus souvent invoquer à l'appui de l'opinion que je défends d'autre argument que l'analogie ; mais tout au moins m'est-il permis de dire qu'elle milite tout entière en ma faveur.

Voici pourtant un exemple bien propre à montrer comment on a pris pour une espèce sauvage une simple race de chiens marrons et abandonnés probablement depuis assez peu de temps.

La plupart des naturalistes ont fait du chien des îles Malouines (îles Falkland) une espèce distincte sous le nom de *Canis antarcticus* [2]. Ils répètent que cet animal a été trouvé là par le commodore Byron, le premier Européen qui, selon eux, aurait visité ces îles.

Remarquons d'abord ici une erreur historique. Byron ne fit que toucher aux Malouines en janvier 1765. Or l'année précédente, en janvier aussi, Bougainville avait conduit dans ces îles une colonie d'Acadiens, et y avait séjourné pendant quelque temps. Il s'y trouvait de nouveau au moment du passage de

---

1. *Note sur les animaux domestiques redevenus sauvages dans le bassin de la Plata.* (*Bulletins de la Société d'anthropologie*, t. I.)

2. Le *Canis antarcticus* paraît ressembler beaucoup au chien *aguara*, race marronne issue d'un chien domestique de l'Amérique du Sud, et qu'il ne faut pas confondre avec l'*Aguara* proprement dit. Ces ressemblances mêmes trahissent son origine. Il est, du reste, surprenant que les naturalistes aient accepté si facilement l'existence, sur le stérile et petit archipel des Malouines, d'un mammifère de cette taille lui appartenant exclusivement. Il y avait là une exception aux faits généraux de la géographie zoologique qui aurait dû éveiller leur attention d'une manière toute spéciale.

Byron. C'est ce dont on peut se convaincre en consultant les deux récits de voyages écrits par ces célèbres navigateurs.

Tous deux parlent du *chien* qu'ils ont vu dans ces îles et à peu près dans les mêmes termes quant aux caractères extérieurs. Mais Bougainville a pu être plus précis. « Cet animal, dit-il, est de la « taille d'un chien ordinaire, dont il a l'aboiement, mais faible [1]. » Ce dernier détail est décisif, et à lui seul rattache indubitablement le *Canis antarcticus* à quelqu'une de nos races. Aucune espèce sauvage n'aboie; et, pour pouvoir le faire, il fallait que le chien des Malouines, descendu d'un chien domestique, n'eût pas même eu le temps à cette époque d'oublier son langage appris. A en juger par ce qui s'est passé à Juan-Fernandez, il n'était dans ces îles que depuis moins de trente ans. Du reste Bougainville, sans même s'occuper de la question zoologique, nous apprend fort bien comment cet animal a dû arriver dans cet archipel isolé, lorsqu'il rappelle que sir Richard Hawkins, en longeant les côtes, avait vu des feux à terre, et en avait conclu que ces îles étaient habitées.

Les faits précédents, les conséquences qui en découlent, me semblent répondre pleinement à la seule objection nouvelle opposée par Darwin à l'opinion qu'a soutenue Frédéric Cuvier lui-même. Si les pigeons proviennent tous d'une seule souche sauvage, il en est incontestablement de même du chien [2].

A plus forte raison peut-on en dire autant des autres espèces auxquelles le savant anglais attribue une origine multiple. En somme, elles ne sont pas bien nombreuses, pas plus que celles dont l'origine unique est hors de doute. Au point de vue morphologique, elles ne présentent rien qui dépasse ni même qui égale ce que nous montrent les pigeons, et leurs races sont aussi

1. Bibliothèque des voyages, t. IV, p. 70.
2. J'ai montré depuis assez longtemps, après Güldenstaedt, Pallas, Tilesius, Ehrenberg, Hemprich, Isidore Geoffroy, que le chien n'est autre chose que le chacal domestiqué. (*Unité de l'espèce humaine.*) J'ai apporté depuis quelques preuves nouvelles à l'appui de cette opinion, en faisant connaître les faits qu'ont bien voulu me communiquer diverses personnes, entre autres Lartet, Dufour, etc. (*Discours* prononcé à l'occasion des expositions de races canines en 1863 et en 1865, *Bulletin de la Société d'acclimatation.*) — Les observations que j'ai pu faire pendant mon séjour au Caire sur les chiens libres, observations contrôlées par plusieurs de mes compagnons de voyage, concordent entièrement avec tout ce que j'avais appris antérieurement sur cette question.

moins nombreuses; au point de vue physiologique, nous retrouvons chez elles cette facilité de croisement que Darwin invoque
en parlant des races colombines. La chèvre, le bœuf, le porc,
ont donné des races marronnes sur divers points du globe; et,
le dernier surtout, en se rapprochant du sanglier, en acquérant
aussi des caractères en harmonie avec le climat, a néanmoins
conservé des traces irrécusables de son ancienne servitude.

Ces considérations doivent suffire pour montrer qu'en attribuant une origine multiple aux quelques espèces domestiques
dont le point de départ est inconnu, on va à l'encontre de toutes
les analogies tirées de celle dont l'unité spécifique est hors de
doute; qu'en rattachant chacune de ces espèces à une souche
unique, on a pour soi toutes ces analogies.

Il y a plus, l'histoire récente de quelques espèces nous apprend
comment ont pris naissance chez d'autres ces races anormales,
dont la multiplicité spécifique des origines est incapable de
rendre compte, au dire de Darwin lui-même. En voyant l'*Ancon*
reproduire chez le mouton les jambes et le corps du basset, en
retrouvant dans le *Bœuf gnato* les caractères extérieurs et ostéologiques du boudelogue, nous comprenons aisément ce qui a dû
se passer chez le chien [1]. Pour qui se place à notre point de
vue, l'analogie et l'induction, partant de faits précis, permettent
donc de résoudre des questions reconnues inabordables par
l'hypothèse que je combats.

[1]. La race *ancon* ou race *loutre* de moutons a pris naissance dans le
Massachusetts en 1791. Le bœuf *gnato* (bœuf *camard*), sur lequel je reviendrai plus loin, apparaît d'une manière erratique dans nos troupeaux d'Europe (Nathusius, cité par Darwin). M. Dareste a étudié un jeune veau né
aux environs de Lille, et qui présentait tous les principaux caractères du
gnato de la Plata (*Rapport sur un veau monstrueux*; *Archives du Comice
agricole de l'arrondissement de Lille*, 1867). Cette race a été décrite avec
détail par Darwin, qui l'avait observée à Buenos-Ayres dans les troupeaux
des Indiens demi-sauvages au sud de la Plata (Darwin, *Journal of Researches into the natural History and Geology*, chap. VIII, et *De la variation des
animaux et des plantes*, t. I, chap. III). A l'époque où Lacordaire visita ces
régions, elle paraît avoir été assez répandue, si bien que quelques personnes, oubliant l'origine tout européenne du bétail américain, la croyaient
indigène (*Une estancia*, dans la *Revue des Deux Mondes*, 1833). Il existe
aussi au Mexique, comme nous l'apprend une communication faite à l'Académie des Sciences de M. Sanson dans la séance du 8 mars 1869, une race
de *gnatos* qui se distingue de celle de Buenos-Ayres par l'absence des
cornes. (*Comptes rendus des séances de l'Académie*.)

En résumé, tout nous ramène à voir l'expression de la vérité dans le langage ordinaire et accepté par nos contradicteurs eux-mêmes, langage qui comprend sous une même dénomination spécifique les races canines, bovines, ovines, porcines, de même que nous n'avons qu'un seul nom pour désigner l'ensemble des races de pigeons. Il faut, ou bien renoncer à chercher dans nos races animales domestiques des exemples d'hybridation, ou bien admettre autant d'espèces que l'on compte de formes hérédi-taires bien tranchées. Mais, si l'on place à ce point de vue exclu-sivement morphologique pour le chien, le porc, le cheval, on ne peut agir autrement pour le lapin, l'âne, l'oie, le canard, le pigeon. On est conduit alors à séparer en espèces distinctes des êtres dont la filiation est bien connue, et qui descendent incon-testablement d'une espèce unique vivant encore à côté de nous.

Il me semble difficile que cette dernière conséquence soit acceptée par les morphologistes les plus décidés. Pourtant elle ressort irrésistiblement de leurs doctrines dès qu'on les applique aux questions sociales dont nous possédons le mieux les données essentielles. Je me crois donc autorisé à dire que ces doctrines ont pour fondement avant tout notre ignorance même, et n'ont de valeur apparente que lorsqu'il s'agit de ce que nous ne con-naissons pas.

Telles sont les conclusions générales qui ressortent de tous les faits empruntés au règne animal. Chez les végétaux, l'in-fluence plus facile et plus forte du milieu, la multiplicité cor-respondante des variétés et des races naturelles ou artificielles, la facilité que la greffe, le marcottage et les autres procédés de reproduction fournissent pour multiplier les plus graves comme les plus légères variations, viennent compliquer singulièrement les phénomènes. Néanmoins, en les étudiant avec attention, on est conduit exactement aux mêmes résultats indépendamment des analogies qu'on peut légitimement établir d'un règne à l'autre en pareille matière.

Pour justifier cette conclusion, je ne crains pas d'en appeler à l'ouvrage même de Darwin, bien que l'auteur parfois ne paraisse pas très loin d'adopter la manière de voir opposée. Pas plus que pour les animaux, il ne cite d'exemple bien constaté d'une suite de générations hybrides nées d'espèces sauvages. Les groupes de races cultivées sous le même nom spécifique lui

semblent seuls témoigner en faveur des mélanges hybrides.
Mais, lui-même s'exprime parfois de manière à montrer qu'il
hésite à formuler cette conclusion en présence de la fécondité si
complète de toutes ces races entre elles. Il accepte d'ailleurs
franchement le résultat de quelques-uns des groupes où les
formes sont le plus multipliées. Il cite sans commentaires le
travail du docteur Alefeld, qui, après avoir cultivé une cinquan-
taine de variétés de pois (*Pisum sativum*), a conclu de ses études
qu'elles appartenaient certainement à la même espèce [1]. Il ne fait
aucune objection au travail si complet de M. Decaisne [2], qui,
après dix ans d'expérimentation interrompue, est arrivé à la
même conclusion pour les poiriers, dont on connaît plus de
six cents variétés ou de races [3]. Il aurait pu ajouter que le même
expérimentateur, qu'il appelle avec raison « un des plus célèbres
« botanistes de l'Europe », a ramené à une seule *sept* formes
de plantain extrêmement différentes, toutes fort répandues dans
la nature, et que l'on considérait comme autant d'espèces distinctes [4].

Je crois inutile de multiplier ces citations. Ce qui précède
suffit pour montrer combien est grande chez les végétaux la
variabilité des types spécifiques, et par conséquent combien il
est facile de se laisser égarer ici lorsqu'on s'en tient aux considérations tirées de la forme seule. Il est évident qu'on est exposé
à chaque instant à prendre pour des hybridations vraies de
simples métissages [5].

---

1. *De la variation*, t. I, p. 347.
2. *De la variabilité dans l'espèce du poirier* ; résultat d'expériences faites
au Muséum de 1853 à 1862 inclusivement. (*Comptes rendus de l'Académie
des Sciences*, séance du 6 juillet 1863.)
3. Godron, *De l'espèce et des races dans les êtres organisés*.
4. Je tiens le chiffre de M. Decaisne lui-même, qui s'est borné à indiquer, dans le compte rendu d'une séance de la Société qu'il présidait alors,
le résultat général de ses recherches. Il a reconnu dans le genre *Plantago*,
si nombreux pour quelques botanistes, trois *espèces majeures* seulement.
Les autres ne sont que des races ou des variétés. (*Bulletin de la Société
botanique de France*, séance du 20 avril 1860.)
5. Cette observation est en particulier applicable aux expériences de sir
W. Herbert, rapportées par Darwin (*De l'origine des espèces*, chap. VIII,
p. 2). D'après cet expérimentateur, il existerait certains genres de plantes
chez lesquels la fécondation serait aisée et fertile en croisant des *espèces*
différentes, tandis que les plantes fécondées avec leur propre pollen resteraient infécondes. Ces faits rappellent évidemment ceux que Darwin admet

Toutefois, parmi les exemples empruntés par Darwin au règne végétal, il en est un qui, pendant quelques années, a pu paraître vraiment fondé, et qui montre bien deux espèces parfaitement distinctes ayant produit de vrais hybrides qui sont restés régulièrement féconds pendant une suite assez considérable de générations. Ce fait, unique jusqu'à ce jour, mérite d'autant plus de nous arrêter.

La patrie originelle du blé, cette céréale dont nous ne comprenons guère en Europe qu'on puisse se passer pour vivre, n'est pas encore connue avec certitude[1]. De là sans doute est née la pensée qu'il pouvait bien n'être que le résultat de la transformation d'un ægilops, plante qui, quoique bien plus petite que nos diverses races de froment, leur ressemble beaucoup. Cette opinion est populaire en Syrie, où les Arabes désignent l'*Ægilops ovata* sous le nom de *Père du blé*. Elle fut soutenue en 1820, par un professeur de Bordeaux, nommé Latapie, qui disait avoir confirmé par des expériences les observations qu'il avait faites en Sicile. C'est dans cette île, pensait-il, que la transformation s'était opérée ou bien avait été reconnue pour la première fois, et il expliquait ainsi la fable de Triptolème. Bory de Saint-Vincent accueillit favorablement cette idée, qui concordait si bien avec ses théories[2]. Cependant elle était tombée dans l'oubli, quand des recherches d'Esprit Fabre (d'Agde), publiées en 1853, vinrent lui donner une importance inattendue.

Fabre avait trouvé au bord d'un champ de blé la plante décrite par Requien sous un nom qui indiquait ses caractères intermédiaires entre ceux des ægilops et du froment[3]; mais il l'avait vue sortir d'un épi de véritable *Ægilops ovata*, enterré

lui-même pour le croisement des *races*, ou ceux qu'il a fait connaître sur les plantes polymorphes, et nullement ceux que tous les naturalistes rattachent à l'hybridation.

1. Quelques voyageurs, Olivier, André Michaux, Aucher Éloy, ont cru reconnaître le froment sauvage dans une graminée de Perse. Notre zélé et habile collecteur, Balansa, a rapporté du mont Sipyle, dans l'Asie Mineure, un épeautre recueilli « dans des circonstances où il était impossible de « ne pas le croire spontané ». Or les expériences de Vilmorin ont montré que les épeautres ne sont que des races de froment. En somme, Alph. de Candolle paraît regarder la Mésopotamie comme étant la patrie du blé. (*Origine des plantes cultivées*, 1883.)

2. *Dictionnaire classique d'histoire naturelle*, article Ægilops.

3. *Ægilops triticoides*.

par accident. Il crut à un commencement de transformation, et
se mit à l'œuvre pour continuer une expérience si heureusement
commencée. Pendant douze années consécutives, il cultiva les
graines de son *Ægilops triticoides*, et finit par obtenir des plantes
donnant un blé parfaitement comparable à celui de certaines
variétés de froment. Alors seulement il publia les résultats de
ses recherches, qu'avait suivies et contrôlées un célèbre botaniste de Montpellier, Dunal [1]. Les faits observés par Fabre
étaient incontestables; les conséquences qu'il en tirait semblaient être à l'abri de toute objection. La transformation de
l'*Ægilops ovata* en froment sembla un moment un fait acquis
à la science; et pourtant il n'en était rien.

Quelques particularités dans les phénomènes de cette prétendue métamorphose avaient éveillé l'attention de Godron,
alors professeur à Montpellier. Ce botaniste éminent crut y
reconnaître les caractères d'une hybridation, plutôt que ceux
d'une transformation graduelle. A son tour il expérimenta; et,
croisant d'abord l'*Ægilops ovata* avec le froment, il obtint
l'*Ægilops triticoides*. Puis, fécondant de nouveau cet hybride
avec du pollen de froment, il obtint un quarteron fort semblable
au *blé ægilops* de Fabre [2]. Ces expériences, répétées par plusieurs botanistes en France, en Allemagne, donnèrent partout
les mêmes résultats [3].

La question changeait ainsi de nature, sans perdre pour cela
de son intérêt. Le premier expérimentateur avait constaté la
fécondité de son *blé artificiel*; le second avait à s'assurer si
elle se retrouvait dans son hybride. Godron poursuivit donc son
expérience. Il continua d'élever des plantes provenant de semences
obtenues par Fabre et par lui-même. En 1870 encore, il cultivait les descendants des unes et des autres, et obtenait tous
les ans une récolte plus ou moins abondante. La forme intermédiaire de l'hybride s'était maintenue jusque-là dans les cultures
de Godron. Il n'avait pas observé de retour vers l'une ou l'autre

---

1. *Des Ægilops du midi de la France et de leurs transformations*. (*Mémoires de l'Académie de Montpellier*, 1853.)
2. Godron a donné à cet hybride quarteron le nom d'*Ægilops speltæformis*.
3. Godron fit ses premières hybridations à Montpellier l'année même
où parut le mémoire de M. Fabre. Il les a répétées à Nancy en 1856.

des espèces parentes, comme cela avait eu lieu à Montpellier, chez Fabre [1] lui-même et au Muséum, où Decaisne avait cultivé des graines envoyées par le professeur de Nancy.

Toutefois ce résultat n'avait été obtenu qu'à l'aide de soins continus et minutieux. Godron cultivait lui-même ses *Ægilops* dans un jardin isolé, il enterrait les épis ou les graines soigneusement choisies dans une position telle qu'au moment de leur apparition, la plumule et la radicelle pussent pousser directement. Malgré toutes ces précautions, bien des graines avortaient ou ne produisaient que des plantes stériles. Aussi dans une de ses dernières publications à ce sujet, Godron écrivait-il : « L'*Ægilops* « *speltæformis* ne peut donc pas se propager par lui-même ; il a « besoin de l'intervention de l'homme et il périt si elle lui fait « défaut [2] ». Mais nous devons constater dès à présent que cette industrie a été impuissante à conserver indéfiniment cette plante artificielle. En dépit de tous les soins de l'habile expérimentateur, il s'est produit des cas de retour dans les cultures de Nancy comme dans les autres ; et sans doute, si Godron a poussé l'expérience jusqu'au bout, il aura vu ses hybrides quarterons reprendre successivement les caractères d'une des deux espèces parentes.

On voit combien Darwin était peu autorisé à citer le croisement du froment et de l'ægilops comme un argument en faveur de ses idées sur les origines multiples de certaines espèces domestiques ou cultivées [3]. Il n'a pu, il est vrai, connaître le dénouement de l'expérience. Mais, au moment même où ces hybrides semblaient promettre une durée indéfinie, comment aurait-on pu comparer ces plantes artificielles qui duraient seulement, grâce à des soins minutieux et constants, avec ces groupes de formes animales que nous désignons par un seul nom spéci-

1. Naudin, *Nouvelles recherches sur l'hybridité dans les végétaux.*
2. *Nouvelles expériences sur l'hybridité dans le règne végétal*, 1865. Une partie des détails indiqués dans le texte m'ont été donnés de vive voix par l'auteur.
3. Ce croisement est un des faits que Darwin invoque en faveur des idées de Polly relativement à l'influence de la domestication et de la culture. Mais il emprunte le peu qu'il en dit à ce sujet à un mémoire de Groenland, qui lui-même était évidemment fort mal renseigné, puisque le nom de Godron n'est pas même prononcé dans son travail. Aussi ce passage est-il entièrement inexact. (*De la variation*, t. II, p. 117.)

fique, qui peuplent nos chenils et nos étables et qui se reproduisent régulièrement? La différence n'est pas moindre quand il
s'agit de ces nombreuses races de végétaux cultivés, portant
toutes le même nom, qui se reproduisent par graines et qui constituent l'immense majorité de nos légumes. Pour admettre
qu'elles doivent leur existence à un ancien croisement d'*espèces*,
il faut encore conclure en dé it des seules analogies qui permettent de jeter du jour sur ce que nous ne connaissons pas.

J'ai dû insister sur la manière dont Darwin a traité la question du croisement des espèces. On peut être beaucoup plus bref
lorsqu'il s'agit du croisement des races. Ici nos opinions son'
semblables, et il ne peut guère en être autrement, car les faits
journaliers parlent trop haut. J'ai reproduit plus haut textuellement sa déclaration au sujet du croisement entre races domestiques animales. Il ne connaît pas un seul exemple de stérilité
dans cette sorte de métissage. Il constate au contraire que la
fertilité se ranime ou s'accroît habituellement en pareil cas!
« Le croisement des variétés (*races*), dit-il, loin de l'amoindrir,
« ajoute plutôt à la fécondité de la première union, ainsi qu'à
« celle des produits métis [1]. »

Son langage est moins précis quand il s'agit des végétaux, et
par moments il semble admettre l'infécondité de certains métissages. Pourtant, après avoir discuté quelques rares exemples, il
se borne à dire : « Ces faits relatifs aux plantes montrent que
« dans quelques cas certaines variétés (*races*) ont eu leurs pou-
« voirs sexuels modifiés, en ce sens qu'elles se croisent entre
« elles moins facilement et donnent moins de graines que les
« autres variétés des mêmes espèces [2]. » Certes c'est là une
conclusion que personne n'aura la pensée de contester. On
reconnaît à tout moment des différences de fécondité lorsqu'on
unit des individus appartenant tous deux à la même race. Que
des faits analogues existent dans le croisement entre races différentes, il n'y a certainement là rien qui soit en désaccord avec
la distinction de la race et des espèces même les plus voisines.

Le savant anglais paraît voir dans les cas d'amoindrissement
de la fécondité une sorte d'acheminement vers un isolement

1. *De la variation des animaux et des plantes*, t. II, p. 188.
2. *Ibid.*, p. 116.

plus complet ; mais comment interpréterait-il les cas contraires, ceux où la fécondité grandit sous l'influence du métissage, et qui sont de beaucoup les plus nombreux comme il le reconnaît lui-même? Sans doute il y a du plus et du moins dans les phénomènes de cet ordre comme dans tous. Cependant, du minimum de fécondité continue constaté entre races aux faits qui caractérisent l'hybridation, il existe toujours une distance énorme et dont le lecteur peut juger aisément.

Ainsi, en matière de croisement, quand il s'agit des *races*, accord complet de toutes les opinions; accord encore à propos des *espèces* lorsqu'il s'agit des cas spéciaux dont on possède toutes les données; désaccord là seulement où ces données manquent : voilà en résumé ce que constate l'ouvrage même de Darwin, ouvrage qui est sans contredit l'effort le plus sérieux qui ait été fait jusqu'à ce jour pour abaisser les barrières qui séparent la race de l'espèce. Voilà donc encore l'*appel à l'inconnu* employé pour combattre les analogies empruntées à une foule de faits positifs.

A eux seuls le contraste que je viens de faire ressortir et la nature des arguments invoqués en faveur de la doctrine que je combats, me semblent faits pour confirmer les convictions de ceux qui croient à la distinction fondamentale de l'espèce et de la race, qui voient dans la différence des phénomènes de l'hybridation et du métissage un moyen de distinguer ces deux choses.

Est-ce à dire que ce critérium efface toutes les difficultés? Non, certes. Avec M. Decaisne, je n'hésite point à reconnaître que, lorsqu'il s'agira de ramener un nombre indéterminé de formes différentes à un seul et premier type spécifique, « il y « aura toujours des cas douteux, même après l'épreuve du croi- « sement fertile dans toute la série des générations possibles [1] ». Est-ce une raison pour repousser la règle générale qui ressort d'une écrasante majorité de faits indiscutables? En définitive, ces *cas douteux* ne sont que des *difficultés*, comme il s'en trouve dans toutes les branches du savoir humain et que l'on lève une à une, par des procédés divers, grâce aux progrès de la science et à un labeur intelligent. C'est ce qu'ont bien montré, pour la question dont il s'agit ici, les résultats obtenus par Darwin, chez

1. *De la variabilité dans l'espèce du Poirier.*

les coqs et les pigeons; par Frédéric Cuvier, chez les chiens; par
Naudin, chez les courges; par Decaisne, chez les poiriers, les
ronces et les plantains; par Vilmorin, chez les blés; par Alefeld,
chez les pois; etc... Il y a là de quoi encourager ceux qui ne
voient pas dans quelques *cas douteux* une raison suffisante pour
se livrer à des hypothèses en contradiction avec les *faits acquis*.

J'ai cherché à montrer l'ensemble de ceux que la science a
enregistrés. Je ne crois pas possible d'aller chercher autre part
les bases d'une discussion sérieuse, qu'il s'agisse du présent ou
du passé. Pas plus dans le monde organisé que dans le monde
inorganique, les lois générales n'ont pu changer depuis les temps
paléontologiques, quelque lointains qu'ils soient par rapport à
nous et à notre courte existence. En réalité, ces époques, même
en leur accordant toute la durée que leur attribue Darwin, sont
à peine des jours dans les années de l'univers. Pour savoir ce qui
se passait alors, le seul moyen rationnel, le seul *scientifique*, est
de prendre pour point de départ de toutes les investigations
ce qui se passe encore aujourd'hui.

CHAPITRE VII

LA VARIÉTÉ, LA RACE ET L'ESPÈCE.
ACTIONS DU MILIEU. — SÉLECTION.
POUVOIR DE LA NATURE ET DE L'HOMME. — CONCLUSION

Variété, race, espèce, telle est la filiation qu'ont suivie, d'après les doctrines de la transformation lente, toutes les formes vivantes issues des proto-organismes de Lamarck ou du proto-type de Darwin. Arrêtons-nous un instant à chacune des trois étapes assignées par ces théories à cette évolution progressive, en nous attachant surtout à l'histoire des animaux.

J'ai déjà dit comment le naturaliste français explique l'appa-rition de la variété. Le désir, le besoin, développés sous l'in-fluence des conditions extérieures, sont les premières causes de la modification d'une forme préexistante; l'habitude leur vient en aide; l'hérédité, accumulant des effets inappréciables dans chaque génération considérée isolément, rend manifestes des changements d'abord insensibles.

De pareils phénomènes supposent, on le voit, des individus déjà entrés dans la vie active et dont tous les organes sont par conséquent bien formés. Ils sont impossibles chez l'embryon. Selon Darwin, qui accepte ici la manière de voir de Geoffroy Saint-Hilaire, c'est au contraire chez ce dernier que se mani-festent les variations initiales. Selon lui encore, ces variations ont d'ordinaire pour cause une altération des organes reproduc-teurs mâles et femelles, altération existant avant l'acte de la

conception. Des changements de types remonteraient ainsi aux
parents eux-mêmes. — Il est certainement *possible* que cette
explication ait quelque chose de fondé. Pourtant, lorsque
Darwin invoque, à l'appui de son opinion, l'infécondité d'animaux réduits en captivité, et qui, bien portants d'ailleurs, cessent
de se reproduire, l'analogie me paraît bien vague et bien lointaine.

Dans toute cette partie de son livre, le savant anglais cherche
à diminuer le plus possible le rôle joué par le milieu extérieur
dans la production des variétés. — Il me semble difficile d'accepter ces restrictions sur ce point. Les observations faites par
Geoffroy jusque chez l'homme lui-même, les expériences qu'il
avait commencées sur les œufs de poule et que M. Dareste [1] a
reprises avec tant de persévérance et de talent, ont incontestablement mis hors de doute l'action exercée par les agents du
dehors. En faisant simplement varier l'intensité ou le mode
d'application de la chaleur, le second de ces expérimentateurs
en est arrivé à produire presque à coup sûr la plupart des
monstres à un seul corps qui peuvent se présenter chez les
oiseaux, à reconnaître le mécanisme de leur formation et l'enchaînement des altérations les plus légères aux déformations les
plus graves. On ne saurait nier ici l'action directe de l'agent
extérieur sur le germe lui-même en voie de développement, et
évidemment les modifications tératologiques ainsi obtenues sur
un œuf sont indépendantes de toute action venant des parents.

Or, Darwin lui-même reconnaît le lien intime qui rattache la
variété à la monstruosité. Celle-ci n'est bien souvent que l'exagération de celle-là. Des causes sans cesse en action, et que nous
voyons être assez puissantes pour déformer complètement les
organismes, doivent à plus forte raison les faire souvent varier.
Les poulets créoles perdant leur duvet de naissance et restant
nus jusqu'à l'apparition de vraies plumes, les cochons sauvages
des hauts plateaux des Cordillères acquérant au contraire une
espèce de laine sous l'action d'un froid modéré, mais continu,
nous fournissent des exemples de ce phénomène [2].

1. Les recherches de M. Dareste ont été commencées il y a près de
trente ans. Les résultats en ont été résumés dans un livre dont la seconde
édition est sur le point d'être publiée. (*Recherches sur la production artificielle des monstruosités ou essais de tératogénie expérimentale.*)

2. *Recherches sur quelques changements observés dans les animaux domes-*

C'est donc aux actions de milieu, s'exerçant immédiatement sur l'embryon des ovipares, et par l'intermédiaire de la mère sur celui des vivipares, que nous reporterons généralement les modifications individuelles qui constituent les variétés.

Du reste, les explications peuvent différer ; le fait lui-même est indiscutable. Quelles que soient les théories, tous les naturalistes sont ici d'accord. Ces modifications peuvent toucher à la monstruosité ou bien être à peine assez accentuées pour se distinguer des traits individuels. Dans le premier cas, si elles se propagent par la génération, elles constituent d'emblée une race, et parfois une de celles qui s'éloignent le plus du type spécifique.

De pareilles races très anormales se sont produites peut-être même en dehors de l'action de l'homme. Telle pourrait bien être l'origine de la race de bœufs *gnatos*, littéralement bœufs camards, et qu'on aurait pu nommer à juste titre *Bœufs-Dogues*, car ils présentent dans leur espèce les traits caractéristiques de ce chien. Cette race, dont j'ai déjà parlé, paraît s'être formée parmi les troupeaux à demi sauvages des Indiens du sud de la Plata. Elle a la taille moins élevée, les formes plus trapues que les autres races du pays. La tête, le museau surtout, sont considérablement raccourcis ; la mâchoire inférieure dépasse la supérieure, et la lèvre, fortement relevée, laisse les dents à nu. A ces caractères extérieurs correspond une charpente osseuse qu'Owen a fait connaître [1], et dont on peut résumer les caractères en disant que, dans la tête du gnato, presque pas un os ne ressemble à l'os correspondant du bœuf ordinaire. Il est assez difficile de croire que personne ait jamais eu intérêt à conserver et à multiplier cette forme semi-monstrueuse du bœuf, qu'on s'est mis à détruire dans le bassin de la Plata dès qu'on a donné des soins plus réguliers à l'élevage du bétail. Les gnatos se sont probablement développés tout à fait spontanément.

Il n'en est pas ainsi des *ancons* ou moutons-loutres. Ceux-ci proviennent d'un bélier né en 1761 dans la ferme de Seth-Wright (Massachusetts). Cet animal possédait les proportions

liques transportés de l'ancien monde dans le nouveau continent, par M. Roulin. (*Mémoires des savants étrangers à l'Académie des sciences*, t. V.)

1. *Catalogue descriptif de la collection ostéologique du Collège des chirurgiens.*

bien connues du chien basset. La brièveté de ses membres, l'empêchant de franchir les clôtures, présentait un avantage. On l'employa comme reproducteur, et quelques années après ses descendants formaient une race parfaitement assise [1]. Ici l'homme est intervenu et a employé la sélection. Il a agi de même pour les moutons *mauchamp*, que Graux a obtenus d'un bélier né en 1828 au milieu d'un troupeau de mérinos ordinaires, avec une toison soyeuse au lieu de laine proprement dite [2]. Aujourd'hui non seulement cette race est entièrement constituée; mais de plus elle a donné naissance à des sous-races déjà distinctes. Si Mme Passy avait conservé et élevé ses poulets couverts d'un duvet « si épais et si doux, qu'il ressemblait au « poil d'un chat » et se laissait peigner avec un peigne fin, nous aurions certainement une race galline de plus, extrêmement curieuse et dont nous connaîtrions exactement la date de naissance [3].

De pareils faits jettent un jour très grand sur la plupart des questions que soulèvent l'origine et la nature de la race. L'analogie autorise évidemment à admettre que ce qui s'est passé dans une espèce peut se reproduire dans une autre espèce appartenant au même type général. La variabilité, les lois de l'hérédité, agissant soit librement, soit sous la direction de l'homme, suffisent donc pour expliquer l'apparition des races de chiens présentant des caractères analogues à ceux que nous venons de décrire chez le gnato et l'ancon. A plus forte raison, peut-on les invoquer avec confiance, quand il faut rendre compte de cas beaucoup plus simples, quand il s'agit de chercher comment ont pu se produire des formes bien moins anormales.

Darwin reconnaît, du reste, ce mode de formation des races reproduisant un caractère apparu subitement; seulement il n'en

1. Prichard, *Histoire naturelle de l'homme*, t. I.
2. *Bulletin de la Société d'acclimatation*, t. I. M. Davin, membre de cette Société, s'est servi de cette toison pour tisser des étoffes spéciales.
3. C'est en 1852, dans ses couvées d'arrière-saison, que Mme Passy vit apparaître un assez grand nombre d'individus présentant ce singulier caractère. Malheureusement elle les sacrifia, craignant de compromettre la pureté de sa belle race cochinchinoise. (*Bulletin de la Société d'acclimatation*, 1854.) Le même phénomène paraît s'être produit la même année chez M. Johnston.

tire pas la conclusion que je viens de formuler et qu'il me
semble difficile de combattre. Il lui échappe pourtant une
réflexion qu'il serait aisé de prendre pour un aveu. « Si, dit-il,
« les races ancon et mauchamp avaient apparu il y a un ou
« deux siècles, nous n'aurions aucun document sur leur origine,
« et les mauchamps surtout eussent sans aucun doute été
« regardés par plus d'un naturaliste comme la descendance de
« quelque forme primitive inconnue, ou au moins comme le
« produit d'un croisement avec cette forme [1]. »

Cette conclusion eût été en effet inévitable pour quiconque
méconnaît plus ou moins la distinction de l'hybridation et du
métissage et se laisse guider par la morphologie. A ce titre,
Darwin lui-même l'aurait probablement adoptée. Mais le physiologiste l'aurait repoussée; car le croisement du mauchamp,
de l'ancon, avec les autres moutons a tous les caractères du
métissage, et non pas ceux de l'hybridation. Il en est de même
pour le gnato, dont on eût certainement fait, non pas seulement
une espèce, mais un genre à part, et qui se croise avec le bétail
ordinaire aussi facilement que le font les races entre elles [2].
Qu'on reporte sa pensée, en tenant compte de la réflexion de
Darwin, sur nos porcs, nos bœufs, nos chiens, et l'on verra
qu'ici encore l'analogie parle entièrement en notre faveur.

Les races extrêmes n'apparaissent pas toujours ainsi d'emblée.
Le plus souvent même elles sont le fruit de modifications successivement accumulées pendant un nombre indéterminé de
générations. Dans son mémoire sur les pigeons, Darwin a suivi

1. *De la variation des animaux et des plantes*, t. I, p. 107.
2. Lacordaire nous apprend qu'à la Plata quelques personnes ont voulu
voir dans le gnato une race indigène. On oubliait que tous les bœufs amé-
ricains sont venus primitivement d'Europe, et qu'en particulier tous ceux
du bassin de la Plata descendent d'un taureau et de huit vaches amenés
à l'Assomption en 1558 par les frères Goës. Depuis cette époque, il est
devenu fort rare dans ces contrées, puisque M. Martin de Moussy n'a
jamais eu occasion de l'observer (*Bulletin de la Société d'anthropologie*,
t. I). Ce fait s'explique par l'habitude qu'on a prise de tuer tout jeune veau
qui présente les caractères de cette race (renseignement communiqué par
M. Levavasseur). Cette coutume elle-même s'est certainement établie par
suite de la difficulté qu'on éprouvait à nourrir ces animaux en temps de
sécheresse, la forme de leurs mâchoires les empêchant de brouter aussi
aisément que les bœufs ordinaires. (Darwin, *Journal of Researches*, et *De
la variation des animaux et des plantes*.)

avec beaucoup de sagacité et montré de la manière la plus précise la succession des actes et des phénomènes qui ont amené
la constitution des principales races actuelles. Ce qu'il dit de
cette espèce s'applique certainement à tous les cas analogues.
La sélection volontaire, mais d'abord inconsciente, cherchant
seulement à améliorer dans un sens vaguement déterminé des
formes déjà existantes; puis la sélection méthodique, raisonnée,
se proposant un but bien défini, tels sont essentiellement les
moyens mis en œuvre par l'homme pour produire les types
étranges du pigeon messager, du pigeon grosse-gorge, du pigeon
paon... Ces races diffèrent les unes des autres non seulement par
tous les caractères extérieurs, mais encore par des modifications
atteignant le squelette lui-même, et le naturaliste le plus sévère
les placerait certainement dans autant de genres différents, s'il
les rencontrait à l'état sauvage. Des documents historiques ont
d'ailleurs permis à Darwin d'établir qu'une partie de ces races
remonte tout au plus à deux ou trois siècles, et qu'il en est de
bien plus jeunes, quoique aussi solidement assises aujourd'hui.
— Toute cette partie de l'œuvre de l'éminent naturaliste est du
plus haut intérêt, et je suis heureux de me trouver ici en pleine
communauté d'idées avec lui.

Le biset, père de tous nos pigeons, présente aussi des races
sauvages et des races *marronnes* [1]. Comment ont-elles pris naissance?

A peu près uniquement, répond Darwin, par la sélection
naturelle. — Je reconnais de grand cœur le rôle important
dévolu à celle-ci. La lutte pour l'existence remplit ici le rôle de
l'éducateur qui choisit dans sa volière ou son troupeau les plus
robustes individus pour perpétuer l'espèce, qui consomme les
moins bien venus ou les met hors d'état de se reproduire.

Mais je ne puis accorder au savant anglais que les conditions
d'existence jouent dans la constitution des races naturelles un
rôle aussi restreint qu'il paraît l'admettre dans certains passages
de son livre. Une multitude de faits attestent au contraire la
puissance extrême de ces conditions, agissant soit directement,

---

1. Les *races sauvages*, je l'ai déjà dit, sont celles qui n'ont jamais été
domestiques. Les *races marronnes* ou *libres* sont celles qui descendent
d'individus domestiques, mais qui ont reconquis leur liberté et sont retour-
nées à l'état sauvage.

soit indirectement. Darwin lui-même est bien forcé de le reconnaître et il le fait formellement ou implicitement en maint endroit. C'est ainsi qu'il cite, sans faire la moindre objection, un passage de Jouatt bien significatif. Cet éminent zootechniste, parlant des diverses races anglaises de moutons, a dit : « On ne « connaît pas leur origine; elles appartiennent au sol, climat, « pâturage et au terrain qu'elles trouvent; elles semblent avoir « été formées pour lui [1] ».

Là est la vérité. Bien loin d'être subordonnées à la lutte pour l'existence et à la sélection, ce sont en réalité les conditions d'existence qui en déterminent les circonstances et en commandent les résultats. N'est-il pas évident que pour les animaux comme pour les plantes, les conditions de supériorité, et par conséquent de survie, seront non seulement différentes, mais opposées, dans un désert aride ou au milieu de marais fangeux, sous le pôle ou sous l'équateur?

Des conditions générales différant à ce point ne sont pas nécessaires lorsqu'il s'agit d'êtres vivants que leur nature soumet d'une manière presque absolue aux influences de milieu. Les végétaux sont essentiellement dans ce cas. Fixés au sol qui les nourrit, ils sont, pour ainsi dire, façonnés bien souvent par lui; incapables de se défendre contre l'atmosphère, ils présentent fréquemment des témoignages irrécusables de l'action modificatrice qu'elle exerce sur eux. La belle expérience de Decaisne sur les plantains d'Europe, dont j'ai parlé plus haut, les observations de Gubler sur quelques plantes naines, suffisent pour mettre dans tout son jour ces faits généraux.

Gubler a montré qu'en s'élevant sur la pente des montagnes, certaines plantes ne subissent pas seulement une réduction de taille considérable, mais qu'en outre les principaux organes, et jusqu'aux parties essentielles de la fleur, sont atteints. Decaisne a fait plus : il a reproduit par un simple changement dans les conditions d'existence plusieurs formes d'une même plante existant dans la nature et qu'on avait prises pour autant d'espèces proprement dites. Il a récolté en rase campagne les graines d'un plantain appartenant à l'une des espèces les plus généralement admises; il les a semées et élevées au Muséum en imitant autant

_____
1. *De la Variation*, t. I, p. 102.

que possible les conditions particulières aux terrains où poussent les formes les plus distinctes de ce genre. Par cela seul, il a obtenu sept de ces formes prétendues spécifiques. Or, il s'agissait ici de différences sérieuses et bien faites pour excuser les botanistes qui, jugeant par les caractères morphologiques seuls, avaient vu là des espèces diverses. De l'une à l'autre de ces plantes, petites-filles de la même mère, on rencontrait des feuilles rondes et courtes ou assez longues pour servir de fourrages, disposées en rosette écrasée ou allongées en une touffe droite et fournie; la plante était entièrement glabre ou couverte de poils; la racine, annuelle chez les unes, était vivace chez les autres. Tous ces traits étaient héréditaires, et reproduisaient ceux des races naturelles vivant dans des conditions semblables à celles qu'avait artificiellement reproduites l'habile expérimentateur. Évidemment ils étaient dus à ces conditions mêmes [1].

La sélection joue certainement un rôle considérable dans les expériences inverses, pour ainsi dire, et quand il s'agit d'obtenir des races s'écartant parfois d'une manière étrange des formes naturelles. Cependant il faut le plus souvent lui venir en aide et transformer d'abord les conditions d'existence.

Lorsque Vilmorin voulut mettre hors de doute l'origine de nos carottes cultivées en les tirant directement de la carotte sauvage, il échoua tant qu'il se borna à choisir avec soin ses porte-graines et à multiplier les soins d'élevage. Il dut surtout le succès de sa tentative à la pensée qui lui fit garder pendant l'hiver quelques individus tardifs qu'il repiqua au printemps. Il obligea ainsi une plante annuelle à dépenser sa vie en deux ans. C'est ainsi seulement qu'il parvint à transformer une racine extrêmement grêle, dure et coriace, en ce légume savoureux et tendre que nous connaissons tous. Quatre générations suffirent dès lors pour produire ce changement [2]. Par des procédés semblables, M. Carrière a transformé en cinq ans le radis sauvage (*Raphanus raphanistrum*), regardé par tous les cultivateurs comme une mauvaise

---

1. L'expérience de Decaisne explique très bien comment sir W. Herbert s'est mépris et a regardé de simples *métissages* comme des *hybridations*. Il est clair que si le botaniste anglais avait croisé ensemble les formes de plantain dont il s'agit ici, il aurait cru avoir opéré sur des *espèces*, tandis que l'expérience aurait en réalité porté sur des *races*.

2. *Notices sur l'amélioration des plantes par le semis.*

herbe. Entre les mains de cet habile jardinier-chef des pépinières du Muséum, une racine immangeable et pesant au plus 22 grammes, s'est métamorphosée en un légume excellent, dont le poids varie de 300 à 600 grammes et plus [1]. Tous ces résultats ont été obtenus avant tout par suite du changement dans les conditions d'existence imposé à ces végétaux, qu'on a rendus bisannuels, d'annuels qu'ils étaient naturellement. La sélection n'a exercé qu'une action secondaire.

Il serait facile de citer bien d'autres faits de ce genre à l'appui de ma manière de voir, qui fut au fond celle de Buffon comme de Geoffroy, et les plus frappants peut-être seraient fournis par Darwin. Aussi dans la discussion que je pourrais soulever à ce sujet, trouverais-je des auxiliaires jusque chez ses plus dévoués disciples. Je me borne à mentionner Mme Royer, qui se sépare ici complètement du savant qu'elle interprète. Dans une note assez étendue où elle discute la question d'une manière générale, elle arrive à conclure que « les conditions complexes de la « vie déterminent et règlent toute variation en premier comme en « dernier ressort [2] ». Ces quelques mots résument d'une manière fort heureuse tout ce que nous savons sur cette grave question.

Au reste, il me semble que, sur cette question, nous serions aisément d'accord avec Darwin lui-même et que la différence des appréciations entre lui et moi tient surtout à ce que le savant anglais donne aux expressions de *milieu*, de *conditions d'existence*, un sens plus restreint que je ne le fais [3]. A bien des reprises, et surtout dans son livre sur l'*Influence de la domestication*, il atténue lui-même ce qu'ont évidemment d'exagéré quelques-unes de ses assertions relatives au peu d'influence des actions de milieu, et il admet qu'elles commandent la transformation des races les plus accusées [4]. Il admet aussi qu'elles jouent un rôle prépondé-

---

1. *Origine des plantes domestiques démontrée par la culture du radis sauvage.*

2. *De l'origine des espèces*; traduction de Mme Royer, p. 597.

3. Ces expressions doivent être prises dans un sens absolu et comprendre tout ce qui peut exercer une influence directe on indirecte sur l'être vivant. On n'a aucune raison pour exclure des conditions d'existence d'un être quoi que ce soit pouvant avoir sur lui une action, et c'est l'ensemble de ces conditions qui constitue le *milieu où il vit*.

4. *De la variation des animaux et des plantes.* Voyez surtout ce que dit l'auteur au chapitre XII, *Des conditions de vie capables d'annuler les lois de l'hérédité*, et au chapitre XXII, *Des causes de la variabilité*.

rant dans leur formation. Je me borne à citer un exemple.

Chez toutes les espèces qui ont vécu constamment en pleine liberté, on constate un fait que j'ai déjà indiqué et dont il reste à faire ressortir l'importance. En tant qu'elles sont comparables par le degré d'organisation à nos espèces domestiques, aucune d'entre elles ne présente de variations à beaucoup près aussi nombreuses ni aussi considérables que ces dernières. En outre, lorsqu'une partie des représentants d'une espèce est passée sous l'empire de l'homme, tandis que le reste conservait son indépendance, on reconnait aisément que les premiers ont, à tous égards, beaucoup plus varié que les seconds. Il suffit de citer comme exemple les canards, les oies, les lapins, dont l'unité d'origine est admise par tout le monde, et toutes celles de nos plantes cultivées dont la souche sauvage est connue.

Darwin, avec qui je suis heureux de me trouver ici d'accord, explique une partie de ce contraste par la différence des milieux. Quelles que soient l'étendue de l'aire habitée par une espèce et la variété des circonstances qui peuvent en résulter, l'état sauvage entraîne une certaine uniformité dans les conditions d'existence, et chaque espèce est maintenue dans ses limites par la multitude des espèces voisines qui lui font concurrence. Par suite, les races devront être peu nombreuses. Les animaux domestiques sont soustraits à la lutte pour l'existence ; surtout l'homme les transporte avec lui, et, par la domestication, leur crée en réalité presque autant de milieux qu'ils ont de maîtres. « C'est pour cette raison, dit Darwin, que tous nos produits « domestiques, à de rares exceptions près, varient beaucoup « plus que les espèces naturelles [1]. » L'abeille est la seule exception réelle qu'il cite, et il serait facile de la discuter. Cet insecte, qui se nourrit lui-même presque toujours, et qui conserve toutes ses habitudes, ne peut vraiment pas être considéré comme soumis à la domestication. Il vit à côté de nous bien plus qu'avec nous ; et pourtant tous les agriculteurs savent bien qu'il y a des races très distinctes parmi les abeilles.

Pour qui admet la distinction fondamentale existant entre l'espèce et la race, telles que je les comprends ; pour qui tient compte de faits et de considérations, que j'exposerai tout à l'heure,

---

1. *De la variation des animaux et des plantes*, p. 270.

l'explication acceptée ici par le savant anglais est rationnelle et complète. C'est celle que j'ai toujours admise [1].

Elle me paraît moins satisfaisante pour qui se place au point de vue commun à Lamarck, à M. Naudin, à Darwin. Surtout elle est, jusqu'à un certain point, en désaccord avec toute doctrine reposant sur la *lutte pour l'existence* et les conséquences qu'elle entraîne. En effet, la diversité des conditions imposée par l'homme aux espèces domestiques, la protection dont il les entoure, expliquent, il est vrai, la multiplicité des variations de ces dernières, et l'existence chez elles de certaines modifications plus ou moins incompatibles avec les nécessités de la vie sauvage. Le pigeon culbutant, dont le vol est à chaque instant interrompu par les étranges mouvements d'où il a tiré son nom; le pigeon-paon, que sa queue étalée et relevée empêche de voler contre le vent, ne pourraient fuir les ennemis ailés avec la rapidité du biset. La lutte pour l'existence se présenterait donc pour eux dans des conditions très défavorables, et ils devraient disparaître rapidement, tandis qu'ils se conservent garantis par leur esclavage même.

Mais il est des variations parfaitement indifférentes comme celles de la couleur, qui se produisent sous l'empire de la sélection inconsciente, et même sans aucune sélection, et qui n'ont rien d'incompatible avec la sélection naturelle. Il en est d'autres qui assureraient un avantage incontestable, tel que l'accroissement de la taille et des forces, et que la sélection naturelle devrait aider à se produire. Pourquoi de pareils caractères ne s'accentuent-ils jamais dans les races sauvages de manière à égaler, à surpasser même ce qu'on a constaté en ce genre dans les races domestiques? Si les causes naturelles sont capables de transformer les races en espèces, comment ne produisent-elles jamais, *entre races spontanément dérivées d'un type spécifique*, des différences comparables à celles que la domestication fait naîtr; quand elle agit sur les représentants du même type?

Cette question touche au fond même des doctrines que nous

1. J'ai indiqué la manière dont j'envisage cette question, et celles qui s'y rattachent, dans l'ouvrage intitulé : *Unité de l'espèce humaine*, chap. xii, 1861. Mais cet ouvrage est la reproduction textuelle d'articles qui avaient paru dans la *Revue des Deux Mondes*, 1860-1861, et ces articles eux-mêmes ne sont que le résumé de mon enseignement public.

discutons. Elle conduit à examiner un principe qui leur est commun, et qu'on trouve formulé presque dans les mêmes termes chez tous les naturalistes qui admettent la transformation lente.

La nature, disent également Lamarck, Darwin, M. Naudin, est maîtresse du temps ; elle accumule indéfiniment de petits résultats qui, s'ajoutant de siècle en siècle, atteignent des proportions que rien n'aurait pu faire prévoir. C'est ainsi qu'elle a peu à peu élevé les montagnes, creusé les mers, donné à notre globe la constitution et le relief que nous lui voyons. C'est ainsi qu'elle a également agi pour amener au point où elles sont les flores et les faunes. Toujours simple dans ses lois et procédant sans cesse du simple au composé, elle est nécessairement partie des végétaux, des animaux élémentaires ; elle en a progressivement élevé l'organisation. Toute espèce réalisée a été le point de départ d'autres espèces qui lui ont succédé, et les divergences accumulées ont enfanté les types les plus divers. Ce passage d'une espèce à une autre, cette *transmutation*, n'ont rien d'étrange. L'homme, dont l'action est si faible et si courte, sait faire sortir des *races* d'une espèce préexistante en mettant en jeu l'hérédité et la sélection artificielle ; comment la nature, qui dispose sans contrôle de l'espace et de la durée, n'en tirerait-elle pas aisément, presque fatalement, des *espèces* par l'hérédité et la sélection naturelle ? Au fond, les moyens d'action sont les mêmes, et la nature, *plus puissante que l'homme*, doit pouvoir faire plus que lui.

Voilà le langage que tiennent les hommes éminents que j'ai le regret d'avoir à combattre.

Cette argumentation a quelque chose de plausible et est bien faite pour séduire au premier abord. Cependant elle repose sur une assimilation qu'on ne saurait admettre dans sa généralité et sur une confusion véritable.

Il est bien vrai que l'homme ne met en jeu que des forces naturelles ; mais *son intelligence* intervient dans cette mise en œuvre. Il est bien vrai encore que, dans une foule de cas, il ne saurait rivaliser avec la nature ; mais il a aussi ses revanches. Il mène à bien chaque jour des œuvres qui sont au-dessus ou, si l'on veut, en dehors de celles qu'elle peut accomplir. Jamais il ne fera sortir du sol une nouvelle chaîne des Alpes ; jamais les forces naturelles n'eussent élevé la digue de Cherbourg.

Nous ne saurions creuser et décorer des grottes qui approchent des immenses et magnifiques cavernes de la Carniole, d'Antiparos, du Kentucky; la nature ne percera jamais un tunnel régulier et direct comme celui du mont Cenis. Que serait-ce si l'on mettait en ligne de compte les œuvres d'art proprement dites, même les plus simples! La nature a façonné bien des collines; a-t-elle jamais taillé une pyramide?

Sans multiplier ces exemples, il est permis de conclure que, même pour les résultats relevant essentiellement de la mécanique et de ce qui ressemble le plus à la force brutale, la nature et l'homme ont leur champ propre où chacun d'eux règne à peu près en maître. Il en est de même partout. Nos laboratoires produisent et l'industrie utilise une foule de composés chimiques qui n'existent pas, *qui ne peuvent pas exister* dans la nature, pas plus que celle-ci ne saurait isoler et conserver bien des corps aujourd'hui d'un emploi journalier.

Il n'est pas bien difficile de s'expliquer l'alternative de prépondérance et de subordination que montrent ainsi deux puissances que nous comparons.

Même dans le monde inorganique, le pouvoir de la nature est limité par l'essence et le mode d'action des forces qu'elle met en jeu. Celles-ci agissent sans cesse, toutes à la fois, luttant ou s'entr'aidant sous l'empire de lois également aveugles et immuables. Tout effet naturel est le produit d'une *résultante*.

L'homme ne transforme ni les forces ni les lois qui les gouvernent. Mais son *intelligente volonté* en modifie l'application. Par cela même, il fait varier la *résultante*, et, par conséquent, les *effets*.

Souvent l'homme se borne à diriger les forces naturelles, à remplacer par la régularité ce que nous appelons le *hasard*, mot qui sert seulement à voiler l'ignorance. Souvent aussi il les oppose les unes aux autres; neutralise celles qui lui nuisent, active celles qu'il juge utiles, et réalise ainsi des résultats incompatibles avec le jeu libre de ces agents. Voilà comment les fulminates, inconnus dans la nature, prennent naissance dans nos appareils pour aller ensuite amorcer le fusil du soldat ou le jouet d'un enfant; voilà comment le phosphore, dégagé de ses combinaisons, se conserve indéfiniment dans un flacon de pétrole, et, associé à un autre corps, tout artificiel aussi, forme la base de nos allumettes chimiques. Accordez à la nature autant de siècles qu'il vous plaira, mettez en jeu toutes ses puissances, tant que l'atmosphère contiendra de l'oxygène, de l'acide carbonique, de l'eau, elle pourra amonceler des couches entières de sel; elle n'arrivera point à isoler le sodium que possèdent tous nos laboratoires et que M. Henri Deville a fait entrer dans l'industrie; elle ne pourra pas seulement fabriquer la soude caustique.

Eh bien! quand il cultive une plante, quand il domestique un animal, que fait l'homme?

Avant tout, et qu'il en ait ou non l'intention, il adoucit pour eux dans une proportion plus ou moins considérable la lutte pour l'existence, c'est-à-dire qu'il atténue ou annihile une foule d'actions qu'eussent exercées les forces naturelles. Par conséquent, il en change la résultante, et place cette plante, cet animal, dans des conditions d'existence nouvelles. Quand il choisit les végétaux porte-graines, les pères et mères destinés à entretenir la population de son colombier, de sa basse-cour, de sa bergerie, que fait-il, sinon reporter sur un caractère qui lui convient la force aveugle de l'hérédité? En d'autres termes, il dirige cette force. Quand il marie ensemble les pères et les filles, les frères et les sœurs, comme l'ont fait Bakewell et les frères Collins, que fait-il, sinon concentrer toutes les forces héréditaires et en accroître l'énergie?

Ainsi, dans le monde organique aussi bien que dans le monde inorganique, l'homme intervient avec son intelligence et sa volonté; il amoindrit ou neutralise certaines forces, et souvent, par cela même, il exalte celles dont il facilite l'action, tout en la dirigeant. Or, il ne peut agir ainsi sans modifier la résultante qu'eût produite le libre exercice de ces forces. Voilà comment il obtient des résultats qui lui appartiennent en propre, et que la nature ne saurait réaliser, quelque temps qu'on lui accorde. Voilà comment il crée ces races extrêmes, ces chiens, ces lapins, ces pigeons, ces cyprins dorés, ces fruits, ces légumes de toute sorte, dont l'équivalent ne s'est jamais rencontré à l'état sauvage, de l'aveu même de ceux\qui proclament le plus haut la toute-puissance de la nature.

Le *mens agitat molem* du poète est scientifiquement vrai. Qu'il s'agisse des êtres vivants ou des corps bruts, l'homme est souvent plus puissant que la nature.

En revanche, ses œuvres sont relativement bien peu stables, et ne subsistent que sous la protection de celui qui leur a donné naissance. Dès que l'homme cesse de veiller sur les produits de sa propre industrie, ceux-ci retombent sous l'empire des lois générales, et plus ils sont exceptionnels, plus vite ils disparaissent ou rétrogradent vers le point de départ. En quittant nos potagers, les légumes les plus délicats redeviennent promptement de mauvaises herbes; échappé à nos volières, le pigeon retourne au biset; et le chien marron reprend les formes et les mœurs d'une bête féroce. Toutefois, ils gardent souvent la trace des caractères acquis artificiellement, qui n'ont rien d'incompatible avec les nouvelles conditions d'existence; mais ceux-ci sont constamment amoindris et ramenés dans les limites que comportent les variations naturelles. Les arbres fruitiers retrouvés libres par van Mons dans les Ardennes, le pigeon marron des falaises d'Angleterre, les porcs sauvages d'Amérique, les chiens des pampas, sont autant d'exemples d'un retour imparfait aux types primitifs.

Ces retours plus ou moins complets relèvent essentiellement de la lutte pour l'existence et de la sélection naturelle; ils montrent clairement le résultat général de ces deux grands phénomènes qui neutralisent ici jusqu'aux lois de l'hérédité; ils nous éclairent sur leur véritable nature et sur le rôle qui leur est dévolu.

La lutte pour l'existence et la sélection naturelle sont essentiellement des agents d'adaptation. Avant tout, elles tendent à mettre en harmonie les êtres vivants avec le milieu qui les entoure. Nous avons vu Darwin lui-même leur reconnaître hautement ce caractère. Or, le milieu étant donné, les conditions nécessaires de cette harmonisation sont identiques pour tous les individus représentant une même espèce. Par conséquent, la lutte pour l'existence et la sélection naturelle agiront chez tous les individus de la même manière et dans le même sens. Elles ne pourront donc avoir d'autre effet que de les uniformiser de plus en plus, bien loin de les entraîner dans la voie des variations. Détruisant d'ailleurs fatalement tout individu quelque peu inférieur à ses frères, elles maintiennent rigoureusement, avec la similitude des caractères, l'égalité d'énergie fonctionnelle. Ainsi s'établit et se conserve l'uniformité, si remarquable dans l'immense majorité des espèces sauvages et qui ne laisse habituellement de place qu'aux traits individuels ou à quelques rares variétés bientôt disparues [1].

Si le milieu change, il est clair que les conditions de l'adaptation ne seront plus les mêmes. La sélection, s'accomplissant dans des conditions différentes, produira forcément des résultats plus ou moins distincts des premiers. L'organisme variera donc jusqu'à ce que l'harmonie soit rétablie; mais, ce résultat obtenu, la lutte pour l'existence et la sélection naturelle reprendront inévitablement leur rôle primitif, qui est de pousser à la stabilité, à l'uniformité. Elles auront ainsi façonné des races naturelles : elles n'auront pas pour cela donné naissance à des espèces [2].

Les faits ne manqueraient pas pour montrer que telle est l'origine de ces races sauvages parfois si différentes de la souche mère, et si constantes dans certaines localités, qu'on a pu s'y tromper en jugeant par la forme seule. Je me borne à citer l'exemple des cerfs de Corse et d'Algérie. Tous deux se distinguent aisément de nos cerfs d'Europe. Regardés comme indigènes, ils ont reçu des noms particuliers, et figurent comme espèces distinctes dans les écrits de plusieurs naturalistes éminents. Or, les témoignages formels d'Hérodote, d'Aristote, de Polybe, de Pline, constatent qu'à l'époque grecque et romaine

1. A peine est-il nécessaire de faire observer que, tout en signalant le fait général, je n'oublie nullement les espèces polymorphes. On sait qu'elles ont été trouvées principalement chez les invertébrés, et se rencontrent chez eux jusque dans des groupes appartenant d'ailleurs aux types élevés et les mieux définis. Je rappellerai comme exemple les résultats obtenus par Sichel chez les hyménoptères, et spécialement son étude du genre Sphècode (*Études hyménoptériques*, dans *Annales de la Société entomol. de France*, 1865). L'habile et patient observateur a constaté que le *Sph. gibbus* présente à lui seul quatre races ou variétés principales, et seize variétés secondaires, qui presque toutes ont reçu des noms spécifiques. Chez les animaux comme chez les végétaux, ces espèces polymorphes sont doublement importantes, soit au point de vue dont il s'agit ici, soit surtout au point de vue du croisement. Il est évident qu'on pourrait facilement croire avoir obtenu une *hybridation*, tandis qu'on n'aurait opéré qu'un simple *métissage*, si on les prenait pour sujet d'expérience.

2. Ces deux alinéas sont la reproduction textuelle de ce que j'ai imprimé dans ma première édition (1870). On comprend avec quel plaisir j'ai vu M. Romanes, l'ami et le commensal de Darwin, arriver aux mêmes conclusions et les exprimer parfois presque dans les mêmes termes seize ans après, dans son mémoire intitulé *Physiological Selection* (*Linnean Society's Journal*, 1886). M. Romanes refuse à la sélection naturelle le pouvoir de donner naissance à des espèces nouvelles et propose une théorie spéciale que j'exposerai ailleurs.

le cerf n'existait ni en Corse ni en Afrique. Il faut donc admettre
ou bien qu'il y est né par génération spontanée, ou bien qu'il y
a été transporté depuis le règne de Titus. En présence d'une
pareille alternative, personne n'hésitera, je pense, à regarder le
cerf européen comme le père de ces deux races.

Mais, en changeant de patrie, notre cerf a changé de caractères. En Corse surtout, il a perdu près de moitié de sa taille et
transformé ses proportions générales de telle sorte, que Buffon
l'appelle un *cerf basset*. Il a de plus modifié ses bois. A-t-il donné
pour cela naissance à une espèce nouvelle? Non, car un de ces
animaux, pris jeune et élevé chez Buffon, est devenu en quatre
ans beaucoup plus grand, plus beau, que des cerfs de France
plus âgés et regardés pourtant comme étant de belle taille [1].

La nature, avec l'aide du temps, aurait-elle complété la
métamorphose, transformé plus encore le cerf de Corse, et fait
de lui une espèce vraiment distincte de la souche parente? Oui,
répondraient Lamarck, Darwin, M. Naudin et leurs disciples.
Non, n'hésité-je pas à dire. Pour juger de quel côté est la vérité,
appelons-en encore à l'expérience, à l'observation.

Interrogeons d'abord les résultats fournis par l'étude de la
forme seule. Ici nous rencontrons le fait général que je signalais
tout à l'heure. Dans toutes les espèces partiellement soumises,
les variétés et les races sont plus nombreuses, plus tranchées
parmi les représentants domestiques que parmi les représentants
sauvages. L'expérience, d'accord avec la théorie qui seule me
paraît vraie, atteste que l'homme est plus puissant que la nature,
quand il s'agit de modifier les organismes vivants. Or, nous avons
eu beau pétrir et transformer ces organismes, nous n'avons fait
que des races, jamais des espèces. Comment la nature, qui ne
nous a même pas égalés dans cette voie partout où nous avons
pu comparer ses œuvres aux nôtres, nous aurait-elle surpassés
ailleurs? Affirmer qu'il en est ainsi, c'est substituer à ce que
nous *savons* une *possibilité* évidemment bien peu probable.

A ne juger que par ce qui nous est connu, la morphologie
seule autorise à penser que jamais une espèce n'en a enfanté une
autre par voie de dérivation ou de transformation résultant d'ac-

---

1. Buffon, *Histoire naturelle.* — Isidore Geoffroy a traité cette question
avec quelque détail, mais il a oublié de rappeler l'expérience si concluante
de Buffon. (*Histoire naturelle générale*, t. III.)

tions naturelles plus ou moins analogues aux procédés que nous
employons pour obtenir des races.

La physiologie est bien plus explicite encore.

Constatons d'abord que, sur ce terrain-là aussi, l'homme s'est
montré plus puissant que la nature. Dans nos végétaux cultivés,
dans nos animaux domestiques, ce n'est pas seulement la forme
qui est changée, ce sont aussi et surtout les fonctions. Si nous
n'avions fait que grossir et déformer nos fruits et nos légumes,
ils seraient restés immangeables. Il a fallu, pour les approprier
à nos besoins et aux exigences de notre goût, réduire dans tous
la production de certains éléments, multiplier le développement
de certains autres, c'est-à-dire modifier la nutrition et la sécrétion. Si ces mêmes fonctions étaient restées ce qu'elles étaient
chez les souches animales sauvages, nous n'aurions pas nos
races de moutons à laine fine et nos moutons de boucherie, nos
bœufs de labour, nos durhams et nos races laitières, nos énormes limoniers et le cheval de course; si les instincts eux-mêmes
n'avaient obéi à l'action de l'homme, nous n'aurions pas dans le
même chenil le chien d'arrêt et le chien courant. — Rien de
pareil n'existe dans la nature; rien ne permet de supposer que
quoi que ce soit d'analogue se produise jamais spontanément.

La supériorité de l'homme n'apparaît pas moins vivement dans
l'étude de la fonction la plus en rapport avec les problèmes qui
nous occupent.

Les phénomènes de la reproduction touchent évidemment à ce
qu'il y a de plus intime dans les êtres vivants. A l'état sauvage,
les oscillations, comme nous l'avons dit, en sont fort peu étendues. Il suffit de se rappeler le petit nombre d'hybrides naturels
rencontrés chez les végétaux eux-mêmes, l'absence absolue de
ces mêmes hybrides chez des représentants des plus élevés du
règne animal [1]. Eh bien! dès que l'homme est entré dans cette
voie de recherches, il a multiplié les hybrides. Il en a obtenu
parfois même sans le vouloir, comme il produit des races sans
chercher à en faire. Bien plus, il est parvenu, *une seule fois*, il
est vrai, à maintenir pendant plus de vingt générations une
lignée provenant de deux espèces distinctes et qui a échappé
longtemps aux phénomènes du retour. Néanmoins l'*Ægilops*

1. Is. Geoffroy Saint-Hilaire, *Histoire naturelle générale*, chap. x.

spelkeformis, au moment même où il se montrait le plus fixe, rentrait dans la catégorie de ces produits dont on doit à la volonté humaine et la formation et la durée tout artificielles. Des expériences de Godron, de ses paroles formelles, il résulte jusqu'à l'évidence qu'abandonnée à l'action des forces naturelles, cette race hybride aurait disparu, probablement dès la première génération.

Le fait le plus exceptionnel connu jusqu'à ce jour confirme donc lui-même de la façon la plus nette la loi générale qui ressort de tous les phénomènes résumés dans le chapitre précédent. Or cette loi est incompatible avec toute doctrine qui, comme celles de Lamarck, de Darwin, de M. Naudin, tend à confondre l'espèce et la race.

Si l'on obtient jamais par le croisement de deux espèces primitivement bien distinctes une lignée intermédiaire par ses caractères ne variant que dans les limites habituelles, se multipliant et subsistant *sans l'intervention de l'homme*, présentant avec les espèces voisines et en particulier avec les espèces-souches les phénomènes de *l'hybridation*, on aura sans doute montré que l'art humain peut franchir la barrière qui sépare la race de l'espèce. Il resterait encore à démontrer que la nature peut en faire autant. Il resterait à prouver, par des faits, que la *résultante* des forces naturelles *abandonnées entièrement à elles-mêmes* peut dans certains cas produire un effet semblable à celui que réalise cette même résultante *modifiée par l'homme*. — Ce fait est bien peu probable, on en conviendra.

Fût-il acquis à la science, l'exactitude des vues de Darwin serait-elle pour cela démontrée ? Non. On aurait seulement justifié dans une certaine mesure les idées professées par Linné dans les derniers temps de sa vie, alors qu'il regardait toutes les plantes d'un même genre comme descendant d'une souche commune *par voie d'hybridation*.

Or l'hybridation n'intervient point dans la formation première des espèces telle que la présentent les doctrines transformistes. Pour qui admet en particulier la dérivation graduelle et lente, pour Lamarck comme pour Darwin, toute espèce nouvelle commence par une *variété*, qui transmet à ses descendants ses caractères exceptionnels, et constitue d'abord une *race*, distinguée seulement par des caractères morphologiques, mais des-

tinée à s'isoler plus tard physiologiquement. C'est ce dernier
résultat dont il faut prouver la réalité. Il s'agit de faire voir, non
pas que *deux espèces* peuvent se croiser et donner naissance à
une lignée à la fois distincte et féconde, mais bien qu'il arrive
un moment où *deux races*, jusque-là fécondes entre elles, perdent la faculté de se croiser. Là est le vrai *desideratum*.

Eh bien ! nous savons par Darwin lui-même à quoi nous en
tenir sur ce point. De toutes ses recherches, si longues et si
sérieuses, il a conclu qu'on ne connaît pas un seul cas de croisement infécond entre races animales, et qu'entre races végétales tout ce qu'il a été possible d'apercevoir, c'est une certaine
inégalité de fécondité.

Voilà les faits. — Certes, quand ils sont attestés par l'auteur
même d'une théorie dont ils sapent la base, on peut, *on doit* les
regarder comme absolument inattaquables.

Lamarck semble ne pas avoir même pensé qu'il y eût là rien
qui pût ébranler ses doctrines. Darwin, au contraire, a bien
compris tout ce que cette objection avait de grave, et s'est
efforcé de concilier avec sa théorie les faits que sa loyauté habituelle lui faisait reconnaître tout le premier. Pour expliquer la
fécondité continue des races domestiques, il s'étaye de l'opinion
de Pallas, qui regardait la domestication comme tendant à
accroître la fécondité, et par cela même à faire disparaître la
stérilité des unions hybrides [1].

J'ai quelque peine à comprendre la portée de cet argument
ou mieux de cette hypothèse. Il serait facile de montrer par
de nombreux exemples tirés de l'ouvrage même du savant
anglais combien l'action de la domesticité diffère selon les
espèces. S'il en est qui se reproduisent aisément en captivité,
s'il en est dont la fécondité s'est accrue, il en est d'autres qui,
hors de l'état sauvage, deviennent entièrement infécondes,
quoique jouissant d'une santé parfaite, quoique entièrement
acclimatées sous tous les autres rapports à ce nouveau milieu.
Il suffit de citer l'éléphant, que les Indiens ont su soumettre
depuis les temps historiques, qui se plie si vite et si complète-

---

1. *De la variation*, t. II, p. 116. Pallas croyait à la multiplicité des origines pour les races domestiques, et c'est pour lever la difficulté résultant de la fécondité des races les plus différentes qu'il avait imaginé cette
hypothèse.

ment à tout ce qu'on lui demande, qui vit plus d'un siècle en
captivité. Évidemment il est placé exactement dans les conditions de nos animaux domestiques proprement dits [1]. Or, dans
l'Inde, il ne se reproduit à peu près jamais chez son maître,
bien que souvent les instincts naturels semblent parler haut
dans les deux sexes, au point qu'on est alors forcé de prendre
des précautions spéciales [2]. On voit combien peu la règle de
Pallas est applicable à l'éléphant.

En tout cas, il ne peut être question de cette règle quand il
s'agit des plantes ou des animaux sur lesquels l'homme n'a
jamais mis la main. Quelle est donc la cause qui chez eux vient
mettre un terme à la fécondité entre races et isoler physiologiquement une espèce? — Là est le nœud de la question.

Huxley ne s'y est pas trompé. Quelque partisan qu'il fût des
idées générales de son savant et ingénieux compatriote, il comprit
fort bien, dès le début, le grand desideratum d'une théorie qu'il
défendait, comme il a soin de le dire, non pas en avocat, mais en
homme de science qui cherche avant tout la vérité [3]. Il a reproduit et accentué ses réserves dans son livre plus particulièrement consacré à montrer que l'homme peut être le descendant
d'un singe. Dans ses appréciations générales, il fait, il est vrai, la
part trop large aux caractères de morphologie anatomique,
lorsqu'il déclare n'y trouver aucune objection à la doctrine de
Darwin. Mais du moins il leur oppose les caractères physiologiques, surtout ceux du croisement, et apprécie ici la portée des
faits à bien peu près comme moi-même. Aussi tout en rappelant
les côtés séduisants de la théorie darwinienne, tout en insistant
sur les horizons nouveaux qu'elle ouvre à la science, sur les progrès que, selon lui, elle ne peut manquer de provoquer, l'éminent naturaliste conclut-il en disant : « J'adopte la théorie de

1. Isidore Geoffroy a très justement distingué les animaux simplement
apprivoisés des animaux *domestiqués*. Les premiers, quoique parfaitement
soumis à leur maître, ne se propagent guère en captivité. L'éléphant peut
en être regardé comme le type.
2. Crawfurd, cité par Darwin, assure pourtant qu'à l'est d'Ava l'espèce se
propage parfois en captivité.
3. *The origin of Species*. Ce mémoire, destiné à faire connaître la doctrine de Darwin, alors dans sa première nouveauté, a paru dans la *Westminster Review* (avril 1860). Il a été réimprimé dans les *Lay Sermons* (1887).
L'auteur a insisté sur les mêmes considérations dans l'ouvrage intitulé
Evidence as to Man's place in Nature (1863), traduit par le Dr Dally (1888).

« M. Darwin, sous la réserve qu'on fournira la preuve que des
« espèces physiologiques peuvent être produites par le croise-
« ment sélectif [1] ».

Eh bien, cette preuve a-t-elle été faite? Est-elle faisable? Ici,
c'est Darwin lui-même qui va répondre. Il a assez longuement
discuté la question, exposant et pesant le pour et le contre chez
les animaux, chez les végétaux; et voici la conclusion bien ins-
tructive de cette étude faite par le juge à la fois le plus compé-
tant et le plus intéressé.

« Les espèces, dit-il, ne devant donc pas leur stérilité mutuelle
« à l'action accumulatrice de la sélection naturelle, et un grand
« nombre de considérations nous montrant qu'elles ne la doi-
« vent pas davantage à un acte de création, nous devons admettre
« qu'elle a dû naître incidemment pendant leur lente formation
« et se trouver liée à quelques modifications inconnues de leur
« organisation [2]. »

Certes, c'est ici le cas de rendre hommage plus que jamais à
cette profonde loyauté scientifique de Darwin, que l'on ne saurait trop proclamer. Il ne pouvait faire un aveu plus grave.
Nous avons déjà vu l'*accident*, c'est-à-dire l'*inconnu*, invoqué
comme ayant donné naissance aux caractères de supériorité qui
seuls ont le pouvoir de mettre en jeu la sélection et d'enfanter
des races; nous le retrouvons comme pouvant seul isoler celles-
ci et parachever les espèces. L'*accident*, l'*inconnu*, tel est donc
le principe et la fin de la formation de toute espèce nouvelle; la
sélection n'y est pour rien, elle ne peut que façonner des races.
— Voilà en réalité le dernier mot de la doctrine darwinienne, tel
qu'il ressort de la déclaration formelle que je viens de citer.

Assurément l'auteur de la théorie n'acceptera pas la conséquence que je tire de ses paroles. Il ne pouvait d'ailleurs y attacher le sens réel qui ressort de notre étude. Grâce au peu de
précision dans lequel il laisse ses propres conceptions dès le
début de son travail [3], à la notion toute morphologique qu'il
s'est vaguement faite de l'espèce, à l'obligation où il s'est placé
de confondre l'espèce et la race il assimile l'infécondité des croisements hybrides à toute autre modification physiologique acci-

1. *De la place de l'homme dans la nature*, p. 244.
2. *De la variation des animaux et des plantes*, t. II, p. 199.
3. *De l'origine des espèces*, chap. II.

dentellement développée dans une race domestique ou existant
d'une espèce à l'autre dans le même genre, et ne lui accorde
pas p. us d'importance. « La stérilité des espèces croisées dépend
« de la différence portant sur le système sexuel, dit-il. Pourquoi
« donc leur attribuer une importance plus grande qu'aux autres
« différences constitutionnelles, quelle que soit l'utilité indirecte
« qu'elles puissent avoir en contribuant à maintenir distincts les
« habitants d'une même localité [1] ? »

Mais cette conclusion s'imposait. Darwin oublie ici qu'il s'est
lui-même réfuté d'avance, lorsque, dans la discussion que je
rappelais tout à l'heure, il avait reconnu que la stérilité n'existe
pas seulement entre habitants d'une même localité; qu'on la
retrouve entre espèces des contrées les plus distantes l'une de
l'autre; que dès lors cette infécondité réciproque ne saurait leur
être d'une utilité quelconque et que cette considération est une
de celles qui l'ont conduit à regarder la stérilité des hybridations
comme due à d'autres causes qu'à la sélection.

Elle est logique; elle ressort inévitablement non seulement
de la théorie de Darwin, mais aussi de celle de Lamarck, comme
de toute doctrine admettant la formation des espèces par voie
de dérivation lente et confondant la race et l'espèce. Eh bien,
s'il est permis de juger d'une hypothèse par ses conséquences,
celle-ci me parait de nature à éclairer le lecteur.

En fait, si dans le monde organisé il existe quelque chose qui
doive frapper même un observateur superficiel, c'est l'ordre et
la constance que nous y voyons régner depuis des siècles; c'est
la distinction qui se maintient entre ces groupes d'êtres que
Darwin et Lamarck appellent comme nous des espèces, alors
même que par les formes générales, les fonctions, les instincts,
les mœurs, elles se ressemblent à ce point qu'on a quelquefois
de la peine à les caractériser. Certes, la cause qui maintient cet
ordre, cette constance à la surface entière du globe, est d'une
tout autre importance que n'importe quelle particularité en
rapport seulement avec la vie individuelle ou l'existence toute
locale d'une race domestique.

Or, cette cause est simple et unique. Supprimez l'infécondité
entre espèces; supposez que les mariages entre les espèces sau-

1. *Variations des animaux et des plantes*, t. II, p. 202.

vages deviennent en tous sens et indéfiniment féconds, comme
ils le sont dans nos colombiers, nos étables, nos chenils,
entre les races domestiques. A l'instant même que va-t-il se
passer? Les barrières entre espèces, entre genres, sont enlevées;
des croisements s'opèrent dans toutes les directions; partout
apparaissent des types intermédiaires, partout disparaissent et
s'effacent progressivement les distinctions actuelles. Je ne vois
pas où s'arrêterait la confusion. Tout au moins des ordres
entiers et bien probablement les classes elles-mêmes ne présenteraient, après quelques générations, qu'un ensemble de formes
bâtardes, à caractères indécis, irrégulièrement alliées et entre-
lacées, où le désordre irait croissant, grâce au mélange de plus
en plus complet et à l'atavisme, qui bien longtemps sans doute
lutterait avec l'hérédité directe. — Ce n'est pas là un tableau
de fantaisie. Tout éleveur à qui on demandera ce que produiraient
les libres unions entre les cent cinquante races de pigeons reconnues par Darwin, entre les cent quatre-vingts races de chiens qui
ont figuré à nos expositions, répondra certainement comme moi.

L'infécondité entre espèces a donc dans le monde organique
un rôle à peu près analogue à celui que joue la pesanteur dans
le monde sidéral. Elle maintient la distance zoologique ou botanique entre les espèces, comme l'attraction maintient la distance physique entre les astres. Toutes deux ont leurs perturba-
tions, leurs phénomènes inexpliqués. A-t-on pour cela mis en
doute le grand fait qui fixe à leur place le dernier des satellites
aussi bien que les soleils? Non. Peut-on pour cela nier le fait qui
assure la séparation des espèces les plus voisines comme celle des
groupes les plus éloignés? Pas davantage. En astronomie, on
rejetterait d'emblée toute hypothèse en opposition avec le premier. Bien que la complication des phénomènes soit beaucoup
plus grande en botanique et en zoologie, l'étude sérieuse conduira
toujours à repousser toute doctrine en désaccord avec le second.

L'art humain pourra enfanter des résultats qui sembleront
d'abord ne pas se plier aux règles de l'hybridation; il l'a déjà
fait une fois, il le fera sans doute encore. Il n'aura pour cela ni
changé la loi naturelle et générale, ni démontré qu'elle n'existe
pas; de même qu'en dominant une force physico-chimique
tantôt par d'autres forces, tantôt par ses propres lois, nous ne
prouvons rien contre elle et ne la modifions point.

Ce n'est pas seulement à notre époque et aux temps relativement modernes que s'applique ce qui précède.

Malgré ce qu'ont d'incomplet les renseignements empruntés à la paléontologie, cette science est assez avancée pour qu'on puisse affirmer l'existence de l'espèce aux plus anciennes périodes zoologiques. Or, le groupe fondamental des deux règnes organiques apparaît dans ces âges reculés avec tous les caractères morphologiques que nous constatons autour de nous, tantôt relativement fixe, tantôt plus ou moins variable, tantôt méritant l'épithète de polymorphe, mais pas plus que certains mollusques vivants ou que nos éponges. Quand le nombre des pièces réunies est suffisant, on constate parfois l'existence de variétés et de races groupées autour de la forme spécifique fondamentale, tout comme s'il s'agissait d'êtres contemporains. Rien ne vient contredire ces témoignages si positifs. Toutes choses égales d'ailleurs, les espèces fossiles sont aussi tranchées, aussi distinctes que les espèces actuelles.

Tout donc nous conduit à conclure que les lois n'ont pas plus changé dans le monde organique que dans le monde inorganique; et que, dès les temps paléontologiques, l'hybridation et le métissage réglaient le rapport des espèces et des races comme ils le font de nos jours. Admettre qu'il a pu en être autrement d'une manière soit régulière, soit accidentelle, c'est opposer à *tout ce que nous savons* sur le présent et le passé de notre globe, le *possible*, l'*inconnu*, en d'autres termes l'*hypothèse* prenant pour point de départ *notre ignorance même*. — Entre ces deux sortes de motifs de conviction, je ne saurais hésiter.

Voilà pourquoi je ne puis trouver dans une transformation graduelle et lente l'origine des espèces; pourquoi je ne puis accepter, même à titre provisoire, aucune doctrine reposant sur cette donnée générale, quelque séduisante qu'elle puisse paraître et de quelque grand nom qu'elle s'étaye; pourquoi, *au nom de la science*, je combats aujourd'hui comme je l'ai toujours fait, le darwinisme aussi bien que les hypothèses de Lamarck [1].

---

1. Il y a plus de trente ans, tout en rendant justice à Darwin, j'ai marqué dans une courte note ce qui me séparait de lui en disant que nous serions à peu près d'accord sur les faits généraux, à la condition de remplacer le mot *espèce* par le mot *race* (*Unité de l'espèce humaine*, 1861, p. 198).

CHAPITRE VIII

ORIGINE DE L'HOMME

On ne saurait examiner les théories transformistes sans parler de l'application qu'on en a faite à l'histoire de notre propre espèce. Mais ce qui a été dit dans les chapitres précédents permet de traiter brièvement cette question spéciale. Il est évident que les motifs qui me font repousser l'idée d'une transmutation chez les animaux et les plantes s'appliquent également à l'homme. Au reste, on peut dire que parmi les naturalistes dont il est question dans ce livre, Lamarck et Darwin ont seuls abordé le problème de nos origines, car il n'y a vraiment pas à tenir compte de ce qu'ont imaginé à ce sujet Maillet et Robinet. J'ai donc à parler seulement des applications faites à ce cas particulier de doctrines reposant sur l'idée d'une transformation lente [1].

Ces théories présentent ici tous les avantages et aussi tous les inconvénients que nous leur avons reconnus. Pour qui en admet les principes, l'existence de l'homme n'est pas plus difficile à expliquer que celle de toute autre espèce animale ou végétale. Lamarck, en invoquant le pouvoir de l'habitude et les déviations accidentelles qu'il reconnaissait ailleurs, a pu très logiquement faire dériver l'espèce humaine de quelque singe anthropo-

---

1. Depuis la publication des livres de Darwin, et à la suite des discussions qu'ils soulevèrent quelques transformistes éminents, partisans de la transmutation brusque, ont fait aussi à notre espèce l'application de leurs théories. Je citerai entre autres Owen, Mivart, Naudin, Kœlliker...

morphe [1]. Prenant le chimpanzé comme le plus perfectionné de
ces animaux, il le montre très inférieur à l'homme au point de
vue du corps et de l'intelligence. Puis il se demande ce qui
arriverait, si une race sortie de ce tronc perdait l'habitude de
grimper. Il n'est pas douteux, répond-il, que les descendants
seraient, après quelques générations, transformés en bimanes.
Le désir de voir à la fois au large et au loin leur ferait contracter
l'habitude de la station debout. En cessant d'employer leurs
dents en guise de défense ou de tenailles, ils les réduiraient aux
dimensions des nôtres. Lamarck ne dit pas, il est vrai, quelles
habitudes nouvelles auraient perfectionné le cerveau au point
d'assurer à ces chimpanzés transformés un empire incontesté
sur les autres. Il se borne à admettre cette supériorité, et à
montrer qu'elle a pour conséquence le refoulement et l'arrêt du
développement des races inférieures, l'extension et le perfectionnement de plus en plus grand de ces singes demi-hommes,
qui deviendraient plus tard des hommes complets.

On ne saurait trop dire jusqu'à quel point Lamarck croyait à
sa conception. Il la présente tout à fait comme une hypothèse.
« Telles seraient les réflexions qu'on pourrait faire, dit-il en
manière de conclusion, si l'homme, considéré ici comme la race
prééminente en question, n'était distingué des animaux que par
les caractères de son organisation, et si son origine n'était pas
différente de la leur. »

Il en est autrement de Darwin. L'illustre transformiste
anglais, poussant jusqu'au bout les conséquences de sa doctrine,
était fermement convaincu de l'origine animale de l'homme.
Indépendamment du livre où il a développé ses vues à cet égard,
ses lettres ne peuvent laisser place au moindre doute sur ce
point. Cette conviction même lui inspirait parfois des réflexions
douloureuses. Il écrivait à un de ses amis : « Vous avez exprimé
« ma conviction intime, savoir que l'univers n'est pas le
« résultat du hasard. Mais alors le doute horrible me revient
« toujours, et je me demande si les convictions de l'homme, qui
« a été développé de l'esprit d'animaux d'un ordre inférieur,
« ont quelque valeur et si l'on peut s'y fier le moins du monde.

---

1. *Philosophie zoologique*, t. I : *Quelques observations relatives à*
l'homme.

« Quelqu'un aurait-il confiance dans les convictions de l'esprit
« d'un singe, s'il y a des convictions dans un esprit pareil[1]? »

Cette croyance était ancienne chez Darwin. Il nous apprend,
dans son *Autobiographie*, que dès que ses idées se trouvèrent
arrêtées au sujet des plantes et des animaux, il regarda l'homme
comme devant rentrer dans la règle générale et commença à
recueillir des documents pour le démontrer en 1837-1838. Toutefois dans son ouvrage fondamental, il se borna à dire que sa
théorie pourrait « jeter quelque lumière sur l'origine de
l'homme et sur son histoire ». Il a fait connaître lui-même les
motifs de cette abstention en écrivant : « Il eût été inutile et
« nuisible au succès du livre de faire parade de ma conviction au
« sujet de l'origine de l'homme sans en donner de preuves[2] ».
Pour la même raison sans doute, il garda encore le silence dans
son livre sur la *Variation*. La *Descendance de l'homme* ne parut
qu'en 1871. Voilà pourquoi, lorsque j'ai écrit ma première édition, j'ai pu protester de la meilleure foi du monde contre l'opinion, justifiée depuis, que Darwin nous attribuait un singe pour
ancêtre.

Ce qui se passait en Angleterre aurait dû pourtant me mettre
sur mes gardes. Là la question avait été nettement posée et l'origine simienne de l'homme avait pour défenseurs quelques-uns
des plus chauds partisans de Darwin. Elle était combattue
avec ardeur; et trop souvent, dans les deux camps, on mêlait
les arguments philosophiques ou théologiques aux données de
la science. La querelle avait commencé à Oxford, à une séance de
l'*Association* Britannique[3]. Vilberforce, lord-évêque de cette ville,
attaqua violemment les idées de Darwin. Le premier, il eut la
malheureuse idée de dire publiquement que la théorie de la sélection naturelle avait pour conséquence de nous faire descendre de
quelque singe. Les sarcasmes de Sa Seigneurie blessèrent l'amitié
dévouée de Huxley qui, prenant la défense « du lion malade »[4],

1. *Vie et Correspondance*, t. I, p. 368.
2. *Vie et Correspondance*, t. I, p. 96.
3. Séance du 30 juin 1860. Cette séance et les suivantes furent des plus
dram──iques. On en trouvera le récit dans l'ouvrage consacré par M. Francis Darwin à la mémoire de son père. (*Vie et Correspondance*, t. I,
p. 187.)
4. Darwin était souffrant à cette époque et n'assistait pas à la séance.

ramassa le gant jeté avec une imprudente étourderie. « Si j'avais
à choisir, répondit-il, j'aimerais mieux être le fils d'un humble
singe que celui d'un homme dont le savoir et l'éloquence sont
employés à railler ceux qui usent leur vie dans la recherche de
la vérité [1]. »

A partir de ce moment, Huxley fit sur cette question de nombreuses conférences réunies plus tard en un volume. Sans doute,
entraîné par les ardeurs de la controverse, il alla au delà de ses
véritables convictions, comme me le disait Carpenter. Toujours
est-il que, dans une partie de cet ouvrage, il semble d'abord
attribuer à l'homme une origine directement simienne. Mais il
revient plus loin à une autre opinion qui ne nous attribue avec
les singes qu'une parenté éloignée [2].

En effet, dès qu'il s'agit d'attribuer à l'homme une origine
animale, la pensée ne peut que se porter sur le singe comme sur un
de ses plus proches parents. Mais cette parenté peut être comprise de deux manières fort différentes. On peut la regarder
comme étant due à une *filiation ininterrompue et directe*. Dans
ce cas, l'homme est l'arrière-petit-fils d'une espèce simienne, et le
singe figure dans sa généalogie à titre d'*ancêtre* plus ou moins
éloigné. Mais on peut aussi regarder tous les singes d'une part et
l'homme d'autre part comme appartenant à *deux séries distinctes*, remontant l'une et l'autre à un *ancêtre commun*, de
caractères encore indécis. Dans ce cas, la parenté est *indirecte* et
le singe n'a plus de place dans la généalogie humaine.

1. Je donne ici, à peu près textuellement, la version que je tiens de
Carpenter. M. F. Darwin en a reproduit une autre, bien plus mordante
encore. Toutes deux peuvent d'ailleurs être exactes, car Huxley paraît
être revenu à diverses reprises sur les mêmes idées.

2. *Evidences of Man's place in Nature*, 1863, traduit en français, par le
Dr Dally, chap. II. La seule conclusion logique de ce chapitre est bien que
l'homme descend *directement* d'un singe anthropomorphe et il me semble
avoir été rédigé d'abord dans ce sens. Pourtant l'auteur pose en quelques
mots l'alternative entre la *descendance directe* et de simples *rapports collatéraux* dus à une origine commune (*Ibid.*, p. 241). Mais à ce moment, il
ne se prononce pas. Plus loin il se déclare en faveur de la seconde opinion (*Ibid.*, p. 259). Il est plus explicite encore dans la *préface* écrite pour
l'édition française (p. VIII). On voit que Huxley a hésité entre les deux
solutions; et il n'est pas surprenant qu'il soit compté souvent au nombre
des partisans de la descendance directe, car il n'a indiqué nulle part, que
je sache, les raisons qui ont déterminé son choix; tandis que toute son
argumentation semble conduire à conclure en faveur de l'opinion qu'il a
abandonnée.

On vient de voir que la première de ces hypothèse concorde très logiquement avec la théorie de Lamarck. Il en est tout autrement pour celle de Darwin. Celle-ci conduit, il est vrai, à rattacher nos propres origines au *grand arbre de la vie*; mais aussi elle isole forcément le *rameau* humain de la *branche* représentée par les divers groupes simiens.

En effet, la *loi de caractérisation permanente*, la plus essentielle de toutes celles que Darwin a présentées comme réglant les effets de la sélection, ne permet pas aux descendants d'un type déjà caractérisé de se mêler aux représentants d'un autre type. Quoique permettant des modifications secondaires, cette loi ne laisse jamais s'effacer l'empreinte originelle, qui reste indélébile. Au point de vue de la caractérisation progressive et des rapports déterminés par cette loi, ce qui s'est passé chez les êtres vivants rappelle, pour ainsi dire, ce qui se passe dans notre société entre élèves d'un même lycée qui, au sortir des bancs, embrassent des carrières différentes. Le polytechnicien ne retrouvera plus ses condisciples devenus étudiants en droit ou en médecine. Lui-même, s'il a opté pour la marine, se sépare de ses contemporains passés à l'école de Metz, à celle des ponts ou des mines. Une fois engagés chacun dans leur voie, ils ont beau avancer, ils restent séparés. Le magistrat ne saurait devenir médecin d'un hôpital; le marin peut passer amiral, il ne sera jamais ingénieur en chef. L'élève de Saint-Cyr et l'officier du génie ou d'artillerie, arrivés au même grade, se trouvent séparés par leur passé, leurs tendances et leurs connaissances spéciales.

Toute grossière qu'elle est, cette comparaison donne une idée approximative de la manière dont la loi de caractérisation permanente explique l'origine, la formation, la séparation des groupes et aussi leurs rapports. C'est elle qui donne à la doctrine de Darwin une de ses plus grandes séductions, parce qu'elle rend compte de l'ordre maintenu dans le monde organique. Si on la supprime, cet ordre reste inexpliqué et le darwinisme mérite toutes les critiques opposées à ce point de vue aux hypothèses de Geoffroy Saint-Hilaire.

Or, depuis bien longtemps les études de Vicq d'Azyr, de Lawrence, de Desmoulins, de Serres, confirmées par les travaux plus récents de Duvernoy, d'Owen, de Gratiolet et Alix, de Huxley, de Vrolik, ont mis hors de doute l'extrême ressemblance des matériaux anatomiques de l'homme et des singes. Mais en même temps cet ensemble de recherches a fait ressortir de plus en plus la *différence des plans* réalisés avec ces matériaux. Dans le corps de l'un et des autres, on trouve à bien peu près les mêmes éléments, et l'on peut suivre la comparaison presque os par os, muscle par muscle, nerf par nerf. Mais, dans tout ce qui se rattache aux fonctions de locomotion, depuis le pied jusqu'à la main, depuis la courbure de la colonne vertébrale jusqu'à la proportion et à la disposition des membres antérieurs et postérieurs, dans les os comme dans les muscles et les ligaments, tout est disposé pour faire du premier un *marcheur* et des seconds autant de *grimpeurs*. Le gorille et le chimpanzé, ces singes anthropomorphes dont on a tant parlé, sont sans doute supérieurs à leurs frères les cynocéphales et les macaques. Toutefois, pour s'être perfectionnés à certains égards, ils n'ont pas changé de type fondamental, et ne peuvent avoir précédé dans l'évolution darwinienne un organisme de marcheur. Devinssent-ils les égaux des hommes, ils resteraient des *hommes grimpeurs* [1].

De là il résulte que la doctrine de Darwin, logiquement appliquée au type humain, conduit tout au plus à regarder l'homme et les anthropomorphes comme les termes extrêmes de deux séries qui auraient commencé à diverger au plus tard peu avant l'apparition du singe le plus inférieur. Telle est aussi la conclusion à laquelle sont arrivés, Huxley d'abord, puis Filippi et Carl Vogt. Après les hésitations que j'ai indiquées plus haut, le premier a dit : « Si des causes naturelles quelconques ont « suffi pour faire évoluer un même type souche, ici en ouistiti, « là en chimpanzé, ces mêmes causes ont été suffisantes pour, « de la même souche, faire évoluer l'homme ».

1. On comprend que, par suite du plan général de ce livre, je ne saurais entrer ici dans les détails anatomiques qui justifieraient tout ce que je viens de dire. Je dois renvoyer le lecteur aux écrits des auteurs dont j'ai cité les noms. Mais je signalerai spécialement les quatre mémoires de Duvernoy sur *Les caractères anatomiques des grands singes pseudo-anthropomorphes* (*Archives du Muséum*, t. VIII, 1855-1856) et celui de Gratiolet et Alix intitulé *Recherches sur l'anatomie du Troglodytes Aubryi* (*Nouvelles Archives du Muséum*, t. II, 1866). Le premier a disséqué un magnifique gorille mâle, en a fait la myologie et l'ostéologie complète. Les seconds ont étudié avec le même soin leur chimpanzé femelle. Les uns et les autres arrivent pour ces deux espèces, partout signalées comme les plus rapprochées du type humain, aux conclusions que je viens de formuler.

Filippi conclut la leçon, où il a traité ce sujet, en disant :
« Les singes sont le rameau cadet et nous le rameau principal
« du tronc généalogique commun [1] ». Vogt, qui dans ses *Leçons
sur l'homme* avait paru un moment prêt à adopter l'hypothèse
de l'origine simienne, est revenu bientôt à des idées toutes différentes. Dans le travail très important qu'a couronné la Société
d'anthropologie, tout en plaçant l'homme au nombre des *primates*, il n'hésite point à déclarer que : « Les singes les plus
« inférieurs, les ouistitis et leurs congénères, ont dépassé dans
« un certain sens le jalon depuis lequel sont sortis en diver-
« geant les différents types de cette famille [2] ». « Nous pou-
« vons, ajoute-t-il, trouver quantité de formes intermédiaires
« entre les singes actuels, nous n'aurons pas pour cela une solu-
« tion de fait du problème que nous pose la genèse du genre
« humain ».

Telles sont les raisons qui, aussi longtemps que Darwin a
gardé le silence, m'ont fait penser et soutenir dans la première
édition de ce livre, à l'Académie des sciences [3], dans mes cours,
que l'éminent théoricien anglais n'avait jamais pu songer à
placer un singe quelconque dans la généalogie de l'homme. J'ai
dû reconnaître que je m'étais bien trompé. Les déclarations de
Darwin sur ce point sont aussi nettes que possible. Tout en faisant observer que notre ancêtre simien ne devait ressembler
même de loin à aucun des singes vivants, il le place sans hésiter
parmi les *Catarrhiniens*, c'est-à-dire dans la famille de singes
de l'ancien continent ayant les narines ouvertes en dessous et
une queue. Il dit : « Il n'y a donc aucun doute que l'homme ne
« soit un embranchement de la souche simienne de l'ancien

---

1. *L'uomo e le scimie*, 1864, p. 45.
2. *Mémoire sur les microcéphales ou hommes-singes*. Ce mémoire a été
l'objet d'un *Rapport* très détaillé fait par M. Letourneau (*Bulletins de la
Société d'anthropologie de Paris*, 1867, p. 477). Il a été imprimé la même
année dans les *Mémoires de l'Institut national genevois*, t. IX. Vogt a répété
cette déclaration au Congrès d'anthropologie et d'archéologie préhistori-
ques de Paris, séance du 30 août 1867, ainsi qu'au Congrès de Copenhague.
(*Compte rendu sommaire*, par M. Cazalis de Fondance, séance du 2 septembre. *Matériaux pour servir à l'histoire primitive et naturelle de l'homme*,
1870.)
3. *Revue des cours scientifiques*, 1870, p. 501. Dans cette séance, je défen-
dais la candidature de Darwin comme correspondant, candidature vivement
attaquée par Ch. Robin et M. Blanchard.

« monde; et, qu'au point de vue généalogique, il ne doive être
« classé dans la division Catarrhine [1] ».

Voici la description que Darwin fait de notre premier ancêtre,
en se fondant sur des données que j'examinerai tout à l'heure.
« Les premiers ancêtres de l'homme étaient sans doute couverts
« de poils, les deux sexes portant la barbe; leurs oreilles étaient
« pointues et mobiles; ils avaient une queue desservie par des
« muscles propres. Leurs membres et leur corps étaient sous
« l'action de muscles nombreux, qui ne reparaissant aujourd'hui
« qu'accidentellement chez l'homme, sont encore normaux chez
« les Quadrumanes. A cette période, ou à une période antérieure,
« l'intestin avait un diverticulum ou cæcum plus grand que
« celui existant actuellement. Le pied, à en juger par l'état du
« gros orteil, dans le fœtus, devait être alors préhensile, et nos
« ancêtres vivaient sans doute habituellement sur les arbres,
« dans quelque pays chaud couvert de forêts. Les mâles avaient
« de grandes dents canines qui leur servaient d'armes formi-
« dables [2]. »

Ainsi Darwin nous donna pour ancêtre un singe parfaitement
caractérisé et occupant déjà une place élevée dans l'ordre des
quadrumanes ou primates [3], comment a-t-il pu se laisser aller
à oublier ici sa *théorie de l'ancêtre commun*, une de ses plus
ingénieuses, et dont il a tiré ailleurs un si bon parti? Il n'a pu
ignorer les conclusions auxquelles Huxley s'était finalement
arrêté; il a dû connaître la *Leçon* de Filippi, le mémoire de Vogt.
Son attention a dû être éveillée par les nombreuses critiques
adressées à la conception de Hæckel. Comment a-t-il pu prendre
parti pour le disciple aventureux, bien inférieur aux autres et
dont « l'audace le faisait cependant parfois trembler [4] »? Il ne
m'appartient pas de répondre à ces questions.

1. *La descendance de l'homme et la sélection sexuelle*; traduit de l'anglais
par J.-J. Moulinié, 1872, p. 212.
2. *Ibid.*, p. 223.
3. Huxley, qui adopte cette dernière dénomination et qui place l'homme
dans ce groupe, le partage en sept familles, savoir : 1° les Anthropiniens
(*hommes*); 2° les Anthropomorphes (*orang, gorille...*); 3° les Catarrhiniens
(*singes de l'ancien continent*); 4° les Platyrrhiniens (*Singes du nouveau
continent*); 5° les Oretopithèques (*ouistitis...*); 6° les Cheiromiens (*aye-aye*)
et les Galéopithèques.
4. Lettre de Darwin à Hæckel (*Vie et Correspondance de Charles Darwin*,
t. II, p. 420).

Quoi qu'il en soit, on vient de voir quelle est la solution du problème de nos origines officiellement adoptée par Darwin. A l'appui de cette conception il invoque divers arguments dont une partie est empruntée aux écrits de Huxley. Je les examinerai ailleurs avec détail. Je me borne ici à les indiquer.

Darwin et son disciple répètent à diverses reprises que, au point de vue de l'organisation, il y a en tout plus de différences des singes inférieurs aux singes supérieurs que de ceux-ci à l'homme. C'est là une assertion inexacte. Indépendamment de la différence des plans généraux, que j'ai signalée plus haut, on trouve dans les détails plus d'un fait en désaccord avec cette affirmation et qui confirme au contraire ce que j'ai dit à ce sujet. Gratiolet et Alix ont bien montré que, même à l'intérieur, le chimpanzé présente des caractères qui le distinguent très nettement de toutes les races humaines et lui sont au contraire communs avec les singes [1]. Les mêmes auteurs et avant eux Duvernoy ont signalé de nombreux faits anatomiques ayant la même signification. Je ne puis que renvoyer à leurs mémoires; mais je dois signaler d'une manière spéciale les résultats auxquels Broca a été conduit par ses recherches sur l'angle orbito-occipital [2].

On ne saurait contester la valeur des caractères tirés de cet angle. Il mesure le sens et degré d'inclinaison du trou occipital sur un plan horizontal passant par les deux orbites. En d'autres termes, il montre avec précision jusqu'à quel point la face d'un animal est tournée vers la terre pendant la station normale. Par cela même il indique aussi jusqu'à quel point cet animal est quadrupède ou bipède [3].

Broca a déterminé son angle orbito-occipital dans vingt-sept groupes humains appartenant aux trois types fondamentaux blanc, jaune et noir. Il a fait la même étude chez treize espèces

1. Absence de hanches, position dorsale de l'anus.
2. Sur l'angle orbito-occipital (*Revue d'anthropologie*, t. VI, 1877, p. 385).
3. Daubenton a signalé le premier l'importance que présente à ce point de vue l'inclinaison du trou occipital, et essayé de la déterminer par une mesure angulaire. Mais son procédé laissait beaucoup à désirer. (*Mémoire sur les différences de la situation du trou occipital dans l'homme et les animaux* dans les *Mémoires de l'Académie des Sciences*, 1764.) Celui de Broca répond à toutes les exigences.

de singes allant depuis les anthropomorphes jusqu'aux lémuriens. Voici les résultats de cette étude qui touchent à la question actuelle.

Constatons d'abord que l'angle dont il s'agit « est *constamment négatif dans toutes les races humaines* [1] ». Chez *tous les singes*, chez *tous les autres mammifères*, il est au contraire *constamment positif* [2]. L'opposition est complète.

En outre, des lémuriens (makis) aux anthropomorphes, l'angle orbito-occipital diffère seulement de 8°,32 (chimpanzé), 3°,34 (gibbon) et 0°,75 (gorille) [3]; tandis que du chimpanzé à la race humaine qui en est le moins éloignée (Esquimaux), la différence est de 35°,73 [4]. Ainsi de l'homme à l'anthropomorphe le plus élevé, la différence est plus de quatre fois plus forte que de celui-ci au maki, que l'on peut à peine appeler un singe. En présence de ces chiffres que faut-il penser des affirmations si souvent répétées?

Certes, nul ne contestera ni la compétence, ni l'indépendance d'esprit du savant à qui les anthropologistes de tout pays ont élevé une statue. Eh bien, voici une des conclusions de son mémoire : « L'angle orbito-occipital établit donc, entre le type de « l'homme et celui de ses plus proches voisins zoologiques, une « distance très grande, dont les écarts individuels les plus « extrêmes ne peuvent pas même franchir la moitié [5] ». Un peu auparavant il avait dit : « Il m'est permis de dire par conséquent « que l'angle orbito-occipital constitue un caractère distinctif « *absolu* de l'homme, même de l'homme dégradé par la plus « humiliante des anomalies [6] ».

Les deux savants anglais en appellent aussi à l'histoire du développement. Ils insistent sur ce que les embryons de vertébrés se ressemblent d'abord et ne se différencient que successivement. Faisant à l'homme et au singe l'application de ce fait

1. Les passages et les mots que je souligne ici l'ont été par Broca lui-même dans les textes que je reproduis.

2. *Loc. cit.*, p. 427.

3. Quant à l'orang, son angle orbito-occipital le place au-dessous des makis eux-mêmes. Tous les nombres cités sont des moyennes.

4. *Ibid.*

5. *Ibid.*

6. *Ibid.*, p. 424. Broca a fait entrer dans ses calculs jusqu'aux *microcéphales* ou *hommes-singes* comme on les a appelés.

général et les voyant plus rapprochés au moment de la naissance, qu'ils ne le seront plus tard, ils en concluent qu'ils sont proches parents [1].

Mais en s'arrêtant à cette conclusion, Huxley et Darwin ont oublié qu'à partir de la naissance, ou peu de temps après, le développement de plusieurs caractères importants s'opère *en sens inverse* chez l'homme et chez l'anthropomorphe. C'est là un fait capital sur lequel ont insisté plusieurs anthropologistes, entre autres, Pruner-bey [2]. Je ne citerai ici que deux exemples empruntés, l'un à Broca, l'autre à Carl Vogt.

Le premier nous montre son angle orbito-occipital oscillant un peu *au-dessus* de 0° chez le fœtus humain et chez le nouveau-né, si bien qu'à ce moment il ressemble à celui d'un très jeune chimpanzé, mais bientôt les angles s'ouvrent de plus en plus chez les enfants et les jeunes singes, devenant et restant *négatifs chez* les premiers, toujours *positifs* chez les seconds [3].

Au point de vue de la question dont il s'agit, l'*angle sphénoïdal* a autant de valeur que le précédent [4]. On ne peut méconnaître l'importance du sphénoïde, de cet os qui, placé à la base du crâne, s'engrène avec toutes les pièces principales de la boîte cranienne. La *selle turcique* en est pour ainsi dire le centre. Vogt a dit avec raison que cette région est « le pivot sur lequel « tourne le développement du crâne et de la face [5] ». Or l'angle sphénoïdal indique les rapports existant entre ces deux grandes divisions de la tête et jusqu'à un certain point leur développement relatif. Il nous renseigne donc lui aussi sur un des caractères qui distingue le plus nettement l'homme de tous les autres mammifères.

Eh bien, voici, dit Vogt, résumant les recherches de Welcker, ce qui se passe chez l'homme et chez les anthropomorphes.

---

1. C'est une des parties de son livre où Huxley semble être le plus affirmatif en faveur de la descendance directe. Rien ici ne permet de prévoir les opinions exprimées plus loin.

2. *Sur le transformisme* (*Bulletin de la Société d'Anthropologie de Paris*, 2ᵉ série, t. IV, p. 647).

3. *Loc. cit.*, p. 425.

4. L'angle sphénoïdal est formé par deux lignes partant du bord antérieur de la selle turcique et aboutissant l'une au milieu de la suture fronto-nasale, l'autre au bord antérieur du trou occipital. Il mesure le degré de courbure du sphénoïde.

5. *Leçons sur l'homme*, 1865, p. 53.

« Chez l'orang, l'angle sphénoïdal est d'autant plus ouvert que
« l'animal est plus âgé ; tandis que chez l'homme, au contraire,
« l'angle sphénoïdal de l'adulte est plus petit que celui de l'en-
« fant »[1]. Ici donc encore le développement se fait *en sens inverse*
chez les représentants des deux types que nous comparons.

Les faits que je viens d'indiquer s'expliquent très logiquement
dans l'hypothèse adoptée par Huxley, Vogt et Filippi. En fait,
le chimpanzé, l'enfant qui viennent de naître ne sont encore ni
un anthropomorphe, ni un homme complètement réalisés. Tous
les deux ont encore à se développer, à se caractériser de plus en
plus. Huxley, Vogt et Filippi peuvent dire qu'ils en sont encore
à une phase de leur évolution plus ou moins voisine de celle où
s'était arrêté leur *ancêtre commun*. Il n'y a donc rien d'étonnant
à ce qu'ils se ressemblent et qu'il y ait une certaine incertitude
même pour des caractères essentiels. Mais à ce moment ils se
séparent ; et la séparation, la caractérisation des deux types
s'accuse précisément par l'apparition du développement inverse
des appareils qui fourniront quelques-uns des traits les plus
différentiels. Il n'y a là qu'une reproduction de ce qui s'est passé
dans la formation des deux séries humaine et simienne.

C'est ce développement inverse dont ne peut rendre compte
l'hypothèse de la filiation directe adoptée par Darwin et par
Hæckel. Pour eux, l'homme, petit-fils du singe, se développe
parallèlement à ce dernier dans le sein de sa mère et de là
résulte la ressemblance des fœtus et des jeunes. Mais au delà, le
développement continue. Pourquoi changerait-il brusquement
du tout au tout dans l'un de ces deux proches parents ? La *loi de
divergence* pourrait amener entre eux des différenciations analogues à celles que présentent les divers groupes de singes. Elle
ne saurait produire le renversement du sens du développement ;
la *loi de caractérisation permanente* s'y oppose.

Indépendamment des arguments que Darwin emprunte à
Huxley et parfois à Hæckel ou à d'autres, il en invoque qui lui
sont propres et qu'il tire de faits d'une nature fort différente.
Ici, il s'adresse à l'atavisme, aux organes rudimentaires et transitoires, aux anomalies anatomiques de l'homme. En voici
quelques exemples.

1. *Leçons sur l'homme*, p. 37.

On sait que chez bien des animaux les oreilles sont pourvues de muscles qui leur permettent de les mouvoir avec une grande facilité. On retrouve à peu près ces muscles chez l'homme, mais si bien réduits qu'ils ne peuvent produire de mouvement que chez quelques très rares personnes. En outre, on rencontre quelquefois chez l'homme une petite saillie de l'*hélix*. Darwin conclut de ces deux faits que notre ancêtre avait des oreilles mobiles et pointues.

L'embryon humain au quarantième jour de la gestation est pourvu d'une queue aussi longue que celle du chien. Darwin y voit un souvenir ataxique laissé par un ancêtre.

Le fœtus humain de six mois est couvert d'un duvet lanugineux. Darwin en conclut que nos ancêtres étaient velus[1]...

C'est d'après des données de cette nature qu'il a tracé de notre premier ancêtre le portrait que j'ai reproduit plus haut.

Pour qui admet, comme Darwin, que le développement individuel reproduit d'une manière plus ou moins complète la série des formes ancestrales d'un animal, l'idée de regarder les organes, rudimentaires chez nous, comme représentant les mêmes organes plus développés chez nos ancêtres est logique et ingénieuse; mais elle complique singulièrement la question généalogique. Tous nos lecteurs savent que le cheval est un des animaux qui remue le plus souvent et le plus vivement les oreilles. Devra-t-il pour cela être représenté dans la série des espèces, dont nous sommes supposés être le dernier terme, par un équidé quelconque ou non; car tous ceux que nous connaissons appartiennent au grand groupe des mammifères *indéciduates*, tandis que les singes et l'homme sont des *déciduates*[2]. Il faut donc choisir parmi les animaux qui remuent leurs oreilles, retenir les uns, rejeter les autres, selon qu'ils rentrent ou ne rentrent pas dans la conception théorique. On est ainsi conduit à des appréciations purement arbitraires sur lesquelles je vais revenir.

---

1. *La descendance de l'homme*, t. 1, p. 10 et suiv.

2. Chez tous les mammifères, sauf les marsupiaux et les monotrèmes, le fœtus est relié à la mère par un *placenta*. Cet organe est double et pourvu d'une caduque chez les uns, et diffus (déciduates), simple et dépourvu de caduque chez les autres (indéciduates). Haeckel entre autres a attaché une grande importance à cette distinction, au point de vue de la phylogénie.

Il en est de même, et plus encore des formes transitoires que
revêt successivement l'embryon. Vogt a nettement démontré
que ces formes sont en rapport avec les conditions d'existence
de l'animal enfermé dans la matrice ou dans l'œuf et que par
conséquent elles ne sauraient reproduire celles d'un animal
adulte, vivant à l'air libre et obligé de pourvoir lui-même à ses
besoins. Aussi à chaque instant les faits se trouvaient-ils en
désaccord avec la théorie qui admet le parallélisme entre la
phylogénèse ou évolution d'une espèce et l'*ontogénèse* ou *embryo-
logie*, développement de l'individu. Pour se tirer d'embarras on
en vint à admettre que diverses circonstances, que d'ailleurs
on n'indiquait pas, tantôt abrégeaient, tantôt dénaturaient les
phénomènes. Alors Hæckel imagina ce qu'il a appelé la *cænogé-
nèse*, ou *évolution falsifiée*, et formula sa *loi de l'hérédité altérée*.
Ainsi mis à l'aise, il put prendre ou laisser de côté les formes
embryonnaires selon qu'elles se prêtaient ou non à certains rapprochements et construisit des généalogies détaillées de l'homme,
des animaux et des plantes. Ces procédés et les résultats auxquels ils conduisirent révoltèrent le sens droit de Vogt qui,
quoique darwiniste, ne leur épargna pas ses sévères et spirituelles
critiques. Mais je ne saurais aborder ici ce sujet qui demande à
être traité à part et je me borne à renvoyer le lecteur aux écrits
de l'éminent professeur genevois [1]. Je me borne à constater
qu'en entrant dans cette voie, Darwin a introduit dans la science
un arbitraire que repoussent quelques-uns de ses plus sérieux
disciples.

La manière dont le savant anglais applique les faits d'anomalies anatomiques reconnues chez l'homme à l'histoire hypothétique de son évolution, conduit aux mêmes conséquences. Ce
sont pour lui autant de cas de retour ou d'atavisme. C'est un
des points sur lesquels lui-même et plusieurs de ses disciples
ont insisté, surtout à propos des anomalies musculaires. J'en-
trerai donc ici dans quelques détails.

Darwin a signalé à diverses reprises la grande variabilité du
système musculaire de l'homme [2]. C'est un fait que ne contes-

1. *L'origine de l'homme* (*Revue scientifique*, 1877), *Quelques hérésies darwinistes* (*ibid.*, p. 1886), *Sur un nouveau genre de médusaire sessile*, 1887.
2. Entre autres, p. 110 de la *Descendance de l'homme*.

tera aucun anatomiste. Il énumère quelques dispositions qui,
anormales chez nous, sont au contraire normales chez les quadrumanes [1]. Ce sont encore là des faits indiscutables. Il les
explique en disant : « Si l'homme dépend de quelque type simien,
« il n'y a pas de raison valable pour que certains muscles ne
« reparaissent pas subitement après un intervalle de plusieurs
« milliers de générations [2]... » — Acceptons pour un moment ce
raisonnement, ainsi que les conséquences que Darwin en a
tirées, et voyons à quelle conclusion conduit logiquement cet
ensemble de données.

Dans le passage que je viens de citer, le savant anglais n'a
comparé l'homme qu'aux singes. Mais d'autres anatomistes sont
descendus plus bas dans l'échelle zoologique. Lorsqu'ils ont rencontré chez l'homme des anomalies musculaires sans analogie
avec ce qui existe normalement chez les quadrumanes, ils ont
étudié les autres mammifères, les oiseaux, les reptiles eux-
mêmes et ont cherché si ces anomalies ne seraient pas représentées chez eux par des dispositions normales. Ils ont promptement constaté qu'il en est souvent ainsi. Parmi les travaux
faits dans cette direction vraiment scientifique, je citerai ceux de
M. Testut, anatomiste éminent et témoin bien peu suspect, car il
professe hautement les croyances transformistes [3]. C'est à lui que
j'emprunterai deux exemples, bien suffisants pour démontrer ce
que je tiens à mettre en lumière.

Tous nos lecteurs connaissent le *grand pectoral*, ce muscle
puissant qui de chaque côté de la poitrine se détache de la cla-
vicule, du sternum et des côtes pour aller s'attacher au bras
qu'il ramène vers le tronc en se contractant. Ce muscle dont
l'importance est évidente, n'en présenta pas moins de très nombreuses anomalies que M. Testut a réparties en huit groupes. L'auteur a soigneusement relevé les espèces animales dont l'organisation présente régulièrement ces diverses dispositions accidentelles
chez l'homme. Or, cette liste comprend les noms de *trente-neuf*
espèces, genres ou groupes plus élevés. En tête, on peut placer

1. *Ibid.*, p. 136.
2. *Ibid.*, p. 138.
3. *Les anomalies musculaires chez l'homme*, 1884. M. Testut est aujour-
d'hui professeur d'anatomie à la Faculté de médecine de Lyon.

trois anthropomorphes, le chimpanzé, le gorille et l'orang. Ils sont accompagnés de *neuf* espèces de singes originaires de Madagascar, de l'ancien ou du nouveau continent. Mais ces quadrumanes sont loin d'être isolés. A côté d'eux on voit figurer : *dix-neuf* mammifères proprement dits appartenant à tous les ordres de cette grande division, depuis les chauves-souris jusqu'aux cétacés ; *deux* marsupiaux et l'*ornithorhynque* ; puis viennent les oiseaux, mentionnés d'une manière générale, et le ramier, qui présente un cas particulier. Enfin, on arrive aux reptiles qui sont représentés sur la même liste par les lacertiens, la grenouille et les batraciens urodèles.

. Le *muscle présternal* fait descendre plus bas encore les rapports anatomiques, accidentellement établis entre l'homme et les vertébrés inférieurs par les anomalies. Celui-ci est un muscle surnuméraire qui se développe en avant du sternum et du grand pectoral, part du tendon du sterno-mastoïdien et descend jusqu'aux fausses côtes. On le rencontre rarement et les anatomistes discutent encore sur la manière dont doit être interprétée sa signification. Mais ils s'accordent sur les faits anatomiques. Or M. Testut a montré que ce muscle, qui n'a encore été observé chez aucun mammifère, est représenté chez les serpents autant que le permet la différence des squelettes.

Or, si les anomalies musculaires ont une signification généalogique lorsqu'il s'agit des singes, elles doivent en avoir également lorsqu'il s'agit d'autres animaux. Si un de nos muscles, reproduisant accidentellement chez l'homme une disposition normale chez un grand quadrumane, autorise à lui chercher des ancêtres dans ce groupe zoologique, tout autre muscle, présentant les mêmes conditions par raport à n'importe quel animal, doit conduire à la même conclusion. Voilà évidemment ce que dit la logique ; mais alors on est forcé de placer dans la généalogie humaine non plus seulement les singes, mais encore tous les types de mammifères monodelphes ou marsupiaux jusqu'à l'ornithorhynque, des oiseaux et des reptiles depuis les serpents jusqu'aux grenouilles et aux tritons.

Voilà ce que nous apprend l'histoire anatomique de *deux muscles* seulement. Que serait-ce, si nous consultions celle de

tous les autres? Que serait-ce si, au lieu de nous en tenir au
système musculaire, nous interrogions l'un après l'autre chacun
des appareils et des organes qui entrent dans la composition du
corps humain? Que serait-ce surtout si, forts de l'autorité d'Isidore Geoffroy [1], nous rattachions à cet ordre de considérations
toutes les ressemblances que les phénomènes tératologiques font
naître entre l'homme et les derniers représentants du règne animal! Et pourquoi ne serions-nous pas autorisé à le faire, puisque
Darwin [2] et Hæckel [3] ont considéré la microcéphalie comme due
à l'influence de l'atavisme?

Darwin a reculé devant ces conséquences, pourtant forcées,
de sa conception; et le langage qu'il tient à ce sujet est bien
instructif. Après avoir signalé un certain nombre d'anomalies
humaines qui lui semblent *pouvoir être regardées comme dues
à l'atavisme,* il ajoute : « Différents auteurs ont considéré
« comme cas de retour chez l'homme diverses autres anomalies
« plus ou moins analogues aux précédentes, mais qui restent
« douteuses, vu le degré inférieur auquel nous aurions à des-
« cendre dans la série des mammifères, avant de trouver de
« pareilles conformations normales [4] ».

On le voit, de son propre aveu, sans même sortir de la classe
des mammifères, Darwin ne peut suivre jusqu'au bout les conséquences qu'entraîne l'hypothèse nous donnant un singe pour
ancêtre direct. En présence des résultats auxquels elle aboutissait
il s'est vu forcé de choisir parmi les anomalies, sans autre règle
que le plus ou moins d'accord qu'elles présentent avec la conception dont il s'agit précisément de démontrer le bien fondé. Ainsi
en vertu de la phrase qu'on vient de lire, les anomalies du grand
pectoral, rapprochant l'homme des singes, seraient significatives
et déceleraient la filiation; tandis que les modifications accidentelles du même muscle reproduisant ce qui existe chez les

---

1. *Histoire générale et particulière des anomalies de l'organisation*, t. III,
1886, p. 437.
2. *Descendance de l'homme*, t. I, p. 129 et 131.
3. *Histoire de la création naturelle*, p. 587. Les idiots, les crétins et les
microcéphales représentent pour Hæckel les *hommes privés de la parole* ou
hommes pithécoïdes qui constituent le 21e terme de notre généalogie et
nous ont précédés immédiatement.
4. *De la descendance de l'homme*, p. 134. Darwin cite en note Isidore
Geoffroy Saint-Hilaire.

cétacés, n'auraient aucune signification, parce que les cétacés sont placés à un degré trop inférieur. — Je laisse au lecteur le soin de juger.

Sans manquer aux égards dus à l'illustre théoricien anglais, on peut dire que ses idées au sujet des origines de l'homme ne lui ont pas été heureuses. Elles l'ont conduit, lui habituellement très logique, à se mettre en contradiction avec une des lois les plus essentielles de sa doctrine, à oublier sa théorie de l'ancêtre commun et à se laisser aller, dans l'appréciation de faits de nature identique, à un arbitraire inconciliable avec toute méthode scientifique. Il a donc justifié simplement tout ce que j'ai dit à ce sujet avant de connaître son opinion ; aussi je crois pouvoir conclure cette courte discussion en disant que les disciples, désireux de rester fidèles à la véritable doctrine du maître, doivent se séparer de lui sur ce point. Ils ne peuvent que se rattacher à l'école de Vogt, et reconnaître que l'origine simienne de l'homme est impossible aux yeux de quiconque admet la *transformation lente* réglée par l'ensemble des lois qui constituent le darwinisme [1].

Darwin, nous ayant attribué un singe catarrhinien pour ancêtre, devait chercher à montrer comment l'homme est devenu ce qu'il est. Il a en effet tenté de le faire. Malheureusement je ne puis voir dans ce qu'il a écrit à ce sujet qu'une suite d'appréciations personnelles que d'autres transformistes ont combattues, d'énumérations de particularités dont je ne saisis pas toujours la signification et d'hypothèses souvent contredites par les faits. Aussi examinerai-je assez rapidement cette partie du livre, en laissant le plus possible la parole à Wallace, dont personne ne peut mettre en doute la compétence, en fait de transformisme [2].

1. Il en est autrement dans les théories reposant sur l'idée de *transformations brusques* préconçues et ordonnées d'avance par la volonté du Créateur, comme les admettent Owen et Mivart. Mais il est aisé de voir que ces conceptions nous entraînent hors du terrain exclusivement scientifique. C'est ce que je montrerai ailleurs en examinant ces théories.
2. Wallace, qui partage avec Darwin l'honneur d'avoir inventé la doctrine de la sélection naturelle, n'a pas cherché à rivaliser avec lui en fait de théorie générale. Il s'est borné à examiner à son point de vue un certain nombre de cas spéciaux bien circonscrits. Par là, il a échappé à la nécessité, où s'est trouvé Darwin, d'inventer une foule d'hypothèses secondaires et parfois de se payer de mots. Il a pu surtout être plus fidèle

L'éminent émule de Darwin attribue, comme on sait, à la sélection naturelle, l'apparition et le développement de toutes les
formes animales. Mais il refuse à cette même sélection le pouvoir d'avoir façonné et parachevé l'être humain, tel que nous le
connaissons; et il motive sa manière de voir par des raisons
tirées de notre organisme physique aussi bien que de nos
facultés.

Darwin raisonnant à peu près comme Lamarck admet que
pour un motif quelconque, quelques-uns de nos ancêtres ont
pris l'habitude de vivre moins sur les arbres et davantage sur
le sol. Dès lors, leurs descendants seront devenus de plus en plus
quadrupèdes ou bipèdes. A ceux-ci, qui devaient devenir les hommes, il était utile que la main se développât en toute liberté.
« Pour atteindre ce résultat, les pieds sont devenus plats, et le
« gros orteil s'est particulièrement modifié aux dépens, il est
« vrai, de la perte de toute aptitude à la préhension [1]. » Mais,
objecte Wallace, « il est difficile de comprendre pourquoi
« cette capacité de préhension s'est perdue. Elle a dû certaine-
« ment être bien utile pour grimper; et l'exemple des babouins
« prouve qu'elle n'est pas incompatible avec la locomotion ter-
« restre [2]. »

L'homme a perdu la queue attribuée par Darwin à notre
ancêtre catarrhinien. Mais, dit le savant anglais, elle manque
aussi chez certains singes, ce qui « d'ailleurs n'a rien d'étonnant,
« car cet organe peut, dans les diverses espèces d'un même
« genre, présenter des différences extraordinaires de longueur ».
Cet organe a donc peu d'importance; « d'où nous devions
« attendre à ce qu'il pût, à l'occasion, devenir plus ou moins

au principe de l'*utilité personnelle* sur lequel repose toute la doctrine de la
sélection. C'est cette fidélité même qui l'a conduit à se séparer de ses
coreligionnaires scientifiques, lorsqu'il a abordé la question des origines de
l'homme.

1. *Descendance de l'homme*, t. I, p. 152.
2. *La sélection naturelle, Essais*, par Alfred Russel Wallace, traduit de
l'anglais sur la deuxième édition avec l'autorisation de l'auteur, par
Lucien de Candolle, 1872, p. 367. Quelques voyageurs ont dit assez vaguement que le pied est préhensile chez quelques tribus sauvages. Darwin et
plusieurs de ses disciples ont reproduit ces assertions, mais Wallace, qui
a observé les sauvages pendant des années et dans les deux mondes,
déclare formellement qu'il n'en est rien.

« rudimentaire [1] ». Puis il ajoute que, « la queue, qu'elle soit
« longue ou courte, s'effile toujours vers son extrémité [2]... » Je
ne vois pas quel rapport ce détail et quelques autres, relatifs à
la position sous-cutanée du coccyx, peuvent avoir avec la disparition de l'appendice caudal chez nous et chez les anthropomorphes.

La disparition de la queue chez les descendants d'un catarrhinien est assez indifférente au point de vue de l'utilité; la perte de
la faculté de préhension dans le pied est compensée par la plus
grande stabilité qui en résulte pour le corps, et peut par conséquent être considérée comme *utile*. Il en est tout autrement de
celle des poils qui, au dire de Darwin, couvraient le corps de nos
ancêtres singes. Wallace n'a pas eu de peine à démontrer que
ce vêtement naturel est fort utile pour protéger, non seulement
contre le froid des régions boréales, mais surtout peut-être
contre l'action pernicieuse des pluies intertropicales. Il en donne
pour preuve que dans l'Amérique méridionale aussi bien que
dans l'Archipel indien, tous les sauvages ont imaginé quelque
moyen pour se défendre contre ces pluies [3]. De ce fait et de
divers autres qu'il serait trop long d'exposer, Wallace tire la
conclusion suivante : « Il me semble donc certain que la sélec-
« tion naturelle n'a pas pu produire la nudité du corps de
« l'homme [4] ».

Darwin semble d'abord vouloir se ranger à l'opinion contraire
en invoquant ce qui se passe chez les éléphants de l'Inde que
l'on dit être plus velus dans les districts élevés que dans les
pays plus bas. Mais Wallace avait réfuté d'avance cet argument
en rappelant que les poils n'ont pas reparu chez les hommes des
pays froids [5]. Au reste, le fait que tous les autres primates sont
velus paraît à Darwin « fortement contraire à la supposition
« que l'homme ait été dénudé par l'action du soleil ». Il recourt
alors à la sélection sexuelle et dit : « Je suis donc disposé à croire

1. *Loc. cit.*, p. 161.
2. *Ibid.*, p. 162.
3. *Loc. cit.*, p. 364. Darwin a lui-même reconnu la réalité de ces faits et
admis leurs conséquences. (*Descendance de l'homme*, t. II, p. 394.)
4. *Ibid.*, p. 366.
5. *Ibid.* Ce chapitre de Wallace avait paru d'abord sous forme d'articles
dans la *Quarterley Review*, 1869. La première édition du livre de Darwin
est de 1871 et la seconde de 1873.

« que l'homme, ou plutôt la femme primitive, a dû se dépouiller
« de ses poils dans quelque but d'ornementation [1] ».

Le savant anglais est revenu ailleurs [2] assez longuement sur
cette question, ainsi que sur la plupart de celles que soulève
chez nous la différence des sexes. Mais lui-même termine cette
étude par ces mots dont la portée sera aisément comprise :
« Les idées émises ici sur le rôle que la sélection sexuelle a joué
« dans l'histoire de l'homme, manquent de précision scientifique.
« Celui qui n'admet pas son action chez les animaux inférieurs,
« devra ne tenir aucun compte de ce que renferment nos der-
« niers chapitres sur l'homme [3]. » Ces franches déclarations me
dispensent de toute appréciation personnelle. Mais je ne saurais
les transcrire sans signaler une fois de plus l'inaltérable loyauté
que Darwin conserve au plus fort de ses entraînements.

Wallace a fait à la pensée que le *corps humain* puisse dériver
de celui du singe par la seule action de la sélection naturelle une
autre objection d'autant plus grave qu'elle repose sur les principes les plus élémentaires de cette sélection. Il est évident, et
Darwin le dit à diverses reprises dans tous ses ouvrages, qu'elle
repose sur l'*utilité personnelle immédiate* de la variation qui la
met en jeu. Il résulte de là qu'elle ne peut développer une *variation inutile*. Par conséquent, aucun organe ne peut acquérir par
elle un développement supérieur à celui qu'exigent ses fonctions
actuelles, ses usages *immédiats*.

Or, si l'on compare *anatomiquement* les derniers sauvages aux
populations les plus civilisées, on constate que les organes présentent chez les uns et les autres une structure, des dispositions
identiques. En particulier, la main, le larynx sont dans ce cas.
Mais chez le civilisé, la main exécute souvent des mouvements
dont le sauvage n'a aucune idée. Wallace aurait pu citer comme
exemple l'agilité des doigts de nos pianistes. Il en est de même
du larynx. Le chant des sauvages ne ressemble en rien à celui de
nos cantatrices ; « ce n'est qu'un cri plaintif plus ou moins mono-
« tone et les femmes ne chantent en général pas du tout ». Ce que
le sauvage apprécie dans la femme, c'est « la santé, la force, la
« beauté animale. La sélection sexuelle n'a donc pu développer

1. *Loc. cit.*, p. 160.
2. *Descendance de l'homme*, t. I, chap. xix et xx.
3. *Ibid.*, p. 403.

« cette admirable faculté, qui ne s'exerce que chez les peuples
« civilisés ». Le larynx du sauvage est donc un organe perfectionné au delà des besoins actuels et « les détails délicats de son
« organisation n'ont pas pu être le résultat de la sélection natu-
« relle [1] ». La main, le larynx du sauvage possèdent des *facultés
latentes* [2] dont l'existence ne peut en aucune manière être
attribuée à cette sélection.

L'étude du cerveau conduit Wallace aux mêmes conclusions.
Darwin avait dit : « Le cerveau doit certainement avoir aug-
« menté de volume à mesure que les diverses facultés mentales
« se sont développées par degré [3] »; et il a considéré la capacité
de la cavité crânienne comme permettant d'apprécier le volume
du cerveau. Il cite quelques chiffres d'où il conclut que les races
sauvages ont en moyenne le cerveau plus petit que les populations civilisées. Ceci est vrai lorsqu'on tient compte de tous les
peuples. Des mesures prises par l'éminent anthropologiste américain, Morton, il résulte que, par leur capacité crânienne, les
Peaux-Rouges d'Amérique et les Nègres d'Afrique sont supérieurs
aux Indous, aux Chinois, et aux Égyptiens des catacombes [4]. Je
n'ai pas besoin d'insister sur le rapport inverse que présente la
civilisation et par conséquent le développement mental de ces
populations.

Les cas individuels fournissent ici des enseignements non
moins intéressants. Il y a parfois une grande différence entre la
plus grande et la plus petite capacité crânienne dans une même
race. Des mensurations faites par Broca il résulte que, chez les
Parisiens modernes, elle va jusqu'à 592 centimètres cubes; elle
a 385 centimètres chez les Australiens. De là il résulte que la
race la plus inférieure compte toujours un certain nombre d'individus qui l'emportent sur une foule de représentants des races
supérieures, au point de vue du caractère dont il s'agit ici. Un
des Australiens étudiés par Broca et dont la capacité crânienne
s'élevait à 1507 centimètres cubes, laisse loin derrière lui un
nombre considérable d'Européens [5].

1. *Loc. cit.*, p. 368.
2. *Ibid.*, p. 367 et 369.
3. *Loc. cit.*, p. 155.
4. *Types of Mankind*, par Nott et Gliddon, p. 450.
5. *Loc. cit.*, p. 403.

Darwin n'accorde qu'une seule phrase aux races humaines
fossiles [1]. On comprend pourtant qu'elles présentent ici un intérêt
tout spécial. L'état des industries chez les hommes qui vivaient
aux temps quaternaires atteste que plusieurs de leurs tribus
devaient être à peu près au niveau social de nos Australiens et que
les plus élevées n'avaient guère dépassé celui des Peaux-Rouges.
Leur capacité crânienne était-elle pour cela inférieure à la nôtre?
non; elle est parfois supérieure. Ainsi le grand vieillard de Cro-
Magnon dont nous possédons le squelette a un crâne qui mesure
1590 centimètres cubes [2], l'emportant de 522 centimètres cubes
sur la race européenne la mieux douée sous ce rapport [3]. Dans
cette même race de Cro-Magnon le minimum descend à 1390 [4].
Nous retrouvons donc chez elle des faits tout pareils à ceux que
présentent les populations actuelles.

Ainsi la capacité crânienne paraît ne pas avoir varié chez
l'homme, depuis l'époque du renne, plus qu'elle ne le fait
aujourd'hui de race à race, et moins qu'elle ne le fait d'individu
à individu de même race. De plus, chez certains sauvages, elle est
plus grande que chez bien des civilisés. On sait combien il en est
autrement des manifestations intellectuelles. Wallace partant des
données précédentes et des appréciations de Galton, estime que
le volume des cerveaux étant dans le rapport de 5 à 6, celui
des puissances intellectuelles est à peine de 1 à 1000 [5]. Il conclut en disant : « D'après ce que nous savons, un cerveau un peu
« plus grand que celui du gorille aurait pleinement suffi au déve-
« loppement mental actuel du sauvage [6] ».

« Ainsi, ajoute Wallace, soit que nous comparions le sauvage
« au type le plus perfectionné de l'homme, soit que nous le com-
« parions aux animaux qui l'entourent, nous arrivons forcément
« à conclure qu'il possède dans son cerveau, grand et bien déve-

1. *Descendance de l'homme*, t. I, p. 157.
2. *Sur les crânes et les ossements des Tiziets*, par Paul Broca (*Bulletin d' la
Société d'anthropologie*, 2ᵉ série, t. III, p. 372). Broca estime que ce chiffre
est au-dessous de la réalité, parce que, de crainte d'endommager cette pièce
précieuse, il n'a pas osé bourrer complètement le plomb servant à la cuber.
3. D'après Davis, cité par Wallace, la capacité moyenne de la famille
teutonique est de 94 pouces cubes (1538 centimètres cubes).
4. *Crania Ethnica*, p. 88.
5. *Loc. cit.*, p. 356.
6. *Ibid.*, p. 360. Le cerveau du gorille ne mesure que 554 centimètres
cubes.

« loppé, un organe tout à fait hors de proportions avec ses
« besoins actuels... Par conséquent la grande dimension de cet
« organe chez lui ne peut pas résulter uniquement des lois d'évo-
« lution; car celles-ci ont pour caractère essentiel d'amener
« chaque espèce à un degré d'organisation approprié à ses
« besoins et de ne jamais le dépasser [1]. »

Darwin était un penseur trop sérieux pour s'arrêter à l'homme
matériel. Il a compris combien sa doctrine serait incomplète, si
elle ne rendait pas compte de ce qui fait notre supériorité incontestable et incontestée. Il a donc cherché à montrer comment les
petits-fils d'un catarrhinien avaient pu acquérir les facultés qui
constituent les plus nobles attributs de l'homme. Mais lui-même
a reconnu qu'il est encore plus difficile d'expliquer l'acquisition
des caractères intellectuels et moraux que de rendre compte des
transformations morphologiques.

Après avoir montré que l'on trouve chez les animaux des
indices, parfois curieux et frappants, de diverses facultés
humaines [2], — ce que lui concéderont tous les naturalistes, — il
dit avec cette franchise dont on a déjà vu tant de preuves : « Il
« serait d'un intérêt immense de retracer sans doute le dévelop-
« pement de chaque faculté distincte, de l'état dans lequel elle se
« rencontre chez les animaux inférieurs, jusqu'à celui qu'elle
« atteint chez l'homme; mais c'est une tentative que ne me per-
« mettent ni mes moyens ni mes connaissances [3] ».

Malheureusement au moment même où il fait cet aveu,
Darwin se laisse entraîner par sa théorie. Il rappelle que l'on a
découvert partout les traces de populations ayant précédé celles
qui existent aujourd'hui. Il montre les races civilisées remplaçant
de plus en plus les races sauvages, grâce surtout aux arts produits par leur intelligence; et il tire de ces faits la conséquence
suivante : « Il est donc fort probable que les facultés intellec-
« tuelles du genre humain se sont graduellement perfectionnées
« par sélection naturelle; conclusion qui suffit à notre objet [4] ».

Wallace a répondu encore sur ce point à Darwin. Il admet
comme possible le développement des notions de justice abstraite

1. *Ibid.*
2. *Descendance de l'homme*, t. II et III.
3. *Ibid.*, t. I, p. 174.
4. *Ibid.*

et de bienveillance, « quoiqu'elles soient incompatibles avec la
« loi du plus fort, base essentielle de la sélection naturelle »,
parce que ces notions sont *utiles* aux tribus naissantes. Mais les
notions abstraites de temps et d'espace, d'éternité et d'infini, le
sentiment artistique, ne pouvaient être d'aucun usage à l'homme
dans son état primitif de barbarie. « Comment la sélection natu-
« relle ou la survivance des plus aptes ont-elles pu favoriser le
« développement de facultés si éloignées des besoins matériels
« du sauvage [1]?... » Selon Wallace, l'origine du *sens moral* soulève
les mêmes difficultés. Les sauvages attachent une idée de *sain-
teté* à des actions « considérées comme bonnes et morales, en
« opposition avec celles qui sont tenues pour simplement *utiles* [2] ».
Il prend pour exemple la *véracité* qu'il oppose au *mensonge*, souvent si utile, si facilement excusé et cite des tribus entières de
l'Inde qui disent *toujours* la vérité [3]. Il aurait pu insister sur bien
d'autres vertus, également estimées des sauvages, quoiqu'ils ne
les pratiquent pas *toujours*, et signaler jusqu'au sentiment de
l'honneur, à l'esprit chevaleresque qui sont pour ainsi dire les
fleurs de la moralité et qui commandent parfois de si rudes
sacrifices. Il en aurait trouvé des exemples chez les tribus les
plus barbares.

En somme, selon Wallace, quelque inférieur que soit le sauvage au point de vue du développement des facultés intellectuelles et morales, « ces facultés existent chez lui à l'état latent »,
de même que « la grandeur de son cerveau dépasse de beaucoup

1. *Loc. cit.*, p. 369.
2. *Ibid.*, p. 370.
3. Les *Santals*, les *Kurubars* (*Ibid.*, p. 372). Wallace ne dit rien du *sentiment religieux* dont les manifestations diverses lui auraient pourtant, ce
me semble, fourni plus d'un argument. Quant à Darwin, il semble embrasser l'opinion de Tylor d'après lequel la première notion d'agents invisi-
bles ou surnaturels d'*esprits*, aurait été engendrée par les rêves. De la
croyance aux esprits, l'homme serait passé successivement au fétichisme,
au polythéisme et enfin au monothéisme (*Descendance de l'homme*, t. I,
ch. II). Mais, dans les quelques pages consacrées à ce sujet, je ne
vois rien qui indique comment la *sélection naturelle* et la *survivance des
plus aptes* ont pu contribuer à développer, à diversifier les croyances religieuses et à produire les cruautés contre lesquelles il s'indigne avec raison. Ces mots, qui reviennent partout ailleurs si souvent sous la plume de
Darwin, ne figurent pas ici une seule fois. Cette abstention est assez singulière. Mais, quels qu'en aient été les motifs, elle me dispense de discuter
cette partie du livre.

« ses besoins dans son état actuel [1] »; et la sélection naturelle est incapable de produire de tels résultats.

Cet ensemble de faits et de considérations a conduit Wallace à imaginer une théorie que l'on peut résumer en peu de mots. La *sélection naturelle* a donné naissance à toutes les espèces *animales*. L'espèce *humaine* est sortie de ce fonds commun par une transformation qui nécessitait une *sélection spéciale*. Celle-ci a été réglée par « des êtres intelligents supérieurs à nous, ayant « une existence individuelle distincte, intermédiaires entre « l'homme et le Grand-Esprit de l'Univers. Ce sont eux qui ont « concouru à la production de l'homme intellectuel, moral et « indéfiniment perfectible [2]. »

Je n'ai pas à apprécier ici cette conception qui sort du domaine de la science pour aborder celui des spéculations métaphysiques. Mais j'ai le droit de prendre acte des objections faites par Wallace à l'hypothèse adoptée par Darwin relativement à la réalisation de l'être humain. Ces objections sont fondamentales; elles n'ont pu être réfutées [3], et sous la plume de Wallace elles ont une autorité, une signification que l'on ne saurait méconnaître.

Évidemment, pour quiconque se place au point de vue de la science seule, la question des origines de l'espèce humaine ne peut être qu'un cas particulier du problème général. Si l'histoire de cette espèce présente des faits en contradiction avec une théorie zoogénique quelconque, il doit nécessairement en conclure que cette théorie est fausse pour les autres êtres organisés.

Or l'existence chez le sauvage d'un larynx, d'une main, d'un cerveau anatomiquement semblables à ceux de l'homme civilisé et possédant à l'état latent des facultés qui se révèlent par-

1. *Ibid.*, p. 358.
2. *Ibid.*, p. 270, 393 et 394.
3. Un naturaliste distingué, Édouard Claparède, a tenté cette réfutation, mais il n'a trouvé à opposer à Wallace que quelques plaisanteries d'un goût assez douteux au sujet du larynx des femmes et de la disparition des poils du corps humain. Il n'a abordé ni la question du cerveau, ni celle des facultés latentes, pas plus que celles du développement des facultés intellectuelles et morales. (*La Sélection naturelle*, dans la *Revue des cours scientifiques*, 1870, p. 305.) Wallace lui a facilement répondu (*Réponse aux objections présentées par M. Édouard Claparède*, addition à *la Sélection naturelle*, p. 391). J'ai résumé cette discussion dans la *Revue scientifique*, 1890, p. 229.

fois par la culture individuelle, la nudité de ce même sauvage,
qui aurait perdu la fourrure attribuée à nos prétendus ancêtres,
sont autant de faits inconciliables avec les principes fondamentaux du darwinisme, quelque mammifère que l'on nous donne
pour premier parent et pour si haut que l'on remonte.

Voilà ce qu'a prouvé Wallace. Eh bien, quoi qu'il en dise, sa
démonstration ne s'arrête pas à l'homme. Les conséquences en
retombent sur les animaux et les plantes. Une hypothèse généalogique inapplicable à notre espèce ne peut logiquement s'appliquer à aucune. En se déclarant forcé de faire de l'homme une
exception sous ce rapport, en en fournissant les preuves, Wallace
a démontré l'impuissance finale de la doctrine dont il est un des
fondateurs.

Au reste, le darwinisme a eu la singulière destinée de recevoir les coups peut-être les plus rudes, de la part de quelques-
uns de ceux qui s'en disent les plus chauds partisans.

On a vu plus haut comment Huxley faisait, dès le début, à
cette doctrine une objection capitale à laquelle Darwin avouait
ne pouvoir répondre. Il en a formulé une autre bien grave,
lorsque s'appuyant sur les faits paléontologiques, il a, le premier
encore, montré que des types très perfectionnés apparaissent
dans les plus anciens terrains paléozoïques, ce qui conduit
Darwin à admettre d'immenses périodes de développement
zoologique et botanique, dont les géologues ne peuvent retrouver
la moindre trace.

Vogt, qui du reste déclare lui-même être un *darwiniste héré-
tique*, a repris avec plus de détails cette même question. Se plaçant
tour à tour au point de vue de la paléontologie et de l'embryogénie, il montre la *dégradation* jouant le premier rôle dans la
constitution de nombreuses espèces; il a signalé les cas non
moins nombreux dans lesquels la *loi de divergence* et la *loi de
caractérisation permanente* se trouvent en défaut; il a fait une
large part à la convergence; il a démontré l'impossibilité d'un
accord réel entre l'*embryogénie* et la *phylogénie*; il a substitué
un *bosquet* à l'*arbre unique de la vie*, si poétiquement décrit
par Darwin.

Romanes est allé plus loin. Reproduisant, sans le savoir, mes
propres appréciations, et les étayant de nouvelles preuves, il a
mis hors de doute que la *sélection naturelle* ne peut être qu'un

agent d'adaptation; que si elle peut façonner des *races*, elle est incapable de donner naissance à une *espèce nouvelle*. Par là Romanes a sapé, dans ses fondements mêmes, l'édifice élevé par Darwin.

Wallace, Huxley, Vogt, Romanes n'en persistent pas moins à se dire *darwinistes*; et cela même ajoute à la gravité des aveux que leur loyauté ne peut retenir en présence des faits. Il me semble bien difficile qu'une doctrine, comptant dans son sein de si formidables *hérétiques*, puisse durer longtemps. Les critiques fondamentales, formulées par des juges si autorisés et si peu suspects, ne peuvent qu'aider à faire comprendre ce qu'ont de fondé celles qu'adressent à la même doctrine les hommes de science qui, comme moi, ne croient pas à la *transmutation*, pas plus dans le monde organique que dans le monde inorganique. Ce qui se passe en Angleterre [1], ce que j'observe autour de moi, m'autorise à penser que les unes et les autres ont porté leur fruit; et peut-être le jour n'est-il pas très éloigné où le darwinisme, si bruyamment acclamé naguère, sera simplement mis au rang des hypothèses diverses par lesquelles on a cherché à expliquer l'origine des espèces, peut-être alors voudra-t-on faire rejaillir sur l'œuvre entière et l'auteur le discrédit qui aura atteint ses théories [2].

Ce serait là une double injustice. Il est vrai que la conception de Darwin a dû en grande partie sa popularité bruyante aux prétentions des libres penseurs, qui ont voulu, bien à tort, la solidariser avec leurs doctrines, aux controverses passionnées que, par suite, elle a soulevées, à l'application qu'on en a fait aux questions politiques et sociales. Mais il fallait qu'elle eût bien des mérites d'un autre genre pour entraîner tant de savants sérieux, tant d'hommes éminents dans toutes les branches des sciences naturelles. En somme, le darwinisme est incontestablement l'effort le plus vigoureux qui ait été fait pour résoudre les grands problèmes que nous posent l'existence et la diversité

1. Voir ce que Romanes a écrit à ce sujet (*Physiological Selection, an additional Suggestion on the Origin of Species*, dans le *Linnean Society's Journal*, 1886, p. 337).

2. C'est évidemment un sentiment de cette nature qui dictait à Charles Robin l'étrange jugement porté par lui sur la valeur scientifique de Darwin (*Revue des cours scientifiques*, 1870, p. 563).

des êtres organisés, ainsi que leur succession dans le temps et leur répartition dans l'espace. En outre, tout en s'égarant, cette doctrine a montré des voies nouvelles, ouvert des horizons inaperçus, fait accomplir des travaux importants, dont seule elle pouvait suggérer l'idée. A ces divers titres, elle mérite et elle gardera une place à part dans l'histoire de la science.

Quant à Darwin, j'ai dit plus haut ce que j'en pense et je ne pourrais que me répéter. C'est un naturaliste hors ligne. Il a touché à toutes les branches des sciences naturelles et, dans toutes, il a laissé des traces qui ne s'effaceront pas. Par cela même il était préparé, mieux que personne, à aborder les questions générales que soulèvent le passé et le présent de l'empire organique. Penseur à la fois ingénieux et profond, entraîné par les qualités mêmes de son esprit, il a cru les avoir résolues. Sans doute, il s'est trompé; mais s'il a échoué dans son entreprise, c'est que, dans l'état actuel de nos connaissances et de son propre aveu même, sa théorie ne pouvait aboutir qu'à l'*accident*, à l'*inconnu*.

CONCLUSIONS GÉNÉRALES [1]

L'inconnu! voilà, il faut bien le reconnaître, le désert sans lumières où s'égare la science quand elle entreprend de pousser jusqu'aux questions d'origine ses études sur les êtres vivants. A cela, il n'y a rien d'étrange. Il en est des œuvres de la nature comme des nôtres. Chez nous, les propriétés des objets produits et les procédés de production sont choses parfaitement distinctes. Il y a là deux ordres de faits entièrement différents; il est impossible de juger de l'un par l'autre. S'il n'a visité les hauts fourneaux et les ateliers, ou tout au moins s'il ne s'est renseigné, l'homme le plus instruit et le plus perspicace, mais étranger à l'industrie, ne devinera jamais comment on tire le fer d'une sorte de pierre, et comment ce fer, transformé en acier, devient plus tard un ressort de montre ou une aiguille. Pourtant il connaît ces objets bien mieux que le naturaliste ne connaît la plus humble plante ou le dernier des zoophytes.

Voilà où nous en sommes quand il s'agit des organismes vivants. Nous les étudions tout faits : nous n'avons pu pénétrer encore dans l'atelier d'où ils sortent ; nous ne pouvons donc rien dire sur les procédés de formation.

---

1. Je réimprime ces conclusions telles que je les ai écrites il y a plus de vingt ans. Elles sont encore pour moi l'expression de la vérité. Pas plus aujourd'hui qu'alors, je ne regarde comme résolu le problème abordé par Darwin et par ses émules. Mais, pas plus aujourd'hui qu'alors, je ne répéterai le désolant *ignorabimus* de Dubois-Raymond. Je me borne à dire *ignoramus*.

Tel est le dernier mot de cette longue étude. Ce n'est pas sans regret que je l'écris. Je ne serais pas de mon temps si je ne comprenais et ne partageais la curiosité anxieuse avec laquelle tant d'intelligences, élevées ou vulgaires, interrogent aujourd'hui la création au nom de la science sur les secrets de son origine et de sa fin. Avouer que le savoir humain ne peut pas même encore aborder ces problèmes m'est aussi pénible qu'à tout autre. Pourtant une pensée adoucit ce qu'a d'amer ce sentiment d'impuissance. Nous frayons, j'aime à croire, la route à de plus heureux ; nous recueillons peut-être quelques-unes des données nécessaires à la solution des questions insondables pour nous.

Tout humble qu'elle paraît à certains esprits, cette tâche a bien sa grandeur et ses charmes. C'est la tâche du pionnier.

Mais si nous voulons vraiment préparer l'avenir, sachons réprimer nos ardeurs et nos impatiences. Usons avec gratitude du trésor de savoir positif amassé par nos devanciers ; accroissons-le du fruit de nos propres veilles, et gardons-nous de le sacrifier aux hypothèses, sous prétexte de progrès.

En un mot, ne rêvons pas *ce qui peut être* ; acceptons et cherchons *ce qui est*.

FIN

TABLE DES MATIÈRES

PREMIÈRE PARTIE

EXPOSITION DES DOCTRINES TRANSFORMISTES

DEUXIÈME PARTIE

DISCUSSION DU DARWINISME

AUTRES OUVRAGES DE A. DE QUATREFAGES

Rapport sur les progrès de l'Anthropologie en France, 1867, 1 vol. grand in-8°.

L'espèce humaine, dixième édition, 1877-1890, 1 vol. in-8°, de la *Bibliothèque scientifique internationale*, traduit en anglais, en allemand et en italien. (Paris, Félix Alcan, éditeur.) Cart...................... 6 fr.

Unité de l'espèce humaine, 1851, 1 vol. in-12. Traduit en russe.

Introduction à l'étude des races humaines, 1889, 1 vol. grand in-8°, 441 gravures dans le texte, 6 planches et 7 cartes.

Cinq conférences sur l'histoire naturelle de l'homme, 1867-1868, 1 vol. in-18. Traduit en italien, en hollandais, en suédois et en anglais (en Amérique).

Programme d'une histoire générale des races humaines, 1861, brochure in-8°.

Crania Ethnica (en commun avec le Dr Hamy), 1871-1879, vol. in-4°, 528 pages, 496 figures dans le texte, atlas de 100 planches lithographiées d'après nature.

Hommes fossiles et hommes sauvages, 1884, 1 vol. grand in-8° avec 209 figures dans le texte et une carte.

Les Polynésiens et leurs migrations, 1866, 1 vol. in-4° avec 4 cartes.

Les Pygmées des anciens et la science moderne, 1887, 1 vol. in-12, avec 31 figures dans le texte.

La race prussienne, 1871, 1 vol. in-12. Traduit en anglais.

Métamorphoses de l'homme et des animaux, 1862, 1 vol. in-12. Traduit en anglais.

Recherches anatomiques et zoologiques faites pendant un voyage en Sicile, par MM. Milne Edwards, A. de Quatrefages et E. Blanchard. (Chacun des auteurs a publié un volume à part.) 1 vol. in-4° avec 30 planches.

Histoire naturelle des Annélides et des Géphyriens, 1865, 2 vol. in-8°, et atlas de 20 planches.

Études sur les maladies actuelles des vers à soie, vol. in-4° avec 6 planches.

Nouvelles recherches sur les maladies actuelles des vers à soie, 1860, 1 vol. in-4°.

Essai sur l'histoire de la sériciculture, 1860, 1 vol. in-12. Traduit en italien.

Souvenirs d'un naturaliste, 1854, 2 vol. in-12. Traduit en anglais.

Coulommiers. — Imp. Paul BRODARD.

www.ingramcontent.com/pod-product-compliance
Lightning Source LLC
Chambersburg PA
CBHW070237200326
41518CB00010B/1598